U0384456

生态环境实验室安全技术与管理

——以中国环境科学研究院为例

刘　颖　王一喆　何连生　主编

中国环境出版集团·北京

图书在版编目（CIP）数据

生态环境实验室安全技术与管理：以中国环境科学研究院为例/刘颖，王一喆，何连生主编. —北京：中国环境出版集团，2021.11（2025.1 重印）
ISBN 978-7-5111-4975-6

Ⅰ．①生… Ⅱ．①刘…②王…③何… Ⅲ．①环境科学—实验室管理—安全管理—研究 Ⅳ．①X-45

中国版本图书馆 CIP 数据核字（2021）第 253924 号

责任编辑　赵　艳
封面设计　岳　帅

出版发行　中国环境出版集团
　　　　　（100062　北京市东城区广渠门内大街 16 号）
　　　　　网　　　址：http://www.cesp.com.cn
　　　　　电子邮箱：bjgl@cesp.com.cn
　　　　　联系电话：010-67112765（编辑管理部）
　　　　　发行热线：010-67125803，010-67113405（传真）
印　　刷　北京中科印刷有限公司
经　　销　各地新华书店
版　　次　2021 年 11 月第 1 版
印　　次　2025 年 1 月第 2 次印刷
开　　本　787×1092　1/16
印　　张　15
字　　数　328 千字
定　　价　88.00 元

中国环境出版集团郑重承诺：
中国环境出版集团合作的印刷单位、材料单位均具有中国环境标志产品认证。

《生态环境实验室安全技术与管理
——以中国环境科学研究院为例》
编 委 会

前　言

实验室是科学的摇篮，是科学研究的基地和科技发展的源泉。中国环境科学研究院（以下简称环科院）是生态环境保护科研领域的重要前沿阵地，多年来，秉承"顶天立地惠民，求实创新奉献"的院训，围绕国家可持续发展战略，依托各实验室，开展创新性、基础性重大环境保护科学研究，建立了以院士科研队伍为主导的立体化的专业团队，为国家可持续发展战略和生态环境保护事业发挥了重要作用。科研的发展带动了实验室的建设，经过一代又一代的接力奋斗，环科院建成了环境基准与风险评估国家重点实验室、湖泊水污染治理与生态修复技术国家工程实验室以及 9 个国家环境保护重点实验室；此外，还建设了一批专业实验室和合作实验室，形成生态环境保护科研实验室群。

随着实验室建设的高速发展，环科院对实验室的安全管理也日臻完善。瞄准实验室"科学化、规范化、精细化、专业化"这个目标，逐渐探索出实验室全生命周期安全运行管理机制体制，实现对实验室安全的全过程、全要素、全方位的管理和控制。

本书结合环科院实验室安全管理工作实际，从实验室安全管理通用要求以及实验室消防安全、电气安全、仪器设备安全、气瓶安全、危险化学品安全、生物实验安全、废弃物处理、事故应急处理等方面进行了阐述，致力于为实验人员、管理人员、学生及其他相关人员提供参考。

本书第一章和第十一章由王一喆、何连生、王宏亮编写，第二章和附录由刘颖、沈忱、张瑜、曹莹、冯学良、胡文征、刘俐编写，第三章和第六章由胡春明、张亚辉、杨霓云编写，第四章和第十章由陈丽红、刘颖、董淮晋、周密、王晓伟、汪素芳编写，第五章和第七章由沈忱、王一喆、丁文文、张敬巧编写，第八章和第九章由张瑜、孟睿、孟甜、李春伟编写。

　　本书的出版，得到了中国环境科学研究院领导的大力支持和各单位、各部门的热心帮助，我们深表感谢。在本书编写过程中，参阅了大量实验室管理方面的书籍和资料，并从中借鉴了很多有益的内容，在此一并感谢。

　　由于编者水平有限，书中难免存在疏漏之处，敬请同行专家、广大读者批评指正。

编　者

2021 年 6 月

目 录

第一章 绪 论

1.1 实验室安全管理

科研院所和高校是培养人才的基地,也是基础科学研究发展的基地。随着科技的发展,实验室建设突飞猛进。截至目前,全国共有 334 个国家重点实验室(含企业国家重点实验室和省部共建国家重点实验室),350 个国家工程实验室,44 个国家环境保护重点实验室(含在建实验室)。实验室由于研究领域不同,方向各异,安全风险点也千差万别。虽然近年来各个科研院所和高校越来越重视实验室安全问题,也出台和制订了一系列的规章制度和安全举措,但实验室安全事故仍然时有发生。充分认识到实验室安全的重要性,在日常工作中做到防患于未然,是保护生命和财产安全、保障科研工作的必要前提。

实验室安全管理最主要的是安全风险防控。1941 年,美国安全工程师海因里希(Herbert William Heinrich)提出了著名的海因里希法则(Heinrich's Law),又称为 300∶29∶1 法则。海因里希统计了 55 万件机械事故,其中死亡、重伤事故 1 666 件,轻伤 48 334 件,其余则为无伤害事故,得出一个重要结论:在机械事故中,死亡或重伤、轻伤或故障以及无伤害事故的比例为 1∶29∶300。法则指出,伤亡事故的发生不是一个孤立的事件,尽管伤害可能在某瞬间突然发生,却是一系列事件相继发生的结果。每 1 起严重的事故背后必然有 29 起较轻微事故和 300 起未遂先兆以及 1 000 起事故隐患相随,事故的发生绝非偶然,必然存在大量隐患(见图 1-1)。因此,重视事故苗头和未遂事故,从源头进行风险识别和管控,减少和消除风险隐患,是有效预防安全事故的重要举措。

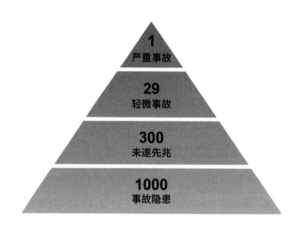

图 1-1 　海因里希法则示意

海因里希还首次提出了因果连锁论，又称海因里希模型或多米诺骨牌理论，阐明导致伤亡事故的各种原因及与事故间的关系。我们都知道，多米诺骨牌只要第一枚骨牌被碰倒了，其余所有骨牌就会依次被碰倒。如果移去中间的一枚骨牌，则连锁被破坏，骨牌依次碰倒的过程被中止。实验室事故的发生也是如此，往往是因管理的缺陷、人的不安全行为、机械或物质等各种不安全状态，以及环境的不安全因素等诸多原因同时存在造成的。如果消除或避免其中任何一个因素的存在，中断事故连锁的过程，就能避免事故的发生。每个隐患的消除，就消除了事故链中的某一个因素，可能避免一个重大事故的发生。

1.2 　国内实验室安全管理存在的问题

1.2.1 　对实验室安全的重要性认识不足

目前，虽然科研院所、高校以及企业都十分重视实验室安全工作，但安全意识不强、认识不足、教育缺失等现象仍或多或少存在。纵观近年来我国发生的实验室安全事故，事故发生的原因多样、性质不同，但从根本上说，主要在于实验人员安全意识淡薄，没有把安全当成实验工作的重中之重，很多实验人员缺乏实验室安全的基础知识和事故防范能力，实验室安全管理工作流于表面和形式，没有充分认识到实验室安全的重要性，缺乏真正可操作的管理手段和措施。

我国很多科研院所和高校开展实验采取课题组（项目组）管理制，不同课题组对实验人员的管理水平不平衡。有的课题负责人或导师只重视科研成果的研究，忽略了对实验人员及学生安全操作的教育，甚至个别老师或项目负责人缺少对实验人员的有效指导，导致实验人员实验室安全的基础知识和技能缺乏，违规操作实验，存在巨大的安全隐患。

1.2.2 实验室安全管理规章制度不完善

一是缺乏国家层面的实验室安全管理法律法规和标准。目前实验室管理过程中涉及的消防、气体、化学品等危险性因素的安全管理，多是参照其他行业相关制度标准开展，缺乏专门针对科研院所和高校实验室管理的法律法规、标准规范。比如实验中最常使用的化学试剂大多数属于危险化学品，目前国家对危险化学品的安全管理主要是针对企业生产、销售、运输、使用、存储等环节的管控，科研院所和高校虽然在实验过程中涉及使用少量危险化学品，但不管从规模上还是使用频率上都远低于企业，关于危险化学品的贮存条件、防范要求和突发事故应急预案规定并不完全与实验室实际相匹配。

二是科研院所和高校的实验室安全管理规章制度不系统、不完善。制度建设是实验室安全管理的基础，是一个长期发展和完善的过程。从科研院所和高校的管理现状来说，一定程度上存在管理制度建设体系不完整、职责不清晰、适用性不强等问题。有的科研院所和高校在实验室安全管理方面还处于刚刚起步阶段，规章制度要么大而化之、可操作性不强，要么不够完善、存在管理死角，实验室安全管理制度建设工作还有很长的路要走。

1.2.3 实验室安全管理工作机制和配套设施不完善

实验室安全建设的配套设施投入不足，常见的有：实验室水路电路老化、通风设施运转不畅、消防设施不完善、实验仪器设备陈旧、实验室危险废物收集处置不规范，存在较大实验室安全风险隐患。另外，没有形成健全的实验室安全管理工作体制机制，如相关实验室安全重点管控环节责任未落实到人、存在安全管理盲区或职责不明确相互推诿等，无法保证实验室安全管理工作的顺畅运行。此外，实验室功能布局不合理、不同课题组重复购买仪器设备、试剂耗材，导致实验室功能同质化严重，耗材堆积在实验室，给实验室带来相当大的安全隐患。

1.3 近年来实验室安全事故及分析

1.3.1 实验室安全事故举例

2008 年 7 月 11 日，云南省某大学的微生物研究所楼一实验室发生爆炸，一博士生被炸成重伤。事故原因：收集实验废料时操作不当引发爆炸。

2009 年 7 月 3 日，浙江大学理学院化学系催化研究所一实验室内 2 人昏厥，其中 1 人经抢救无效死亡。事故原因：事发当日有人在实验过程中误将本应接入其他实验室的一氧化碳气体接至事发实验室输气管。

2009 年 10 月 23 日，北京市某大学化工与环境学院 5 号教学楼一实验室 1 名教师、1

名博士生与 1 名硕士生观看 2 名技术人员调试新购厌氧培养箱时，因违规操作，误灌氢气引发爆炸，5 人严重受伤。事故原因：未严格按操作规范进行操作，不了解仪器设备及材料。

2010 年 8 月 2 日，哈尔滨一高校动力与能源工程学院师生在科研实验时发生锅炉炉膛烟道爆炸事故，造成 4 名学生受伤，其中 1 名学生经医院抢救无效死亡，1 名学生 30% 烧伤，其他 2 名学生轻伤。事故原因：在锅炉第一次停炉关火不久，炉膛内部尚处于热态情况下，进行第二次点火，人工点火方式配合不协调，致使燃油先于点火棒的投放而提前喷入，造成燃油即刻气化成可燃气体弥漫，遇火产生烟道爆炸。

2010 年 12 月，黑龙江省某大学学生在动物医学学院实验室进行羊活体解剖学实验，后查出，27 名学生、1 名老师被感染布鲁氏菌。事故原因：实验室购买山羊时未经动物防疫部门检疫，也未自行检疫；实验操作时，未严格按要求穿戴实验服、口罩、手套等防护用具。

2011 年 10 月 10 日，湖南省某大学化工实验室，因药物储存柜内的三氯氧磷、氰乙酸乙酯等化学试剂存放不当遇水自燃，引起火灾，整个四层楼内全部烧为灰烬，实验室的电脑和资料全部烧毁。事故原因：实验室西侧操作台有漏水现象，遇水自燃试剂未按规定储存于符合条件的场所。

2012 年 2 月 15 日，南京大学鼓楼校区化学楼 6 楼发生甲醛泄漏，约 200 名师生疏散。三辆警车和四辆消防车紧急赶往现场。事故中不少学生喉咙痛，流眼泪，感觉不适。事故原因：甲醛是实验的合成物质，保存在容量为 2～3 L 的反应釜中，其间实验人员外出导致发生泄漏。

2012 年 3 月 6 日，北京大学医学部中心实验楼发生火灾，所幸无人伤亡。烟雾弥漫整个大楼，多名被困人员从三层窗口、二层平台疏散到楼外。事故原因未报道。

2013 年 4 月 30 日，江苏省某某大学内一废弃实验室拆迁施工发生意外爆炸，现场施工的 4 名工人中 2 人重伤、2 人轻伤，其中 1 名重伤人员抢救无效死亡。爆炸周边方圆几公里内的居民有明显震感，有几户居民家中玻璃被震碎。事故原因未报道。

2015 年 4 月 5 日，江苏省某大学化工学院一实验室发生爆炸，造成 3 人轻伤，2 人重伤，其中 1 名重伤人员经抢救无效死亡。事故原因：实验过程中操作不当，引起甲烷混合气体爆炸。

2015 年 12 月 18 日，清华大学化学系何添楼二层一间实验室发生爆炸火灾事故，一名正在做实验的博士后当场死亡。事故原因：事发实验室储存的危险化学品叔丁基锂燃烧发生火灾，导致存放在实验室的氢气气瓶在火灾中发生爆炸。

2016 年 9 月 21 日，上海松江大学园区东华大学化工与生物工程学院一实验室发生爆炸，2 名学生受重伤，1 名学生受轻微擦伤。事故原因：实验爆燃致化学试剂（高锰酸钾等）灼伤头面部和眼睛。

2018 年 11 月 11 日，南京中医药大学翰林学院一实验室在实验过程中发生爆燃，实验室大门炸飞，玻璃碴到处都是，当时身处实验室内的多名师生受伤。事故原因：实验过程操作不当。

2018 年 12 月 26 日，北京交通大学东校区 2 号楼一实验室发生爆炸。经核实，学生进行垃圾渗滤液污水处理科研实验时发生爆炸，事故造成 3 名学生死亡。事故原因：在使用搅拌机对镁粉和磷酸搅拌、反应过程中，料斗内产生的氢气被搅拌机转轴处金属摩擦、碰撞产生的火花点燃爆炸，继而引发镁粉粉尘云爆炸，爆炸引起周边镁粉和其他可燃物燃烧。

2019 年 2 月 27 日，江苏省某大学教学楼内一实验室发生火灾。教学楼外墙面被熏黑，窗户破碎，火灾烧毁 3 楼热处理实验室内办公物品，并通过外延通风管道引燃 5 楼顶风机及杂物，所幸无人伤亡。事故原因：实验室夜间未关闭电源，导致电路火灾。

2021 年 3 月 31 日，中国科学院化学研究所发生实验室安全事故，1 名研究生当场死亡。事故原因：反应釜高温高压爆炸。

1.3.2　实验室安全事故原因分析

上述 16 起实验室安全事故，发生频率最高的是爆炸物或火灾引起的爆炸，共发生了 10 起，占安全事故的 62.5%。这类事故的危险性最大，多数会造成严重的人员伤亡。从事故发生的原因看，最主要的因素是实验过程中操作不当，遇到易燃易爆气体或化学试剂发生爆炸。

排第二位的是单纯的火灾，发生了 3 起，主要原因是电路老化、试剂储存不当等，此类事故极易引发二次爆炸，危险性很高，此外还会造成巨大的财产损失。从事故发生的原因看，主要是安全责任不强，对老化电路或试剂储存条件未予以足够重视。

此外，还有气体中毒事故 1 起，化学试剂泄漏事故 1 起，致病菌感染事故 1 起。从事故发生的原因看，主要因素也是安全意识不足、操作不当或责任心不强。

可见，近年来发生的实验室安全事故，最主要的因素是安全意识不足、责任心不强、实验过程操作不规范。如果当事人对实验室安全予以足够的重视，在实验过程中严格执行操作规程，90%以上的悲剧是可以避免的。这也给我们后续的实验室安全管理工作敲响了警钟，只有重视安全，重视生命，充分保障实验人员的安全，才能在研究领域取得更好的成果。

1.4　提高实验室安全认识

实验室安全是开展科学研究和实验项目顺利实施的重要保障，因此有效预防实验室安全风险、保障实验室安全成为实验室管理工作的重中之重。加强实验室安全教育，做好应急保障，切实提高对实验室安全重要性的认识，是保证实验室安全的重要前提和基础。

1.4.1　加强实验室安全教育

实验人员实验室安全意识淡薄、实验室安全知识匮乏是发生实验室安全事故的主要原因，因此，加强实验室安全教育是有效预防实验室安全事故发生的重要手段。安全教育的形式多种多样，可采取课堂讲解、播放宣传片、专家讲座、安全事故剖析、资料自学等多种方式结合的形式，形成系统、全面的安全知识体系，最大限度地避免实验室安全事故发生，为实验室安全管理工作的规范化、专业化、法制化发展提供有力保障。首先，定期组织实验室安全管理相关法律法规和制度规范的宣传教育，营造安全第一的实验室氛围，切实提高全体人员的安全责任意识。其次，将实验室安全教育作为实验室人员准入的前置条件，对实验人员开展细致全面的实验室安全教育，并根据实验室特点和仪器特性开展有针对性的操作培训。最后，及时总结实验过程中出现的问题，仔细分析原因及存在风险，使实验人员树立起高度的安全意识，养成良好的安全习惯。

1.4.2　重视应急处置演练

应急救援是实验室安全的最后一道屏障，建立健全实验室安全事故应急救援体系，强化应急能力水平提升是构建实验室安全保障体系的重要组成部分。定期组织实验室消防、气瓶、危化品等安全应急知识的培训（一般每年至少 1 次），开展实验室安全事故应急演练，增强现场组织、自救互救及配合专业救援队伍开展工作的能力。在演练时，详细记录应急演练情况，进行总结评估，分析演练过程出现的各类问题，通过调研、研讨等方式，结合新情况、新形势不断修改和完善应急预案，不断提高应急处置能力。在日常工作中，还应配齐应急物资，建立应急保障体系，提高应急意识和能力，持续不断地改进完善应急管理体系。

参考文献：

[1] 职业健康安全管理体系要求及使用指南：GB/T 45001—2020/ISO 45001：2018[S]. 北京：中国标准出版社，2018.

[2] 北京大学化学与分子工程学院实验室安全技术教学组. 化学实验室安全知识教程[M]. 北京：北京大学出版社，2012.

[3] 黄开胜. 清华大学实验室安全管理制度汇编[M]. 北京：清华大学出版社，2019.

第二章 实验室安全通用要求

实验室中不仅有大量的仪器设备，还要用到易燃易爆、有毒有害的药品试剂等，若操作不当，很可能会造成人身伤害或财产损失。因此，有必要从实验室环境、个人防护、水电气路、仪器操作、实验室废弃物处理以及管理体制机制方面做出具体要求。

2.1 实验室环境

2.1.1 实验室总体布局

1. 实验室用房总体布局合理，区域分布符合实验要求，对周围环境影响小。

2. 同类型的实验室，工程管网较多的实验室，有隔振、洁净、防辐射要求的实验室，有毒性物质产生的实验室，分别组合在一起；有相同层高要求的特殊设备需组合在同一层。

3. 有温湿度要求的实验室，需避免阳光直射的实验室，器皿药品储存间，空调机房，配电间，精密仪器存放间布置在建筑物背阴侧。

4. 有隔振要求的实验室，有大型或重型设备、噪声较大设备的实验室，有对振动敏感的精密测量仪器的实验室，待测试件较重或较大的实验室，重复性检测项目频繁的实验室，有需设置建筑防护的设备的实验室，需做设备基础或防震基础的实验室布置在建筑物底层。

5. 产生有害气体或粉尘的实验室，产生易燃或易爆物质的实验室，排风装置较多的实验室，布置在建筑物顶层，并处于下风向位置。

2.1.2 实验房间布置

1. 实验室内照明和通风充足，温度、湿度符合实验要求。

2. 实验区域干净整洁，通道畅通，与办公区分开设置。

3. 常规实验室室内净高符合实验要求：设置空气调节系统时不低于 2.4 m，不设置空气调节系统时不低于 2.8 m。走道净高不低于 2.2 m。

4. 实验室的门窗符合安全要求：门上设观察窗。由 1/2 个标准单元组成的实验室，门洞宽度不小于 1 m，高度不小于 2.1 m，由 1 个及以上标准单元组成的实验室门洞宽度不小于 1.2 m，高度不小于 2.1 m。有空气调节系统的实验室外窗应有良好的密闭和隔热等性能，可开启的窗扇不少于窗面积的 1/3。底层、半地下室及地下室的外窗应采取防虫及防啮齿动物的措施。

5．实验台符合使用要求：台面的高度一般为 0.8~0.9 m，单面实验台宽度 0.65~0.8 m，双面实验台宽度 1.5 m，长度按实验的具体要求确定。

6．实验室通道符合安全要求：由 1/2 个标准单元组成的通用实验室，靠两侧墙布置的边实验台之间的净距离不小于 1.6 m；一侧墙布置实验台，另一侧墙布置通风橱或实验仪器设备时，其净距离不小于 1.5 m。由 1 个标准单元组成的通用实验室，靠两侧墙布置的边实验台与房间中间的中央实验台之间的净距离不小于 1.6 m；一侧墙或中间为通风橱或实验仪器设备时，其与实验台之间的净距离不小于 1.5 m。

7．中央实验台一般不与窗平行布置，确需平行布置的，其与外墙之间的净距离不小于 1.3 m。

8．物品柜（架）与墙体牢固连接，具有足够承载能力，距地面不小于 1.2 m。

9．天平室应设置前室，可兼做更衣换鞋间，前室面积不小于 6 m²。

10．生物培养室应设有前室、准备间、生物培养间、器械消毒间和清洗间，并应设置灭菌器位置。前室设家庭服和工作服分开的更衣柜和鞋柜，使用面积不小于 8 m²。

11．电子显微镜室由电镜间、过渡间、准备间、切片间、涂膜间及暗室组成，不设外窗，电镜基座采取隔振措施，电镜间、切片间、涂膜间空气应过滤，过渡间设更衣柜和鞋柜，面积不小于 6 m²。

2.2 个人防护

在实验室开展实验，操作人员可能会受到物理、化学或生物等因素的伤害，因此，必须配备急救药箱和必要的防护装备，如实验服、手套、防护帽等，以防各种意外发生。常用装备见表 2-1。

表 2-1 常用装备表

装备类别	常见装备	防护部位	避免的危害
护眼装备	安全眼镜、护目镜等	眼睛	喷溅、碰撞
头面部防护装备	防护帽、面罩、口罩、防毒面具	头面部	喷溅、碰撞、吸入有害物质
躯体防护装备	实验服、隔离衣、连体衣	躯体	污染衣物
手防护装备	手套	手	直接接触有毒有害物质、微生物等
足部防护装备	鞋套	脚	喷溅、碰撞、静电等
耳部防护装备	听力保护器、防噪声耳塞	耳	噪声

2.2.1 急救药箱

实验室应配备急救药箱，出现轻微伤害时可进行简单的应急处理。急救药箱放置在实验室内或实验室附近方便取用的地方，并保持箱内急救物品有效、整洁。急救药箱中常备一些常用药品和应急装备，如创可贴、烫伤膏、医用敷贴、医用纱布、三角绷带、脱脂棉球、止血海绵、降温贴或医用冰袋、医用胶带、医用酒精棉片、碘酊、医用镊子、剪刀、手电筒、救生哨等（见图2-1）。

2.2.2 护眼装备

易发生对眼睛有危害的实验室活动中须采取眼睛防护措施，并根据危害程度选择防护装备。常用的护眼装备有安全眼镜和洗眼装置。

1. 安全眼镜：在一般情况下，佩戴侧面带有护罩的安全眼镜能够保护实验人员避免受到大部分实验操作所带来的损害，如飞溅的液体、颗粒物、碎屑以及有毒气体对眼睛的伤害。安全眼镜见图2-2。

图2-1 急救药箱

图2-2 安全眼镜

2. 洗眼装置：进行实验时，遇有毒有害物质不慎进入眼中，通常会用到紧急洗眼装置（见图2-3）。实验室洗眼装置安装在室内明显和使用方便的地方，并经常维护，保持洗眼水管通畅。实验人员应熟悉洗眼装置的位置及其正确使用方法。

2.2.3 头面部防护装备

1. 防护帽：常见的防护帽是由无纺布制成的一次性简易防护用品，见图2-4，可以保护实验人员避免有毒有害物质飞溅至头部或头发所造成的污染。

2. 防护面罩：一般由防碎玻璃制成，对整个面部进行防护，可保护实验室人员的面部免受碰撞或有毒有害物质喷溅，见图2-5。

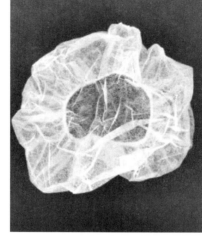

图 2-3　洗眼装置　　　　　图 2-4　一次性无纺布防护帽　　　　　图 2-5　防护面罩

3. 呼吸道防护：呼吸道防护装备主要有口罩和防毒面具。

口罩：实验室常用一次性医用外科口罩作为呼吸道防护装备（见图 2-6）。这种口罩由三层纤维组成，可预防体液、颗粒物和部分微生物进入口鼻，同时，对面部也具有一定的防护作用。如果在实验室操作经呼吸道传播的感染性材料时，则需佩戴过滤等级更高的口罩。按照我国自吸过滤式防颗粒物呼吸器标准，这类口罩按照过滤元件分为 KN 和 KP 两类，其中，KN 类口罩适用于过滤非油性颗粒物，而 KP 类口罩适用于过滤油性和非油性颗粒物。KN 和 KP 口罩根据过滤效率水平又可分为不同的级别，如 KN95（见图 2-7）、KP90 等。

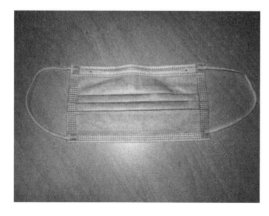

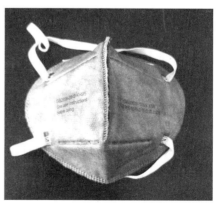

图 2-6　一次性医用外科口罩　　　　　图 2-7　KN95 口罩

防毒面具：防毒面具中装有可更换过滤器，用来保护佩戴者免受气体、蒸汽、颗粒或微生物的影响（见图2-8）。为达到理想的防护效果，应根据操作类型来选择防毒面具，过滤器必须与防毒面具的类型相配套，并与操作者的面部吻合。在实验室内使用的防毒面具不得戴离实验室。

2.2.4 躯体防护装备

常用躯体防护装备有实验服、隔离衣、紧急喷淋装置等。

1．实验服：实验室人员在实验室开展常规工作应一直穿着实验服。实验服可保护工作人员的躯体及衣服免受危害，同时防止日常着装不受污染（见图2-9）。

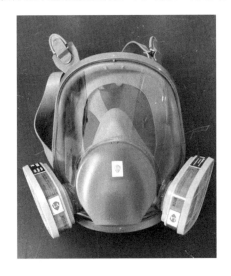 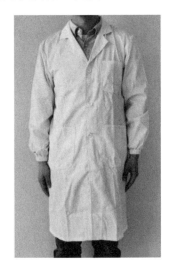

图 2-8　防毒面具　　　　　　图 2-9　实验服

2．隔离衣：进行污染较大的实验操作时，应当穿着防护功能更好的隔离衣（见图2-10）。隔离衣为长袖包背式，穿着时应扎紧腕部和颈部。隔离衣通常在生物实验室内使用。脱下隔离衣时，应从颈处和肩处脱下，把外面污染面卷向里面，将其卷成包裹状，丢弃在消毒箱内。

3．紧急喷淋装置：实验过程中，较大量的有毒有害物质喷溅或洒落到身上，可能会对身体造成伤害时，应立即除去受污染衣物，进行必要的擦除，用紧急喷淋装置进行淋洗。喷淋装置应当安装在楼道间或实验台水池附近，并经常维护，防止生锈或结垢，保持出水畅通，喷淋装置旁边常备吸液棉以便及时吸收喷淋后的污水（见图2-11）。

图 2-10　隔离衣　　　　　　　　图 2-11　紧急喷淋装置及吸液棉

2.2.5　手部防护装备

化学实验主要靠手进行操作，手也最容易受到伤害。手部防护装备主要是手套。在实验室工作时戴好手套可有效防止有毒有害物质污染、刺伤、擦伤和动物抓、咬伤等。手套的选择应按照实验性质，符合舒适、灵活、握牢、耐磨/撕/扎的要求，并针对不同的实验，佩戴足够应对危险防护的手套。如手套被污染，应及时更换。

实验操作对手的伤害风险低时，可佩戴一次性手套，实验室最常用的一次性手套是乳胶手套，如果对乳胶手套过敏，可使用聚腈类手套，这两种手套通常用于对强酸、强碱、有机溶剂等有害物质的防护。接触高温物体，可使用耐热材料如厚皮革、特殊合成涂层、绒布等材质的手套，该类手套应放置在高温仪器设备附近。处理极冷的物质如液氮、干冰或冷冻样品、药品时，应使用特殊绝缘手套，防止手部被冻伤。接触尖锐、锋利物品时，应戴不锈钢网孔手套以防止切割损伤。

在实验室工作时应一直戴手套，实验结束方可脱掉手套。脱手套时，用一手捏起另一手近手腕部处的手套外缘，将手套脱下并将手套外表面翻转入内，用戴着手套的手拿住该手套，用脱去手套的手指插入另一手套腕部内面脱下该手套，使其内面向外并形成一个由两个手套组成的袋状。

实验室常用手套优缺点见表 2-2。各种材质手套防化性能见表 2-3。

表 2-2　实验室常用手套优缺点

材质	优点	缺点
天然橡胶	成本低、物理性能好，重型款式具有良好的防切割性和灵活性	易分解和老化，对油脂和有机化合物防护较差，有蛋白质过敏风险
丁腈橡胶	成本低、物理性能出色，灵活性良好，耐划、刺穿、磨损和切割	对酮类、芳香族化学品以及中等极性化合物的防护性能较差
PVC	成本低，物理性能不错，过敏反应的风险最低	有机溶剂会洗掉手套上的增塑剂，可能导致化学物质的快速渗透
PVA	非常坚固，耐化学性强；良好的物理性能和耐划破、刺穿、磨损和切割的性能	接触水和轻醇时会很快分解，与其他耐化学性手套相比不够灵活，成本高
氯丁橡胶	对油性物、酸类（硝酸和硫酸）、碱类、广泛溶剂（如苯酚、苯胺、乙二醇）、酮类、制冷剂、清洁剂的抗化性极佳	抗钩破、切割、刺穿，耐磨性不如丁腈橡胶或天然橡胶，不适合芳香族有机溶剂，价格较高
丁基橡胶	灵活性好，对于中级极性有机化合物，如苯胺和苯酚、乙二醇醚、酮和醛等，抗腐蚀性强	对非极性溶剂（如碳氢化合物、含氯烃和含氟烃等）的防护性较差，成本昂贵
皮革手套	防护面广，对冷、热、火花飞溅、磨损、割、刺穿可进行一般性防护	价格略贵，清洗保养讲究

表 2-3　不同材质手套防化性能

物理/化学性能	手套材质					
	天然橡胶	丁基橡胶	氯丁橡胶	PVC	PVA	丁腈橡胶
有机酸	好	好	优秀	好	差	优秀
无机酸	优秀	优秀	优秀	优秀	优秀	—
腐蚀物质	优秀	优秀	优秀	好	差	好
醇类（甲醇）	优秀	优秀	优秀	优秀	一般	优秀
芳香族（甲苯）	差	一般	一般	差	优秀	差
石油馏出物	优秀	一般	优秀	差	优秀	优秀
酮类	一般	优秀	好	不推荐	一般	一般
油漆稀释剂	一般	一般	不推荐	一般	优秀	一般
苯	不推荐	不推荐	不合适	不推荐	优秀	一般
甲醛	优秀	优秀	优秀	优秀	差	一般
乙酸乙酯	一般	好	好	差	一般	一般
脂肪	差	好	优秀	好	优秀	优秀
苯酚	一般	好	优秀	好	差	不推荐
磨损	—	好	一般	好	好	优秀
刺	优秀	好	优秀	一般	优秀	优秀
热	优秀	差	优秀	差	一般	一般
抓握（干）	优秀	一般	好	优秀	优秀	好
抓握（湿）	好	一般	一般	优秀	优秀	一般

2.2.6　足部防护装备

在实验室中不能穿凉鞋、拖鞋等露趾的鞋以及高跟鞋等。当实验室中存在物理、化学或生物危害时，应穿鞋套或靴套，以防实验人员足部受损伤或鞋袜受污损（图 2-12）。

2.2.7　耳部防护装备

高强度的噪声可使听力下降直至丧失。当实验如破碎实验产生噪声时，实验人员应佩戴听力防护装备。常用的听力防护装备有防噪声耳罩（图 2-13）和一次性防噪声耳塞（图 2-14）。各类听力防护装备均不能戴离实验室区域。

图 2-12　一次性防护鞋套　　　图 2-13　防噪声耳罩　　　图 2-14　一次性防噪声耳塞

2.3　水电气安全

1. 实验室开关、照明、插座、电源、线路保持完好，气路、压力阀、安全阀保持正常状态，按规定使用电器。

2. 实验室内应使用空气开关，并配备必要的漏电保护器，电气设备应配备足够的用电功率和电线。

3. 实验室固定电源插座不能随意拆装、改线，不能使用闸刀开关、木质配电板和花线。

4. 实验室电路、水、气及管道等设施应随时检查，发现老化、损坏等异常现象，应及时更新、维修。

5. 严格遵守电器作业安全规定，检修或安装电器设备、线路等应由专业人员作业。

6. 对常年通电、高温加热、高压、高速运动等有潜在危险的仪器设备要有相应的安全防护措施，经常进行检查。

7. 对精密仪器、大功率仪器设备、使用强电的仪器设备要保证接地安全。其中，大功率电加热器等用电设备周围不能放置易燃可燃物品。

8．在有易燃易爆气体、粉尘的实验室，所用的用电设备和照明应符合防爆要求。

9．气体钢瓶远离火源，并配置气瓶间、柜或固定装置进行固定，经常检查气瓶是否在有效期、是否漏气、配件是否完好等。

10．实验前先检查用电设备，再接通电源；实验结束，先关闭设备，再关闭电源。

11．实验室停电停水时，要及时切断电源，关闭水阀。

12．下班离开实验室前，应检查电源是否切断，水、气、门窗是否关闭。

2.4　实验操作安全

2.4.1　一般要求

2.4.1.1　人员要求

1．实验人员掌握灭火器材正确的使用方法。

2．实验人员熟悉所用的药品的性质，禁止用手直接接触化学药品和危险性物质。

3．实验人员熟悉仪器设备的性能、操作方法和安全注意事项，严格按照操作规程和安全技术规程进行操作。

4．实验人员不得将与实验无关的物品带入实验室，不能在实验室内饮食、住宿。

5．实验过程应有人照看。

6．进行有危险性实验应采取安全措施，参加人员不得少于2人。

7．实验人员进入实验室应穿着不露脚面的鞋和长裤，长发应束好。

8．实验人员熟悉各类事故的应急处理方法。

2.4.1.2　药品、样品存放要求

1．药品、样品必须贴有醒目的标签，注明名称、浓度、配制时间、有效日期、危险性质等，标签字迹清楚。

2．按照药品、样品的性质分类、分开存放在药品柜、样品柜中。

3．危险化学品、剧毒品分别按性质存放在危险化学品库、剧毒品库中，不同性质药品相互之间保持安全距离，按需领用。

4．挥发性药品应保存在避光、通风良好的地方，远离热源或火源；低燃点的易燃品在室温过高时，应备有冷却装置。

5．实验室冰箱内不能混放易相互反应或相互发生作用的药品。

6．过期的药品、样品应妥善保存，按规定处理。

7．取出后的药品、样品不能放回原包装，应放到其他合适的容器中另行处理。

2.4.1.3　实验操作要求

1．禁止用口或鼻嗅的方法去鉴别物质。如必须嗅闻时，头部保持一定距离，用手微微扇风将少许气味引向鼻孔。

2．易挥发性或易燃的液体储存瓶，在温度较高的场所或瓶的温度较高时，应冷却后开启。开启时，瓶口不能正对着人。

3．不用手直接接触化学药品。取用钾、钠、钙、黄磷时必须使用专用钳子。

4．加热、冷却操作，温度升降应均匀，防止温度局部急剧变化或爆沸。

5．在器具中加热药品，须平稳放置，瓶口或管口不能对着人。

6．不能用敞口容器加热有机溶剂。

7．加热低沸点的溶剂如乙醇、氯仿等宜用水浴锅，不可用明火。

8．移动热液体，应使用隔热护具，注意轻拿轻放。

9．稀释浓硫酸时，必须将硫酸缓慢倒入水中，用玻璃棒不停地搅拌，禁止将水直接倒入硫浓酸中，若温度过高，应冷却后再进行。

10．开展高温实验操作，应在有防火设施且通风良好的室内进行。

11．打开有挥发性的药品、样品应在通风橱进行，瓶口不能对着人。

2.4.1.4　其他要求

1．量取化学试剂如有遗洒，应立即清理干净。

2．实验服应经常清洗，一旦被酸、碱、有毒物质及致病菌等玷污时必须及时处理。

3．清洗盛装腐蚀性、危险性物质的器具时，须先清除腐蚀性、危险性物质，再用相应洗液进行清洗。

4．实验室废液应分类收集后集中处理，不能直接倒入水槽或排入下水道。

2.4.2　玻璃仪器

1．使用玻璃器皿前须仔细检查，有裂纹或破损的应及时更换。

2．搬取装液体的瓶子时，须一手握住瓶颈部，一手托瓶底，较大的瓶子放在瓶架上搬取。

3．往玻璃管上套橡胶塞或橡皮管时戴防护手套，在橡胶塞孔内或橡皮管内部沾少量水、甘油或涂抹润滑油，不能强行插入。

4．量筒、表面皿等非耐热器皿不可用明火直接加热。

5．用移液管吸取液体时，管尖插入液面以下，用橡皮球吸取，不能用嘴吸。

6．加热试管内的溶液时，管口不得对着人，加热时要不停地摇晃，以防升温不均匀发生沸腾引起烫伤。

7．截断玻璃管或玻璃棒时，先用锉刀锉一道与玻璃管或玻璃棒垂直的锉痕，再在锉痕处沾水，两手握住锉痕两边，锉痕背对操作者面部，两个拇指尖抵住锉痕背面，用力折断。然后熔烧锋利面。熔烧时缓慢转动，使其受热均匀，置于搪瓷盘中冷却。

8．溶解固体试剂或稀释浓硫酸应使用烧杯，不能用量筒或试剂瓶直接溶解或稀释。

9．蒸馏或回流操作前，应检查连接管路的橡胶管是否老化或接牢。操作时应先加入沸石或搅拌磁子，再进行加热。操作过程中防止形成封闭体系。如开始加热后发现忘记加沸石，应先停止加热，待装置冷却后再重新操作。

2.4.3　仪器设备

1．制订详细的仪器设备操作规程，定期进行保养维护。

2．使用前，要检查电源电压是否与使用设备的电压要求相符。

3．用电设备须安全接地。在同一电源上，不能同时使用过多仪器设备，以免负荷过大。线路一旦发热或温度超过规定，应立即切断电源，由专业人员检修。

4．当实验室有易燃易爆气体和蒸汽时，必须确认安全后，才能给仪器设备送电。

5．实验结束后，所有仪器设备要清洗干净，切断电源，关闭水、电、气阀门，样品、溶液、试剂和仪器放回存放地点。

2.4.4　有毒有害物质

1．盛装有毒物质的容器标签上应注明"有毒"或"剧毒"字样和醒目的危险标志。

2．使用剧毒药品时，必须当日使用，当日领取；如有剩余，必须立即退回剧毒品库，不得存放在实验室内。

3．使用强酸、强碱、浓氨水、碘、氰化物、三氧化二砷等腐蚀性、刺激性药品及剧毒品时，必须戴胶皮手套和安全眼镜。

4．盛装剧毒品的包装物如玻璃瓶等应集中存放，集中处置。

5．不能将有毒有害物质或致病菌擅自挪用或带出实验室。

6．产生两类污染的实验应在不同的通风橱中操作。

2.4.5　易燃易爆物质

1．使用爆炸性药品不能振动、碰撞和摩擦。

2．易发生爆炸的操作，应采取安全隔离措施。具有特别危险的操作应采取特殊防护措施，并在符合规定的隔离间内进行。

3．使用易燃易爆药品的实验在通风橱内操作。

4．强氧化剂不能与可燃物品一起研磨。

5．用易燃易爆药品进行实验不能靠近火源。

6．蒸发可燃性液体不能将蒸汽直接排在室内。

7．易燃物质（如甲醇、乙醇等）不能用明火蒸馏或加热。沸点低于100℃的，应在水浴上加热，沸点高于100℃的，应在油浴上加热。

8．熔融石蜡应放在砂浴上。

9．加热操作或实验过程中，如发生着火爆炸，应立即切断电源、热源和气源，再灭火。

2.5   实验室废弃物安全

实验室废弃物按物体形态分为气态、液态和固态三类。

1．实验室中气态废弃物一般是酸雾和有机废气，处理酸雾一般用碱性水溶液吸收，处理有机废气则一般用吸收装置。

2．实验室液态废弃物按其性质、成分等的不同采取不同的处理方法，有的可以回收利用，有的可以直接排放，有的需要处理达标后排放，有的则需要收集暂存。

3．实验室固态废物应设置专门的容器进行收集暂存。

4．实验室废弃物应分类收集后存放在实验室废弃物暂存区，由专人进行管理，交由有资质单位进行集中处理。

5．剧毒品使用完后的空瓶须保存在剧毒品库中，妥善保管，交由有资质的单位集中处理。

2.6   建立健全实验室安全管理工作机制

加强实验室管理，健全实验室安全工作机制，是确保实验室安全不可或缺的因素，在某些情况下，甚至是至关重要的因素。实验室管理越科学、规范、专业，实验室对科研支撑的作用就越显著。反之，实验室安全事故频发、管理散漫，根本也谈不上对科研的支撑。

2.6.1   健全实验室管理制度体系

完善实验室管理各项规章制度，形成配套齐全、管理规范的制度体系是实验室安全管理工作的基础和依据。在单位层面上，建立健全实验室安全管理、应急管理、危化品和危险废物管理等方面的规章制度以及消防安全、化学品安全、生物安全、仪器设备安全、气瓶安全等方面配套的实施细则；在实验室层面上，各实验室根据实验特点和科研、教学工作实际，建立健全个人防护、应急、消防安保、环境安全、仪器设备、危化品和易制毒化学品、废弃物等方面具体的实施办法。通过完善的制度体系，各个层级充分发挥作用，实验室安全可以得到有效保障。环科院在这方面做了有益的尝试，已经打造了以《实验室管理办法（试行）》为一级制度，以《实验室安全管理办法（试行）》《科研仪器设备管理办法（试行）》《实验室危化品和危险废物管理办法（试行）》为二级制度，以《大型仪器资源共享实施办法（试行）》《实验室消防安全实施细则（试行）》《实验室气瓶安全管理实施细则（试行）》《实验室化学品安全实施细则（试行）》《实验室生物安全实施细则（试行）》《实验室仪器设备安全实施细则（试行）》《实验室安全事故应急处置预案（试行）》为三级制度的制度体系，并围绕这个制度体系，卓有成效地开展了实验室安全管理工作。

2.6.2　完善实验室安全管理工作机制

实验室安全管理制度重在落实，只有形成了良好的工作机制，才能将各项管理制度真正落到实处。为此，环科院做了四个方面的工作，一是厘清实验室安全责任，各实验室负责人是实验室安全的第一责任人，实验室管理员具体负责实验室安全管理工作，实验人员是直接责任人。二是落实实验室安全准入制度，实行项目负责人（导师）负责制，并要求实验安全评估合格、操作人员实验室安全考试合格后方可开展实验。三是实施院统一巡查和实验室安全检查相结合的实验室安全检查工作机制，及时发现问题并及时整改。在院层面，做到每周小抽查（要素检查）、每月联合查（多部门联合）、节假日前重点查；在二级单位层面，做到每天开展安全检查。四是实行实验室安全一票否决制度，凡是发生实验室安全事故的，所在二级单位、直接责任人员和相关责任人取消一切评优资格，并严格追责。

2.6.3　加强实验室管理队伍建设

人才是科学事业成功的基石，实验室的建设、管理和发展同样离不开人才。目前，各高校、科研单位实验室管理人员大多为兼职，加之他们从事的是重复性、程序性的具体事务，在工作中形成论文、专著、专利等成果困难相对大，职称晋升通道相对狭窄，与实验室高质量、高水平、高效率的管理服务要求还存在一定差距。因此，需要通过引进高水平专业人员和加强现有人员培训等手段，建立一支结构优化、配置合理、技术精湛、服务优良的专业管理队伍，积极推进实验室管理和服务，为提升科研整体水平和原始创新力，进而推动科技进步奠定坚实的基础。

参考文献：

[1]　检验检测实验室设计与建设技术要求　第 1 部分：通用要求：GB/T 32146.1—2015[S]. 北京：中国标准出版社，2015.
[2]　科研建筑设计标准：JGJ 91—2019[S]. 北京：中国标准出版社，2019.

[3]   呼吸防护   自吸过滤式防颗粒物呼吸器：GB 2626—2019[S]. 北京：中国标准出版社，2019.

[4]   北京大学化学分子与工程学院实验室安全技术教学组. 化学实验室安全知识教程[M]. 北京：北京大学出版社，2012.

[5]   赵晶晶，常健辉，王伟，等. 浅谈化学实验室的防护手套[J]. 科技创新导报，2011（28）：128-129.

[6]   徐涛. 实验室生物安全[M]. 北京：高等教育出版社，2010.

[7]   黄开胜. 清华大学实验室安全考试题集[M]. 北京：清华大学出版社，2018.

第三章　实验室消防安全

3.1　消防基础知识

3.1.1　燃烧

3.1.1.1　燃烧及其分类

燃烧是可燃物与助燃物相互作用发生的放热反应，通常伴有火焰、发光和发烟现象。燃烧具有两个特征：一是有新的物质产生，二是燃烧过程中伴有发光发热现象。发生燃烧必须同时具备三个必要条件：可燃物、助燃物和引火源。可燃物是能与空气中的氧或其他氧化剂发生燃烧反应的物质。助燃物是有较强的氧化性能，能帮助和支持可燃物燃烧的物质，即能与可燃物发生燃烧反应的物质。引火源是使可燃物与氧或其他助燃物发生燃烧反应的能源，常见的引火源有明火、高温物体、火星、电火花、强光等。

燃烧按照其形成的条件和发生的特点，可分为闪燃、阴燃、自燃和着火四种类型。

3.1.1.2　燃烧的产物及危害

燃烧的主要产物是烟气，烟气对人体最主要的危害是烧伤、窒息和吸入气体中毒。火场上的高温烟气可导致人体循环系统衰竭，气管、支气管内黏膜充血起水泡，组织坏死，并引起肺水肿而窒息死亡。烟气的减光性不但影响人员的安全疏散和火灾的施救，而且还可造成人心理上的恐慌。燃烧产生的有毒气体可引起人体麻醉、窒息，甚至导致死亡。大量事实证明，火灾死亡人数中大约有 80%是由于吸入毒性气体而致死的。有些不完全的燃烧产物还能与空气形成爆炸性混合物，遇火源而发生爆炸，造成火灾蔓延。

部分燃烧产物对人体的危害：

二氧化碳：含碳物质燃烧时，通常产生大量二氧化碳。二氧化碳是一种无色、无嗅、其水溶液略带酸味的气体，本身无毒，大气中含量一般为 0.027%～0.036%。如果二氧化碳的浓度达到 1%以上，就会使人头晕目眩；达到 4%～5%，人便会恶心呕吐，呼吸不畅；

超过 10%，人便会死亡。主要征状有：头痛、头晕、耳鸣、气急、胸闷、乏力、心跳加快，面颊发绀、烦躁、谵妄、呼吸困难，如情况持续，就会出现嗜睡、淡漠、昏迷、反射消失、瞳孔散大、大小便失禁、血压下降甚至死亡。

一氧化碳：对血液中血红蛋白有亲和性，对血红蛋白的亲和能力比氧气高出 250 倍。如果空气中的一氧化碳浓度达到 13.6 mg/m^3，10 min 过后，人体血液内的碳氧血红蛋白（COHb）可达到 2%以上，就会引起行动迟缓、意识不清；如果一氧化碳浓度达到 40.9 mg/m^3，人体血液内的碳氧血红蛋白（COHb）可达到 5%左右，可导致视觉和听力障碍；当血液内的碳氧血红蛋白（COHb）达到 10%以上时，机体将出现严重的中毒症状，如头痛、眩晕、恶心、胸闷、乏力、意识模糊等。

二氧化硫：易被湿润的黏膜表面吸收生成亚硫酸、硫酸。对眼及呼吸道黏膜有强烈的刺激作用。大量吸入可引起肺水肿、喉水肿、声带痉挛而致窒息。轻度中毒时，发生流泪、畏光、咳嗽，咽、喉灼痛等；严重中毒可在数小时内发生肺水肿；极高浓度吸入可引起反射性声门痉挛而窒息。皮肤或眼接触发生炎症或灼伤。长期低浓度接触二氧化硫，可有头痛、头昏、乏力等症状以及慢性鼻炎、咽喉炎、支气管炎、嗅觉及味觉减退等。

氰化氢：一种迅速致死、窒息性的毒物。第二次世界大战中纳粹德国常把氰化氢作为毒气室的杀人毒气使用。轻度中毒导致眼及上呼吸道刺激症状、头痛、眩晕、胸闷、恶心、无力等，呼出气中有苦杏仁味，可自行缓解；中度中毒会产生恶心、呕吐、胸部压迫感、呼吸急促、皮肤黏膜呈鲜红色或苍白等症状；重度中毒会使大脑内积水，压迫神经，意识丧失，乏力，强直性或阵发性惊厥，全身肌肉松弛，反射消失，呼吸及心脏可随时停止等。

氯化氢：一种无色、有刺激性气味的气体，对眼和呼吸道黏膜有强烈的刺激作用。急性中毒可出现头痛、头昏、恶心、眼痛、咳嗽、痰中带血、声音嘶哑、呼吸困难、胸闷、胸痛等。重者发生肺炎、肺水肿、肺不张。眼角膜可见溃疡或混浊。皮肤直接接触可出现大量粟粒样红色小丘疹而呈潮红痛热。长期较高浓度接触，可引起慢性支气管炎、胃肠功能障碍及牙齿酸蚀症。氯化氢局部作用引起的症状有结膜炎、角膜坏死、损伤皮肤和黏膜，导致具有剧烈疼痛感的烧伤。吸入后引起鼻炎、鼻中隔穿孔、牙糜烂、喉炎、支气管炎、肺炎，导致头痛和心悸、有窒息感。咽下时，会刺激口腔、喉、食管及胃，引起流涎、恶心、呕吐、肠穿孔、寒战及发热、不安、休克、肾炎。长期接触低浓度氯化氢可使皮肤干燥并变成土色，也可引起咳嗽、头痛、失眠、呼吸困难、心悸亢进、胃剧痛等情况。慢性中毒者的最明显症状是牙齿表面变得粗糙，特别是门牙产生斑点。

二氧化氮和其他氮氧化物：吸入后主要损害呼吸道。吸入初期仅有轻微的眼及上呼吸道刺激症状，如咽部不适、干咳等。经数小时至十几小时或更长时间潜伏期后发生迟发性肺水肿、成人呼吸窘迫综合征，出现胸闷、呼吸窘迫、咳嗽、咯泡沫痰、紫绀等，可并发气胸及纵隔气肿。慢性作用主要表现为神经衰弱综合征及慢性呼吸道炎症，个别病例出现肺纤维化，还可引起牙齿酸蚀症。

3.1.2 爆炸

爆炸是容器内和大气间的压力差增大或减少到容器壁不能承受时，物质在外界因素激发下发生急剧的物理、化学变化，在极短时间内，释放出大量能量，产生高温，并放出大量气体，并伴有巨大声响的过程。实验室中可燃气体、可燃蒸气、可燃粉尘和对摩擦、撞击等敏感的固体易造成爆炸。

爆炸往往比着火造成更大的危害，实验室内产生爆炸的原因通常有两种：第一种是器皿内和大气间压力差逐渐增大，如器皿内部的压力减小时由于器皿壁的坚固性不够，仪器被压碎而爆炸；第二种是实验过程中迅速生成大量气体或放出大量热的化学反应，如可燃性气体与空气或氧气混合，再遇明火就易爆炸。部分化学药品单独存放或使用比较安全，但若与其他药品混合，就会变得十分危险。

3.1.2.1 爆炸的分类

爆炸按照发生的原因和性质不同，可分为物理爆炸、化学爆炸、核爆炸等。

1. 物理爆炸：由物理因素如状态、温度、压力等变化而引起的爆炸。爆炸前后，物质的性质和化学成分均不改变。如压力容器、气瓶、锅炉等超压发生的爆炸。

2. 化学爆炸：指物质在瞬间完成化学反应，产生大量气体和能量的现象。爆炸前后物质的性质和化学成分发生根本的变化。根据化学爆炸按爆炸时所发生的化学变化的形式，可分为分解性爆炸和爆炸性混合物爆炸。

分解性爆炸是指有些具有不稳定结构的化合物如有机过氧化物、三硝基甲苯等易爆物质，它们受震或受热时，易分解为较小的分子或组成元素而放出热量，这些热量引起可燃物自燃从而引起爆炸。此类爆炸需要一定的条件，如爆炸性物质的含量或氧气含量以及激发能源等，这类爆炸更普遍，所造成的危害也较大。

爆炸性混合物爆炸是指可燃气体、易燃液体蒸气或悬浮着的可燃粉尘，若达到爆炸浓度极限范围，遇点火源后燃烧，由于反应速度较快，产生的热量来不及散失冷却，使反应体系中气体膨胀、压力猛升，进而发生爆炸。如氢气、乙炔等气体与空气混合达到一定比例时，会形成爆炸性混合物，遇明火即会爆炸；可燃液体的蒸气聚结成连续气流带，同空气混合达到一定范围，就会引起爆炸。

3. 核爆炸：物质因原子核在发生"裂变"或"聚变"的链式反应瞬间放出巨大能量而产生的爆炸。如氢弹爆炸，原子弹爆炸等。

3.1.2.2 爆炸极限及其影响因素

评定气体爆炸危险性的大小可用爆炸极限来表示。可燃气体或蒸气与空气混合形成爆炸性混合物，浓度达到一定范围时，遇火源立即发生爆炸。爆炸性混合物发生爆炸的浓度范围称为爆炸极限，发生爆炸的最低浓度称为爆炸下限，最高浓度称为爆炸上限。爆炸极限越低、范围越大，就越容易发生爆炸。例如，乙炔在空气中的爆炸上限为82%，爆炸下限为2.5%，其爆炸极限为2.5%～82%；甲烷的爆炸极限为5.0%～15.0%；氢气的爆炸极限为4.0%～75.6%。

爆炸极限不是一成不变的，会随着条件发生变化，影响爆炸极限的因素主要有温度、火源强度、压力、含氧量、惰性气体含量和容器等。

1．温度：温度越高，分子的反应活性越强，导致爆炸极限范围扩大，爆炸危险性增加。

2．火源强度：火源强度提高会增加燃烧爆炸的危险性。火源的强度越高，受热面积越大，火源与混合物接触时间越长，爆炸极限范围就越大。

3．压力：压力升高，会使爆炸上限（对下限影响不大）显著增加，爆炸极限范围扩大，爆炸危险性增加。

4．含氧量：混合气体中含氧量增加可使爆炸上限增高，爆炸极限范围扩大，爆炸危险性增加。

5．惰性气体含量：增加惰性气体（如氮气、二氧化碳、氩气等）的浓度可使爆炸上限显著降低，因为增加惰性气体浓度，相对降低了含氧量，导致爆炸上限显著下降。当惰性气体增加到一定浓度时，可使混合物不能爆炸。

6．容器：容器管道的直径越小，爆炸极限范围越小，发生爆炸的危险性越小。当容器管道的直径小到一定程度时，火焰因不能通过而熄灭。

3.1.2.3 防爆的基本措施

可燃物质发生化学爆炸必须具备三个条件：一是存在可燃物质；二是可燃物质与助燃物质，如氧气，混合达到一定范围；三是具有足够的引爆能量（如火源、高温等）。这三个条件共同作用才能发生爆炸。防止化学爆炸的发生就是要阻止这三个条件的同时存在和相互作用。如系统密封，防止可燃物质泄漏；采取保持良好通风，防止爆炸物质聚集达到爆炸极限；在体系内通入惰性气体等。另外，安装监测和报警装置等措施，也可有效预防爆炸事故的发生。

3.1.3 火灾

火灾是指在时间或空间上失去控制的燃烧。火灾从初起到熄灭可分为初起阶段、发展阶段、猛烈阶段和熄灭阶段。初起阶段是指物质在起火后的十几秒内，此时燃烧面积还不大，烟气流动速度较缓慢，火焰辐射出的能量还不多，周围物品和结构开始受热，温度呈上升趋势。初起阶段是火灾扑救的最佳阶段。发展阶段是由于燃烧强度增大，导致气体对流增强、燃烧面积扩大、燃烧速度加快的阶段。这个阶段需要投入较多的力量和灭火器材才能将火扑灭。猛烈阶段是指由于燃烧面积扩大，大量的热释放出来，空间温度急剧上升，使周围的可燃物全部卷入燃烧，火灾达到猛烈程度的阶段，也是火灾最难扑救的阶段。熄灭阶段是指火场火势被控制住以后，由于灭火剂的作用或因燃烧材料已烧至殆尽，火势逐渐减弱直至熄灭的阶段。

3.1.3.1　火灾的分类和等级

火灾按可燃物的类型和燃烧特性分为 A、B、C、D、E、F 六个类别。

A 类火灾：指固体物质火灾。如木材、煤、棉、毛、纸张等发生的火灾。这类物质通常具有有机物质的性质，在燃烧时一般能产生灼热的余烬。

B 类火灾：指液体或可熔化的固体物质火灾。如煤油、柴油、原油、沥青、石蜡、甲醇、乙醇等发生的火灾。

C 类火灾：指气体火灾。如煤气、天然气、乙炔、氢气、甲烷等气体发生的火灾。

D 类火灾：指金属火灾。如钾、钠、镁、铝镁合金等金属发生的火灾。

E 类火灾：指带电火灾。即物体带电燃烧的火灾。包括电气设备以及电线电缆等燃烧时仍带电的火灾。

F 类火灾：指烹饪器具内的烹饪物（如动植物油脂）火灾。

火灾按造成的死亡人数分为特别重大火灾、重大火灾、较大火灾和一般火灾四个等级，其中，"以上"包括本数，"以下"不包括本数。

特别重大火灾：造成 30 人以上死亡，或者 100 人以上重伤，或者 1 亿元以上直接财产损失的火灾。

重大火灾：造成 10 人以上 30 人以下死亡，或者 50 人以上 100 人以下重伤，或者 5 000 万元以上 1 亿元以下直接财产损失的火灾。

较大火灾：造成 3 人以上 10 人以下死亡，或者 10 人以上 50 人以下重伤，或者 1 000 万元以上 5 000 万元以下直接财产损失的火灾。

一般火灾：造成 3 人以下死亡，或者 10 人以下重伤，或者 1 000 万元以下直接财产损失的火灾。

3.1.3.2　火灾的特点

1. 突发性：由于人们消防意识淡漠、预防措施不到位、检测预警手段不够、对火灾事故征兆的了解和掌握不到位，火灾事故往往在人们意想不到的时候发生。

2. 严重性：火灾事故容易造成重大伤亡和重大经济损失，其后果更为严重。

3. 不可控性：一旦发生火灾事故，由于火灾的蔓延速度快，往往很难在短时间内控制火情。

4. 复杂性：发生火灾事故的原因多种多样。实验室引起火灾的火源有明火、化学反应热、高温、摩擦、电火花等，可燃物有气体、液体、固体等。

3.1.3.3　预防火灾的基本措施

1. 人员防护。

（1）掌握消防知识，了解实验室灭火器材的种类、使用方法、清楚存放位置；

（2）实验过程中穿着防护衣物；

（3）配备防护工具和灭火设备；

（4）实验前认真检查实验设备的安全性能状况，发现电线及设备存在故障时，应及时维修；

（5）使用化学品，特别是具有易燃易爆等危险性质的化学品，须事先了解其易燃易爆等危险特性及注意事项，使用时要小心谨慎，不得擅自脱岗；

（6）严格执行实验操作规程。

2. 控制可燃物。

（1）用难燃或不燃的材料代替可燃材料；

（2）控制危险化学品的存量，分类存放；

（3）禁止在实验室内吸烟或违规使用电器；

（4）采用排风或通风方法以降低可燃气体、蒸汽和粉尘在空气中的浓度。

3. 隔绝空气。

（1）使用易燃易爆试剂的实验时可在密封的设备中进行；

（2）隔离空气储存某些危险化学品；

（3）对某些异常危险的实验，充装惰性气体。

4. 清除火源。

（1）隔离火源或与火源保持安全距离；

（2）大型仪器安全接地；

（3）高层建筑避雷。

5. 阻止火势或爆炸波的蔓延。

（1）在建筑物之间留有防火间距，筑防火墙；

（2）在建筑物内安装防火门，设防火分区；

（3）在可燃气体管路上安装阻火器、水封；

（4）在压力容器、设备上安装防爆膜、安全阀等。

3.2　国内法律、法规、标准及环科院的安全规定

3.2.1　国内现有相关法规、标准

消防工作贯彻"预防为主，防消结合"的方针。为了预防火灾和减少火灾危害，加强应急救援工作，保护人身、财产安全，维护公共安全，全国人民代表大会常务委员会审议通过了《中华人民共和国消防法》（简称《消防法》）。教育部为加强和规范高等学校的消防安全管理，预防和减少火灾危害，保障师生员工生命财产和学校财产安全，制定了《高等学校消防安全管理规定》，并经公安部同意后于 2010 年 1 月 1 日起施行。公安部先后颁布了与《消防法》相配套的《建筑工程消防监督审核管理规定》《火灾事故调查规定》《消防监督检查规定》《机关、团体、企业、事业单位消防安全管理规定》等规章制度。全国消防标准化技术委员会，下设 15 个分委员会，负责制修订和审查各类消防技术标准草案，现已颁布施行的国家标准和行业标准达 400 多项。

3.2.2　环科院关于实验室消防安全的有关管理规定

环科院依据《消防法》等国家和地方法律法规，从环科院实际出发，对实验室消防安全进行了细化。

1．实验室的建设、改扩建等，需经相关部门批准后方可施工。

2．实验人员要严格执行"实验室十不准"：不准吸烟；不准乱放杂物；不准实验时人员脱岗；不准堵塞安全通道；不准违章使用电器；不准违章私拉乱接电线；不准违反操作规程；不准将消防器材挪做他用；不准违规存放易燃药品、物品；不准做饭、住宿。

3．实验人员必须熟知"四懂四会"：懂本岗位火灾危险性、懂预防措施、懂扑救方法、懂逃生的方法；会报警、会使用灭火器材、会处理险肇事故、会逃生。

4．实验人员必须严格执行实验室安全操作规程，严禁使用明火电炉，严禁携带火源进入实验室。

5．实验室内应使用空气开关并配备必要的漏电保护器；电气设备应配备足够的用电功率和电线。

6．使用的大功率电加热器等用电设备，周围不得放置易燃可燃物品，并要保证接地安全；恒温箱、电冰箱内禁止存放互相抵触的物品，燃点低的物质应按要求存放。

7．实验室所用的各种气体钢瓶应远离火源，按要求存放和管理。

8．实验室购买、储存、使用易燃易爆、有毒等危险化学品，应遵守国家及环科院的有关规定。

9．实验结束后，实验人员应对各种实验器具、设备进行整理，气源、电源、火源等

确认安全后方可离开。

10．对使用时间较长的设备以及具有潜在安全隐患的设备应及时报废。

3.3 消防设施设备安全管理

各实验室内的消防设备要符合国家的相关规定，不得损坏或擅自挪用、拆除、停用消防设施设备和器材。根据实际需要配置足够、合适的消防器材；保持消防设施设备、器材和消防安全标志在位；对消防设施设备和器材定期检查、检测及维护，确保其完好有效；定期进行消防设备和器材的使用演示和演练。实验室需要配备必要的安全出口和疏散通道、防火门、室内消火栓、火灾自动报警系统、消防监控设施设备、灭火器材以及其他消防设备等。

3.3.1 安全出口和疏散通道

3.3.1.1 安全出口

建筑物内发生火灾时，为了减少损失，需要把建筑物内的人员和物资尽快撤到安全区域，这就是安全疏散。安全出口是供安全疏散用的楼梯间、室外楼梯的出入口或直通室内外安全区域的出口。凡是符合安全疏散要求的门、楼梯、走道等都称为安全出口，如建筑物的外门、着火楼层楼梯间的门、防火墙上的防火门、经走道或楼梯通向室外的门等。安全出口标志如图 3-1 所示。

图 3-1 安全出口标志

实验室要设置足够数量的安全出口，安全出口应分散布置，建筑面积在 30 m² 的实验室要设两个出口。它们的位置是一前一后对应的。每层楼都应该有 2 个以上的楼层安全出口，两个安全出口的距离不应小于 5 m。安全出口应有明显的、清晰可见的指示标志；楼层安全出口处应安装应急照明灯；不能关闭或遮挡安全疏散指示标志；发生火灾时，楼宇的安全出口门能立即打开。布置安全出口要遵循"双向疏散"的原则，即建筑物内人员停留在任意地点均有两个方向的疏散路线，充分保证疏散的安全性。安全出口处不能设置门槛、台阶，安全门不能采用卷帘门、转门、吊门和侧拉门，门口不设置门帘、屏风等影响疏散的遮挡物。

3.3.1.2　疏散通道

疏散通道是疏散时人员从房内到疏散楼梯或安全出口的室内通道，是疏散的必经之路和第一安全地带，所以，必须保证其耐火性能。疏散通道的设置要简明直接，尽量避免弯曲，不应设置阶梯、门槛、门垛、管道等突出物，尤其不要往返转折，否则会造成疏散阻力，产生不安全感，影响疏散。疏散通道标志如图 3-2 所示。

图 3-2　疏散通道标志

3.3.2　防火门

防火门是在一定时间内满足耐火稳定性、完整性和隔热性要求的门，是设在防火分区间、疏散楼梯间、垂直竖井等的具有一定耐火性的防火分隔物。防火门是消防设备中的重要组成部分，除具有普通门的作用外，还可在一定时间内阻止火势的蔓延和烟气扩散，确保人员疏散。建筑内设置的防火门，既要能保持建筑防火分隔的完整性，又要能方便人员疏散和开启，应保证门的防火、防烟性能符合现行防火门有关规定和人员的疏散需要。

布设实验室的建筑物要按要求设置防火门，安装防火门闭门器或设置让常开防火门在火灾发生时能自动关闭门扇的闭门装置，并严禁遮挡。常闭防火门要保持常闭状态，如图 3-3 所示。

3.3.3　室内消火栓

室内消火栓是消防系统重要的一部分，安装在室内消防箱内，带有阀门的接口，与消防水带和水枪等器材配套使用，用水带连接至栓口灭火。通常室内消火栓可分为普通型、减压稳压型、旋转型等。消火栓箱内有消火栓按钮，按此按钮可以远程启动消防泵给消火栓进行补水。

消火栓箱的门要能够快速打开，不能上锁；消火栓箱内的设备，如水枪、水带等要齐全、可靠；供水要有保证，要有足够的压力；供水阀门要能够容易打开，不能锈住；箱前不能堆积任何障碍物。室内消火栓箱如图 3-4 所示。

图 3-3　防火门

图 3-4　室内消火栓箱

3.3.4　火灾自动报警系统

人员居住和经常有人滞留、存放重要物资或燃烧后产生严重污染需要及时报警的实验室可安装火灾自动报警系统。火灾自动报警系统的维护和检查至关重要，是确保系统稳定、准确工作的重要保证。操作人员应加强系统日常运行管理，严格按照设备的操作规程进行使用，经常性地对设备进行维护、检查、保养。维护和检查主要包括定期将火灾报警探测器送到专业清洗部门进行清洗，检查火灾报警控制器的功能是否正常，对火灾报警控制器功能进行试验等内容。

3.3.5　消防监控设施设备

有条件的实验楼宇要建设消防监控设施设备，并设立消防监控中心。消防设备包括火灾报警控制器、消防联动控制器、消防控制室图形显示装置、消防专用电话总机、消防应急广播控制装置、消防应急照明和疏散指示系统控制装置、消防电源监控器等设备或具有相应功能的组合设备。消防监控中心应安排经专业培训的人员 24 小时值班，持证上岗。

3.3.6　灭火器材

3.3.6.1　灭火器材类型

实验室常见的灭火器材有灭火器、沙箱、灭火毯、湿抹布等。灭火器的种类很多。按其移动方式可分为：手提式和推车式。按驱动灭火剂的动力来源可分为：储气瓶式、储压式、化学反应式。按所充装的灭火剂可分为：干粉、泡沫、卤代烷、二氧化碳、酸碱、清水等。常见灭火器的性能和使用方法如下：

1．干粉灭火器：内装药剂是粉末状磷酸铵盐或碳酸盐，适用于扑救各种易燃、可燃液体和易燃、可燃气体火灾，以及电气设备火灾。手提式干粉灭火器如图3-5所示。

2．二氧化碳灭火器：将液态二氧化碳压缩在小钢瓶中，灭火时将其喷出，有隔绝空气和降温的作用。二氧化碳从容器中极速喷出时，会由液体迅速汽化成气体，而从周围吸收部分热量，起到冷却的作用。同时，气体二氧化碳包围在燃烧物体的表面或分布于较密闭的空间，降低可燃物周围或防护空间内的氧气浓度，产生窒息作用而灭火。

二氧化碳灭火器有流动性好、喷射率高、不腐蚀容器和不易变质等优良性能。适宜用在扑灭图书、档案、贵重设备、精密仪器、600V以下电气设备及油类的初起火灾；还适用于扑救一般 B 类火灾，如油制品、油脂等火灾；也可适用于 A 类火灾。但不能用来扑救 B 类火灾中的水溶性可燃、易燃液体的火灾，如醇、酯、醚、酮等物质火灾；也不能扑救 C 类和 D 类火灾。手提式二氧化碳灭火器如图3-6所示。

图3-5　手提式干粉灭火器　　　　图3-6　手提式二氧化碳灭火器

3．空气泡沫灭火器：灭火器内有内筒和外筒两个容器，在两个容器分别盛放硫酸铝和碳酸氢钠溶液两种液体，平时不能碰倒或倒立。当需要使用时，将灭火器倒立，两种溶液混合，产生大量二氧化碳气体。除了两种反应物之外，灭火器通常还加入发泡剂，使泡沫灭火器在打开开关时，喷射出大量二氧化碳以及泡沫，使其粘附在燃烧物品上，使燃烧着的物质与空气隔绝，降低温度，达到灭火目的。

由于泡沫灭火器喷出的泡沫中含有大量水分，它不能像二氧化碳液体灭火器那样灭火后不污染物质，不留痕迹，主要适用于扑救各种油类火灾、木材、纤维、橡胶等固体可燃物火灾。手提式泡沫灭火器如图3-7所示。

4．卤代烷灭火器：这类灭火器内充装卤代烷灭火剂。常见的是1211灭火器。1211灭火器的灭火是通过抑制燃烧的化学反应过程，中断燃烧的链反应而迅速灭火，属于化学灭火。卤代烷的蒸气有一定的毒性，使用时应避免吸入或与皮肤接触，使用后应通风换气10 min 以上，方可再进入使用区域。1211 灭火器灭火效率高、灭火速度快、应用范围广，是以前非常常用的灭火器之一。但由于氟氯代烷可与臭氧发生作用，使臭氧层受到破坏，产生"臭氧空洞"，所以此类灭火器的使用受到了限制。手提式 1211 灭火器如图 3-8 所示。

图 3-7　手提式泡沫灭火器　　　　　图 3-8　手提式 1211 灭火器

5. 清水灭火器：灭火剂的主要成分是水，水喷到燃烧物上，在被加热和汽化的过程中会吸收燃烧产生的热量，使燃烧物的温度降低达到灭火效果。此外，水喷射到炽热的燃烧物上产生大量的水蒸气，降低了空气中的含氧量，当燃烧物上方的含氧量低于 12%时，燃烧就会停止。手提式水基型灭火器如图 3-9 所示。

6. 沙箱、灭火毯等：沙箱是将干燥沙子贮存于容器内备用，灭火时，将沙子撒在着火处。干沙对扑火金属起火特别安全有效。平时经常保持沙箱干燥，切勿将火柴梗、玻璃管、纸屑等杂物随手丢入其中。灭火毯是一种纤维玻璃布，经常用来扑救局部小火。沙子和灭火毯必须妥善安放在固定位置，不得随意挪作他用，使用后必须归还原处。消防沙箱和灭火毯如图 3-10 所示。

图 3-9　手提式水基型灭火器（水雾）　　　　　图 3-10　消防沙箱和灭火毯

3.3.6.2　灭火器配置

灭火器设置点的环境温度对灭火器的喷射性能和安全性能均有明显影响。若环境温度过低，则灭火器的喷射性能显著降低；若环境温度过高，则灭火器的内压剧增，灭火器会有爆炸伤人的危险。根据每种灭火器的工作原理，可对不同特性的物质引起的火灾进行灭火。

配置灭火器应根据配置场所的危险等级和可能发生的火灾的类型等因素，确定灭火器的类型、保护距离和配置基准。选择不合适的灭火器不仅有可能灭不了火，还有可能发生爆炸伤人事故。为使贵重仪器设备与场所免受不必要的污渍损失，灭火器的选择还应考虑其对被保护物品的污损程度，如水型灭火器和泡沫灭火器灭火后对仪器设备有污损，此类场所发生火灾时应选用洁净气体灭火器灭火，灭火后不仅没有任何残迹，而且对贵重、精密设备也没有污损、腐蚀作用。

3.3.6.3　灭火器的维护、检查和报废

灭火器应放置在通风、干燥、阴凉、无潮湿、无腐蚀、明显的位置。如日光直晒则会使气瓶中的气体受热膨胀，发生漏气现象。灭火器只有在扑灭火灾时才可使用，严禁挪作他用。

灭火器在有效备用期间应由专人对灭火器进行检查，检查的主要内容是灭火器的驱动气体是否泄露，压力表的指针是否在有效区间，外观和配件是否有破损等，同时还应按照国家及行业有关规定定期送到专业厂家进行水压试验等方面的检查。

灭火器在每次使用后，无论灭火剂是否用完都不应放回原处，应送到维修单位重新填装灭火剂，再填装灭火剂时不能改变原灭火剂的类型。

有下列情况之一的灭火器应报废：筒体严重锈蚀，锈蚀面积大于等于筒体总面积的1/3；表面有凹坑，筒体严重变形，机械损伤严重；器头存在裂纹，无泄压机构；筒体为平底等结构不合理；没有间歇喷射机构的手提式；没有生产厂名和出厂年月，包括铭牌脱落，或虽有铭牌，但已看不清生产厂家名称，或出厂年月钢印无法辨识；筒体有铜焊或补缀等修补痕迹；被火烧过；达到报废年限。

灭火器从出厂日期算起，达到如下年限的应报废：水基型灭火器的报废年限为6年；干粉灭火器的报废年限为10年；二氧化碳灭火器的报废年限为12年；清洁气体灭火器的报废年限为10年。

3.3.7　其他消防设备

高楼层实验室应配备缓降器材；燃烧产生有毒气体的实验室应配备防毒面具；易燃液体储存间配置自动监测报警装置、自动灭火系统，必要时还应有防爆装置；预警火灾早期

探测的重要场所，宜选择吸气式感烟火灾探测器；室外消火栓是设置在建筑物外面消防给水管网上的供水设施，是扑救火灾的重要消防设施之一。

3.4 火灾应急处理

3.4.1 灭火的基本方法

对突发的比较轻微的火情，应掌握简单易行的应付紧急情况的方法。形成火灾的，应及时报警。发生轻微火情时一般用以下几种方法进行灭火：

1. 隔离法：这还是一种消除可燃物的方法。

2. 窒息法：阻止空气流入燃烧区，减少空气中氧气的含量，使火源得不到足够的氧气而熄火。

3. 冷却法：用水和其他灭火剂喷射到燃烧物上，将燃烧物的温度降低到燃点以下，迫使物质燃烧停止；或将水和灭火剂喷洒到火源附近的可燃物上，降低可燃物温度，避免火情扩大。

4. 常见的火情紧急应对措施：

（1）水是最常用的灭火剂，如木头、纸张、棉布等起火，可以直接用水扑灭。

（2）油类、酒精灯起火，不可用水去扑救，可用沙箱里的沙土和浸湿的棉被迅速覆盖。

（3）用扫帚、拖把等扑打，也能扑灭小火。

（4）用土、沙子、浸湿的棉被或灭火毯等迅速覆盖在起火处，可以有效地灭火。

（5）电源起火，不可用水扑救，也不可用潮湿的物品捂盖。正确的方法是先切断电源，然后再选用合适的灭火器灭火。

3.4.2 火灾应急处理中灭火器的选择

根据灭火器的工作原理，针对不同特征物质引起的火灾选择不同的灭火器进行灭火。

1. 扑救易燃含碳固体引发火灾（A 类火灾）：易燃含碳固体可燃物，如木材、棉毛、麻、纸张等燃烧发生的火灾，可用清水、泡沫、干粉灭火器。

2. 扑救易燃液体（B 类火灾），如汽油、乙醚、甲苯等有机溶剂着火时，可用干粉、泡沫、卤代烷灭火器，绝对不能用水，否则造成液体流淌而扩大燃烧面积。

3. 对于可燃气体（C 类火灾），如煤气、天然气、甲烷等燃烧发生的火灾，可用干粉、卤代烷等灭火器。

4. 扑救可燃活泼金属（D 类火灾），如钾、钠、镁等发生的火灾，可用干沙式铸铁粉末或专用灭火剂；绝对不能用水、泡沫、二氧化碳、四氯化碳等灭火器灭火。

5. 扑救带电物体引发的火灾（E 类火灾），应先切断电源，再用二氧化碳、干粉、氯代烷灭火器，不能用水及泡沫灭火器，以免触电。

6. 扑救其他类火灾（F 类火灾），可选择各类灭火器。

3.4.3 火灾发生后的处理措施及报警

实验中一旦发生火灾，切不可惊慌失措，要保持镇静，正确判断、正确处理，增强人员自我保护意识，减少伤亡。扑救火灾的要求是先控制，后消灭。实验人员必须熟知前面说过的"四懂四会"。灭火人员应选择正确的灭火剂和灭火方式，出口通道应始终保持清洁畅通。

如果火势很小，应当机立断，立即切断电源，熄灭附近所有火源，移开未着火的易燃易爆物，查明燃烧范围、燃烧物品及其周围物品的品名和主要危险特性、火势蔓延的主要途径等，根据起火或爆炸原因及火势采取不同方法灭火。扑救时要注意可能发生的爆炸和有毒烟雾气体、强腐蚀化学品对人体的伤害。及时告知相邻房间的人员撤离，并在确保自身安全的情况下，尽早按下最近的火灾报警器，采取正确的灭火方法和选用适当的灭火器材积极进行扑救。常用的方法有：移走火点的可燃物；关闭防火门、切断电源；对密封条件较好的小面积室内火灾，做好灭火准备前先关闭门窗，以阻止新鲜空气进入，防止火灾蔓延；尽可能将受到火势威胁的易燃易爆化学危险品、压力容器等危险物质转移到安全地带。

如果火势很大，不能控制或灭火时，应向消防部门报警，撤离到安全区域等待救援。报警时注意讲清着火单位名称、地址；具体着火建筑、着火楼层、房间号；主要燃烧物是什么；报警人员的姓名和电话等。

3.4.4 安全疏散和逃生自救

安全疏散是指发生火灾时，现场人员及时撤离建筑物并到达安全地点的过程。人员疏散工作应由专人指挥，分组行动，互相配合。逃生时要稳定情绪，不要慌张，应根据现场的不同情况采取正确的逃生措施。着火部位在本楼层时，应尽快就近跑向已知的安全出口。

如果下层楼梯已冒烟，不要硬行下逃，要从本楼层其他楼梯逃离。烟雾较浓时，要做好防护，低姿或匍匐撤离，并戴上防毒面具，如不具备，可用湿毛巾捂住口鼻，或用短呼吸法。楼宇逃生千万不要乘坐电梯。

在疏散通道被大火封堵时，可将床单、被罩或窗帘等撕成条拧成麻花状或将绳索一端拴在门或暖气管道上，用手套、毛巾将手保护好，顺着绳索爬下逃生。也可借助建筑物外墙的落水管、电线杆、避雷针引线等竖直管线下滑至地面。通过攀爬阳台、窗户的外沿及建筑周围的脚手架、雨棚等突出物，也可以躲避火势和烟气。

无法撤离时，应退回房间或卫生间内，关闭通往着火区域的门窗，将毛巾、毛毯等织物钉或夹在门上，有条件时可向门窗上浇水，以延缓火势蔓延或烟雾侵入。千万不要躲避在可燃物多的地方。如房间内烟雾太浓，应戴上防毒面具，如没有防毒面具，可用湿毛巾等捂住口鼻，不宜大声呼叫，防止烟雾进入口腔和呼吸道。在夜晚可使用手电筒等发出求救信号。

切勿盲目跳楼，在万不得已的情况下，要选择较低的地面作为落脚点，将棉被等先抛下做缓冲物。逃离到外面后，要进入一个清洁区，要远离着火的建筑物至少 60 m。任何情况下，在没有得到上级部门有关安全的信息时，不得擅自返回火灾发生地。

3.4.5　火灾现场的注意事项和保护

进入火灾现场应急人员应穿着防火隔热服，佩戴防毒面具，如有必要身上还应绑上耐火救生绳；防火人员必须在上风向或侧风向操作，选择地点必须方便撤退；通过浓烟、火焰地带或向前推进时，应用水枪跟进掩护；加强火场的通信联络，同时必须监视风向和风力；铺设水带时要考虑如果发生爆炸、事故扩大时的防护或撤退；要组织好水源，保证火场不间断地供水；禁止无关人员进入。

火灾扑灭后，发生火灾的单位和相关人员应当按照消防机构的要求保护现场，接受事故调查，如实提供与火灾相关的情况。

3.5　实验室常见火灾的灭火方法

3.5.1　实验室爆炸品起火的处理

环境化学实验室通常要用到具有易爆炸性质的化学品如硝化甘油，其与强酸接触能发生强烈反应，引起燃烧爆炸；又如三硝基苯酚受摩擦、撞击及遇火源极易爆炸。此类爆炸引发火灾后，在人身安全得到保障的前提下，迅速查明再次引发爆炸的可能性和危险性，迅速组织力量及时疏散着火区域周围的易燃、易爆品，防止爆炸再次发生。同时可用大量水进行扑救，扑救时高压水流不能直接射向爆炸品，以防冲击引起爆炸。更不能用沙土压盖，沙土压盖会使着火产生的烟气无法散去，内部产生压力引起爆炸。

3.5.2　实验室气体泄漏起火的处理

实验室常用的甲烷、乙炔等气体，是极易燃烧爆炸的，与空气混合，可形成爆炸性的混合物，遇火源能引起燃烧爆炸；氧气虽然本身不燃烧，但具有助燃性，能与多数可燃气体或蒸气混合而形成爆炸性混合物，与油脂、炭粉等接触时，能引起自燃甚至燃烧爆炸。对于气体火灾的扑救方法一般如下：

1. 压缩或液化可燃气体泄漏时，在没有采取堵漏措施的情况下，可用长的点火棒将气体点燃，使其稳定燃烧。否则大量气体泄漏出来与空气混合，遇火源就会发生爆炸，后果不堪设想。如果是输气管道泄漏着火，应设法找到气源阀门将阀门关闭。

2．堵漏工作做好后，即可用水、干粉、二氧化碳等灭火器进行灭火。

3．气体起火时，首先扑灭外围被火源引燃的可燃物，控制燃烧范围。

3.5.3　实验室易燃液体起火的处理

实验室常见的易燃液体如乙醚、甲醛等，极易燃烧，其蒸气比空气重，与空气混合能形成爆炸性混合物，遇火源有引起燃烧爆炸的危险。此类易燃液体起火时，小面积火灾可用干粉灭火器或泡沫灭火器、沙土覆盖等进行扑救，容器内的可用湿抹布覆盖灭火；扑救毒害性、腐蚀性或燃烧产物毒性较强的易燃液体火灾，扑救人员必须佩戴防毒面具，采取严密的防护措施。

3.5.4　实验室仪器、设备等起火的处理

1．对在实验容器中发生的局部小火，用湿布、石棉网、表面皿等覆盖，就可以使火焰窒息。

2．若因渗漏、油浴着火等引起反应体系着火时，有效的扑灭方法是用几层灭火毯包住着火部位，隔绝空气使其熄灭。扑救时必须防止玻璃仪器破损造成严重的泄漏，导致火势扩大。若使用灭火器时，由火场的周围逐渐向中心处扑灭。

3．实验室烘箱、消解板、管式炉等有异味或冒烟时，应迅速切断电源，使其慢慢降温，并准备好灭火器备用。千万不要打开仪器门，以免突然供入空气助燃，引起火灾。

参考文献：

[1]　消防词汇第一部分：通用术语：GB/T 5907.1—2014[S]．北京：中国标准出版社，2014．

[2]　火灾分类：GB/T 4968—2008[S]．北京：中国标准出版社，2008．

[3]　建筑设计防火规范：GB 50016—2014[S]．北京：中国标准出版社，2014．

[4]　火灾自动报警系统设计规范：GB 50116—2013[S]．北京：中国标准出版社，2013．

[5]　赵华绒，方文军，王国平．化学实验室安全与环保手册[M]．北京：化学工业出版社，2013．

[6]　黄开胜．清华大学实验室安全手册[M]．北京：清华大学出版社，2018．

[7]　北京大学化学与分子工程学院实验室安全技术教学组．化学实验室安全知识教程[M]．北京：北京大学出版社，2012．

第四章　实验室电气安全

4.1　实验室电气安全的重要作用

随着科技的发展，实验室的规模和数量也在不断增加，实验室内仪器设备越来越多。这也同时意味着，如果管理不善，实验室引发电气危害的因素随之增加。电气危害主要表现在两个方面，一方面是对电气自身的危害，如短路、绝缘老化等；另一方面是对用电设备、环境和人员的危害，如触电、电气火灾、电压异常升高等，其中以触电和电气火灾最为严重，可直接导致人员伤残、死亡或电气设备毁损。另外，静电的危害也不容忽视，它是电气火灾的原因之一。无论是哪种方式，主要影响的都是实验人员的人身和国家财产安全，因而，在仪器设备的操作运行中，如何加强电气安全管理、避免电气事故是实验室管理面临的重要问题。

4.1.1　人身安全

4.1.1.1　触电的危害

电对人体的伤害，主要来自电流。当电流流过人体时，人体会产生不同程度的刺麻、酸疼、打击感，并伴随不自主的肌肉收缩、心慌等症状，严重时会出现心律不齐、昏迷、心跳及呼吸停止甚至死亡的严重后果。

1. 电伤：指电流的热效应、化学效应或机械效应等对人体外部组织或器官所造成的伤害。电伤会在人体皮肤表面留下明显的伤痕，一般无致命危险。常见的有电灼伤、电烙印、皮肤金属化、机械性损伤、电光眼等现象。

（1）电灼伤：指电流的热效应对人体造成的伤害，是最为常见的电伤。电灼伤包括接触灼伤和电弧灼伤。

接触灼伤多发生在高压触电，人体与电源直接接触后，电流进入人体的皮下组织、肌腱、肌肉、神经和血管，灼伤处呈黄色或褐黑色，甚至使骨骼显碳化状态，一般治疗期较长。

电弧灼伤是电流通过空气介质，或电路短路时产生强大的弧光和火花致伤，电流没有通过人体。弧光温度达 2 000～3 000℃，但持续时间短，会使皮肤发红、起泡、组织烧焦并坏死。

（2）电烙印：常见于低压触电，当人体与带电体良好接触但不被电击的情况下，在皮肤表面留下和带电体形状相似的肿块瘢痕，一般不发炎或化脓。瘢痕处皮肤失去原有弹性、色泽，表皮坏死，失去知觉。

（3）皮肤金属化：在触电过程中，电极金属在高温下熔化和挥发形成的金属颗粒，在电场的作用下沉积于皮肤表面及深部。

（4）机械性损伤：电流作用于人体时，由于中枢神经反射和肌肉强烈收缩等作用导致的肌体组织断裂、骨折等伤害。

（5）电光眼：发生弧光放电时，红外线、可见光、紫外线对眼睛的伤害。

2．电击：指电流通过人体内部器官，破坏人体内部组织，从而影响心脏、呼吸系统及神经系统的正常功能，甚至危及生命。

电击使人致死的原因有三个。一是心室纤维颤动：电流通过心脏、迷走神经或延髓的心血管中枢等部位时，引起心室纤维颤动而死。二是呼吸衰竭：电流通过人体时，使呼吸肌和横膈膜麻痹，妨碍呼吸运动，或电流通过头部使脑失去作用，从而造成呼吸中枢麻痹，两者都会导致呼吸衰竭而死亡。三是电击后延迟性死亡：电流烧伤引起机体组织断离或局部并发症，进而引起败血症而导致死亡，或高温烧伤引起神经性或缺血性休克致死。其中，心室纤维颤动是最根本、占比最大的致死原因。

电击是最危险的触电伤害，多数触电死亡事故是由电击造成的。

4.1.1.2　电流对人体伤害程度的影响因素

电流对人体的伤害程度，主要取决于电流强度、持续时间、电流频率、电压、通过人体的途径、人体状况等。

1．电流强度：一般情况下，电流越大，人体的反应就越强烈，对人体的生命健康危害也就越大。根据电流通过人体所引起的感觉和反应不同，可将电流分为感知电流、摆脱电流和致命电流。其中，感知电流是引起人感觉的最小电流，成年男性平均感知电流为 1.1 mA，成年女性为 0.7 mA，感知电流不会对人体造成伤害。摆脱电流是人触电后能自主摆脱电源的最大电流，成年男性平均摆脱电流为 16 mA，成年女性为 10.5 mA。致命电流是指在较短时间内引起心室颤动危及生命的最小电流。一般情况下，50 mA 的电流可使心室颤动，100 mA 以上的电流足以致命。

2．持续时间：触电持续时间越长，心室颤动的可能性也就越大。此外，触电持续时间越长，电流的热效应和化学效应会越强烈，从而加速人体出汗和组织电解，进而降低人体的电阻，使流过人体的电流逐渐增大，加重触电伤害。

3. 电流频率：不同频率的电流对人体的伤害程度有所不同。50～60Hz 工频交流电对人体的伤害最为严重，频率偏离工频越远，交流电对人体伤害越轻。在直流和低压高频情况下，人体可以耐受更大的电流值，但高压高频电流对人体是十分危险的。

4. 电压：作用于人体的电压对流过人体的电流有着直接的影响。电压越高，则流过人体的电流越大，对人体的危害就越严重。

5. 电流通过人体的途径：电流通过人体的途径不同，其后果也不同。其中，电流通过心脏、中枢神经、呼吸系统是最危险的。因此，从左手到脚是最危险的电流途径，因为在这种情况下，心脏直接处在电路内，电流通过心脏、肺部、脊髓等重要器官，很容易引起心室颤动和中枢神经失调而死亡；从右手到脚的途径其危险性相对较小，但会因痉挛而摔倒，导致电流通过全身或摔伤。

6. 人体状况：触电者的性别、年龄、健康状况、精神状况、人体电阻等不同，导致的触电后果也会不同。一般来说，体弱、贫血、冠心病、神经衰弱的人对电流的耐受力差；中枢神经系统兴奋性高的人，对电流敏感，耐受力差，反应强烈；中枢神经系统处于抑制状态的人，对电流的反应较弱。

4.1.1.3 防止触电的基本措施

人体触电事故是电气事故中最常见、最危险的，也是和用电者关系最密切的一类电气事故，必须做好这类事故的防范工作。

1. 绝缘、屏护和间距

绝缘、屏护和间距是最为常见的安全措施。

绝缘：是指在保证电气设备及线路能够正常工作的前提下，使用绝缘材料将电气设备及线路中的导电体封护或隔离起来，防止人体触电。应当注意，很多绝缘材料受潮后会丧失绝缘性能或在强电场作用下遭到破坏，丧失绝缘性能。

屏护：即采用遮拦、围栏、护盖、箱闸等把带电体同外界隔绝开来。电器开关的可动部分一般不能使用绝缘，而需要屏护。高压设备不论是否有绝缘，均应采取屏护。

间距：即保证必要的安全距离。间距除防止触及或过分接近带电体外，还能起到防止火灾、防止混线、方便操作的作用。在低压工作中，最小检修距离应不小于 0.1 m。

2. 保护接地和保护接零

保护接地：将正常时不带电而绝缘损坏时可能带电的金属部分（如各种电气设备的金属外壳、配电装置的金属构架等）与独立的接地装置相连，防止人员触及时发生触电事故。

保护接零：就是把电气设备在正常情况下不带电的金属部分与电网的零线连接起来。在三相四线制的电力系统中，通常是把电气设备的金属外壳同时进行接地和接零，这就是所谓的重复接地保护措施，还应该注意，零线回路中不允许装设熔断器和开关。

3．安装漏电保护装置

漏电保护装置是用来防止人身触电和漏电引起事故的一种接地保护装置，当电路或用电设备漏电电流大于装置的整定值，或人、动物发生触电危险时，它能迅速切断电源，避免事故的扩大，保障了人身、设备的安全。高压电（300V 以上）、特殊用电环境、重要场所、大型仪器设备等最好安装漏电保护器。

4.1.2 静电安全

静电是一种常见的自然现象。仪器设备的电子元器件在运行过程中，由于摩擦，会在仪器设备的绝缘外壳产生电荷积聚，形成高压静电。实验人员在运动中也会产生静电。静电影响电气安全的主要表现形式是静电放电。静电放电是指处于不同电位的两个物体间的静电电荷的转移现象，转移的方式有泄漏和火花两种方式，其特点是高电压、小电流、时间短，是引发实验室内各种仪器设备故障、造成电气事故的主要因素之一。

4.1.2.1 静电的危害

实验室内绝大部分仪器设备是由电子元器件组成。静电对电子元器件有三个方面的危害。第一，电子元器件的工作电压易受静电影响而波动，导致电子元器件电性能的下降和不稳定。第二，在较为干燥的环境下，实验室内的悬浮尘埃一般带有电荷，仪器设备产生的高压静电易吸附带相反电荷的悬浮尘埃，使悬浮尘埃积聚在电子元器件表面，对电子元器件造成两方面的影响，一是影响其电连接性能，如电子元器件的电连接中断，引起仪器设备的误操作；二是积聚在电子元器件表面的尘埃易引起接触电阻升高，导致有关电子元器件被烧毁，降低了仪器设备的使用可靠性。第三，高压静电易产生放电，放电过程中产生宽频带电磁辐射，击穿电子元器件，如实验室内有易燃易爆物品，它们极易被静电放电引起的火花点燃而发生安全事故。

4.1.2.2 静电防护措施

根据静电产生的条件和特点，静电防护措施有静电防护接地、使用防静电材料以及静电防护环境控制。

1．静电防护接地：是将静电通过导体与大地相连，对仪器设备进行保护接地，从而使静电电荷随时通过设置的保护接地线直接泄漏到大地中的防静电方法，这种措施主要针对实验中仪器设备产生的静电。例如，将实验室易产生静电的操作台、仪器设备、实验室地面及墙面等依次与保护接地线相接，使这些设备产生的静电及时有效地流入大地以被安全泄放掉。但需注意的是，保护接地线应避免布设在水管、暖气管、避雷线路、输油管道附近或与其相连。

2．使用防静电材料：是指实验室的包装材料如容器盒子、操作台垫、仪器台垫等尽量使用防静电的材料,以及穿戴防静电工作服,如防静电的鞋袜、帽、手套或指套等产品。

3. 静电防护环境控制:是为了降低静电进行实验室内的温湿度环境、尘埃以及离子中和控制。其中,温度和湿度对静电的影响较大。当温度在 20℃左右,相对湿度在 60%左右时,静电就难以产生,所以实验室内加装空调调节实验室温度,利用加湿器控制实验室内湿度就可以防止静电。悬浮尘埃容易带静电,因此,保持实验室的清洁干净,尽可能减少悬浮尘埃,可以降低悬浮尘埃吸附的静电。离子中和则利用电荷异性相吸的原理,将带电体表面所聚集的静电电荷中和,从而形成静电防护环境。离子中和主要应用于绝缘体所带静电的防护,通过定期利用离子风机喷放含大量正、负离子的空气气流,可以有效中和绝缘体上的静电荷。例如,利用离子风机的高压电,将空气电离成含有正、负离子的空气气流,使得物体表面带的负电荷吸引气流中的正电荷,物体表面带的正电荷吸引气流中的负电荷,从而中和物体表面所带的电荷。

4.2 电气事故的特点、类型及主要引发因素

4.2.1 电气事故的特点

电气事故主要有 5 个方面的特点:

1. 不易觉察:由于电既看不到、听不到,又嗅不到,不易被人们直观识别,其潜在危险就不易被人们所觉察。

2. 途径广,防护困难复杂:供电系统环境复杂,电气危害产生和传递的途径也极为多样,使得对电气危害的防护十分困难和复杂。

3. 能量范围广、能量谱密度分布多种多样:大的如雷电能量,雷电流可达数百千安,且高频和直流成分大;小的如电击电流,以工频电流为主,电流仅为毫安级。因此,对于大能量的危害的防护主要通过合理控制能量的泄放来实现,对于小能量的危害,防护的关键则是灵敏地感知并避开危害。

4. 作用时间长短不一:短者持续时间仅为微秒级,如雷电过程;长者如导线间的间歇性电弧电路,通常要持续数分钟至数小时才会引发火灾。电气设备如果轻微过载,持续时间甚至可达数年,才导致因绝缘损坏而产生漏电、短路或火灾。

5. 不同危害之间具有关联性:例如,绝缘损坏导致短路,而短路又可引起绝缘燃烧。因此,电气危害的防护应该是全面的,不能只顾一点而不及其余。

4.2.2 电气事故的类型

电气事故按照不同的分类方法,有不同的类型。按灾害危及的对象,可以分为人身事

故、设备事故、电气火灾和爆炸事故等；按发生事故时的电路状况，可以分为短路事故、断线事故、接地事故、漏电事故等；按事故造成的危害和影响程度，可以分为特别重大事故、重大事故、较大事故和一般事故；按事故对人伤害的程度，可以分为死亡、重伤、轻伤三种。按事故的原因，电气事故可分为触电事故、雷电和静电事故、射频事故和电路故障事故等。下面，简要介绍按事故原因分类事故。

1．触电事故：是当人身触及带电体（或过分接近高压带电体）时，电流流过人体而造成的人身伤害事故。

2．雷电和静电事故：局部范围内暂时失去平衡的正、负电荷，在一定条件下将电荷的能量释放出来，对人体造成的伤害或引发的其他事故。雷击常可摧毁建筑物，伤及人、畜，还可能引起火灾；静电放电的最大威胁是引起火灾或爆炸事故，也可能造成对人体的伤害。

3．射频事故：是指电磁场的能量对人体造成的伤害，也就是通常所说的电磁场伤害。在高频电磁场的作用下，人体因吸收辐射能量，各器官会受到不同程度的伤害，从而引起各种疾病。除高频电磁场外，超高压的高强度工频电磁场也会对人体造成一定的伤害。

4．电路故障事故：电能在传递、分配、转换过程中，由于失去控制而造成的事故。线路和设备故障不但威胁人身安全，而且也会严重损坏电气设备。

以上四种电气事故，以触电事故最为常见。但无论哪种事故，都是由于各种类型的电流、电荷、电磁场的能量不适当释放或转移造成的。

4.2.3　引起电气事故的主要因素

引起实验室电气事故的主要因素有以下几种：

1．电火花及电弧：一般电火花温度很高，特别是电弧，温度甚至可高达 6 000℃。因此，它们不仅能引起可燃物燃烧，而且能使金属熔化、飞溅，构成危险的火源。

2．电气设备的过度发热：电流通过导体时要消耗一定的电能，这部分电能使导体发热，温度升高。电流通路中电阻越大，时间越长，则导体发出的热量越多，一旦达到危险温度，在一定条件下即可能引起火灾。电气设备过度发热有以下几种情况：

（1）过载：电气设备或导线的电流超过了其额定值，时间一长，引起电气设备过热。

（2）短路：是电气设备最严重的一种故障状态，电气的火灾大部分由短路所引起，短路后，线路中的电流增大至正常时的数倍乃至数十倍，使温度急剧上升，如果达到周围可燃物的引燃温度，即可引发火灾。

（3）接触不良与散热不良：接触不良主要发生在导体连接处，如固定接头连接不牢，焊接不良，或接头表面污损都会增加绝缘电阻而导致接头过热。可拆卸的电气接头因振动或由于热的作用，使连接处发生松动，也会导致接头过热。各种电气设备在设计和安装时都会有一定的通风和散热装置，如果这些设施出现故障，也会导致线路和设备过热。

（4）漏电：线路的某个地方因某种原因（风吹、雨打、日晒、受潮、碰压、划破、摩擦、腐蚀等）使电线的绝缘下降，导致线与线、线与地有部分电流通过。

当漏电电流比较均匀分布时，火灾危险性不大；但当漏电电流集中在某一点时，可能引起比较严重的局部发热，从而引起火灾。

3．在正常发热情况下发生烘烤或摩擦：电热器具（如小电炉等），照明用灯泡在正常发热状态下，就相当于一个火源或高温热源，当其安装、使用不当时，均能引起火灾。例如当200W灯泡紧贴纸张时，十几分钟就可将纸张点燃。发电机和电动机等旋转型电气设备，轴承出现润滑不良，产生干磨发热或虽润滑正常，但出现高速旋转时，也会引起火灾。

4.3 实验室电气防火防爆

当实验室内存在可燃或易爆的物质，如可燃气体、可燃粉尘和纤维等，这些可燃易爆物质在空气中含量超过其危险浓度，在遇到电气设备运行中产生的火花、电弧等高温引燃源，就会发生电气火灾或爆炸事故。因而，防火防爆措施应从改善现场环境条件着手，设法排除各种可燃易爆物质或降低可燃易爆物质浓度，同时加强对电气设备维护、监督和管理，防止电气火源引起火灾和爆炸事故。

1．排除可燃易爆物质：首先，实验室保持良好通风，使现场可燃易爆的气体、粉尘和纤维浓度降低到不致引起火灾和爆炸的危险浓度。其次，加强对可燃易爆物质的密封管理，有可燃易爆物质的生产设备、贮存容器、管道和阀门应严格密封，并经常巡视检测，减少和防止泄漏。

2．排除电气火源：主要有以下几方面的措施：

（1）在设计、安装电气设备和装置时，应严格按照防火规程的要求来选择、布置和安装。

（2）加强对线路和设备的维护、试验、检修和运行管理，确保电气装置的安全运行。

（3）正常运行时能够产生电火花、电弧和危险高温的非防爆电气装置，不能放置在易燃易爆的危险场所。

（4）在易燃易爆场所安装的电气设备和装置，需采用防爆电器。

（5）在易燃易爆场所，应尽量避免使用携带式电气设备。

（6）在易发生爆炸和火灾危险的场所敷设的电缆和绝缘导线，其额定电压不得低于500V。

（7）在易燃易爆场所内，工作零线的截面和绝缘应与相线相同，并应在同一护套或管子内。导线应采用阻燃型导线（或阻燃型电缆）穿管敷设。

（8）在突然停电有可能引起电气火灾和爆炸的场所，应有两路或两路以上电源供电，且两电源间能自动切换。

（9）在容易发生爆炸危险的场所，正常不带电的金属外壳，应可靠接地或接零。

3．土建设计

采用耐火材料建筑，与危险场所毗邻的变、配电室的耐火等级不应低于二级，变压器室与多油开关室应为一级；隔墙应用防火绝缘材料制成，门用不易燃材料制作并向外开。

4．常用电气设备本身的防火防爆措施

（1）供用电设备不可超过额定负荷能力，导线和电缆的安全载流量不应小于线路长期工作电流，以防止线路或设备过热；特别应监视变压器等充油设备的上层油温，勿超过允许值。

（2）保持电气设备绝缘良好，导电部分连接可靠，并定期清扫积尘。

（3）开关、电缆、母线等设备应满足热稳定的要求。

（4）当发现电力电容器的外壳膨胀、漏油严重或声音异常时，应停止使用。

（5）保持良好的通风环境，确保机械通风装置运行正常。

（6）使用电热、照明以及外壳温度较高的电气设备应注意防火，不得在易燃易爆物质附近使用这些设备。如必须使用，应采取有效的隔热措施。

4.4　电气火灾的扑救

4.4.1　电气火灾的特点

电气火灾与一般性火灾相比，有两个显著特点：

1．着火的电气设备可能带电，扑灭火灾时，若不注意，可能发生触电事故；

2．有些电气设备本身充有大量的油，如变压器、电容器、电动机启动装置等，发生火灾时，可能发生喷油甚至爆炸，造成火势蔓延，扩大火灾范围。

因此，扑灭电气火灾必须根据其特点，采取适当措施进行扑救。

4.4.2　电气火灾的扑救

1．断电灭火

（1）应及时切断电源：若电路中的个别电气设备因电器短路起火，可立即关闭电器电源开关，切断电源；若整个电路燃烧，则必须拉断总开关，切断总电源。如果离总开关太远，来不及拉断，则应采取果断措施将远离燃烧处的电线用正确方法切断。

切断电源时应注意以下事项：

切断电源时应使用绝缘工具。发生火灾后，开关设备可能受潮或被烟熏，其绝缘强度大大降低，因此拉闸时应使用可靠的绝缘工具，防止操作中发生触电事故。

切断电源的地点要选择得当，防止切断电源后影响灭火工作。

当剪断低压电源导线时，剪断位置应注意避免断线线头下落造成触电伤人或发生接地短路。剪断同一线路的不同相导线时，应错开部位剪断，以免造成人为短路。

如果线路带有负荷，应尽可能先切断负荷，再切断现场电源。

（2）正确选择使用灭火器。

可选二氧化碳、泡沫或干粉灭火器。最好选用二氧化碳灭火器，以避免灭火后对电气设备产生腐蚀。常用灭火器的种类、用途及使用方法参见第三章第3.3.6节。

2．带电灭火

为了争取灭火时间，有时来不及断电，或因实验需要以及其他原因，不允许断电，则需带电灭火。带电灭火需注意以下事项：

（1）选择适当的灭火器。应使用不导电的灭火器，如二氧化碳或化学干粉灭火器。严禁使用易导电的泡沫灭火器。

（2）电气设备着火后，不能直接用有导电性的水进行冲浇。变压器、油断路器等充油设备发生火灾后，可把水喷成雾状灭火，以利用水雾面积大，易吸热汽化，可迅速降低火焰温度。

（3）扑救人员与带电体之间应保持安全距离。

（4）设置警戒区。如带电导线断落的场合，需划出警戒区。

3．充油设备的灭火

扑灭充油设备火灾时，应注意以下几点：

（1）如果是充油设备外部着火，可用二氧化碳、1211、干粉等灭火器灭火；如果火势较大，应立即切断电源，用水灭火。

（2）如果是充油设备内部起火，应立即切断电源，使用喷雾水枪灭火，必要时可用沙子、泥土等灭火。外泄的油火，可用泡沫灭火器灭火。

（3）发电机、电动机等旋转电机着火时，为防止轴和轴承变形，可令其慢慢转动，用喷雾水枪灭火，并使其冷却。也可用二氧化碳、1211、蒸汽等灭火。

（4）贮油池发生火灾时，应设法将油放入池内，池内的油火可用干粉扑灭，不得用水喷射灭火，以防油火飘浮水面而蔓延。

参考文献：

[1] 陈鸿黔，周宝龙，王聚德. 安全用电[M]. 北京：中国劳动出版社，1994.

[2] 杨有启. 用电安全技术[M]. 北京：化学工业出版社，1996.

[3] 北京大学化学与分子工程学院实验室安全技术教学组. 化学实验室安全知识教程[M]. 北京：北京大学出版社，2012.

第五章 实验仪器设备安全

仪器设备是科研创新能力提升的基础条件，是科研工作顺利进行的重要物资保障，对科研工作成效有着很大影响。参考国内相关高校和科研院所的管理制度，环科院将科研仪器设备定义为"与科研活动相关的仪器设备，以及与科研仪器设备配套使用的配件、耗材和软件等货物"。安全管理是一项具体、细致、复杂的系统工程。如何让仪器设备在科研工作中充分发挥作用、提高使用效率、确保使用安全，是现行实验室管理工作的重中之重。

5.1 实验室仪器设备分类

实验室仪器设备可按不同的方法进行分类。按品类可分为生化仪器、分析仪器、光学仪器、计量仪器、电子仪器、净化设备、成套设备、试制设备、耗材类设备，详见表5-1。

表 5-1 实验室仪器设备品类分类明细

序号	品类	仪器名称
1	生化仪器	离心机、培养箱、气候箱、电泳设备、恒温设备、干燥设备、振荡器、匀浆/混合器、搅拌器、摇床、制冷设备、各类泵、其他
2	分析仪器	电化学仪、紫外分析仪、水质分析仪、气体分析仪、热分析仪、光谱仪、色谱仪、其他
3	光学仪器	显微镜、光学投影仪、光学元配件、其他
4	计量仪器	天平、衡器、量具、其他计量设备
5	电子仪器	万用表、示波器、信号发生器、扫频仪、逻辑分析仪、计数器、频率计、电源、电子元器件、各类表、防雷产品、其他电子电工仪器
6	净化设备	生物安全柜、净化工作台、超声波清洗设备、纯水机、蒸馏水器、灭菌器、过滤器、洁净室、净化配套设备
7	成套设备	实验台、储存柜、通排气设备、其他成套设备
8	试制设备	试验用仪器设备、试验装置、试用关键设备
9	耗材类设备	部分玻璃仪器等

按用途可分为滴定类、色谱仪器、光谱仪器、样品制备类、样品检测类、箱体类、安全存储类、洁净类、电子电器类，详见表5-2。

表 5-2　实验室仪器设备用途分类明细

序号	品类	仪器名称
1	滴定类	酸度计、电导率仪、自动定位滴定仪、永停滴定仪等
2	色谱仪器	液相色谱、气相色谱
3	光谱仪器	分光光度计、红外光谱仪、紫外分析仪、紫外反射透射仪、薄层色谱扫描仪、光栅光谱仪、光化学反应仪等
4	样品制备类	天平、衡器、量具、显微镜、灭菌器、离心机、电泳设备、恒温设备、振荡器、匀浆/混合器、搅拌器、摇床、各类泵、超声波清洗机等
5	样品检测类	土壤分析仪器、环境记录仪、综合水质检测仪、BOD 测定仪、重金属测定仪、便携式/快速水质检测箱、COD 速测仪、水分分析仪等
6	箱体类	培养箱、气候箱、干燥箱、冷藏箱、氙灯试验箱、紫外光试验箱、盐雾试验箱（热）、老化试验箱、其他箱体类设备
7	安全存储类	气瓶柜、药品试剂存储柜、危险化学品存储柜、器皿柜等
8	洁净类	通风橱、生物安全柜、净化工作台、灭菌器、过滤器、洁净室、净化配套设备等
9	电子电器类	万用表、示波器、信号发生器、扫频仪、逻辑分析仪、计数器、频率计、电源、电子元器件、各类表、防雷产品、其他电子电工仪器

实验室常用的仪器设备一般包括玻璃仪器、大型仪器设备、高低温设备、特种设备、试制设备等。

5.2　玻璃仪器使用安全

5.2.1　玻璃仪器及其分类

玻璃材质的仪器统称为玻璃仪器。玻璃有很高的化学稳定性、热稳定性、透明度、机械强度和绝缘性能，利用玻璃的优良性能而制成的仪器，可广泛地应用于各种实验室。玻璃仪器的基本操作包括吸收、干燥、蒸馏、冷凝、分馏、蒸发、萃取、提纯、过滤、分液、搅拌、破碎、离心、气体发生、色谱、燃烧、燃烧分析等。一般将化学分析实验室中常用的玻璃仪器按它们的用途和结构特征，分为 8 类。

（1）烧器类：能直接或间接地进行加热的玻璃仪器，如烧杯、烧瓶、试管、锥形瓶、碘量瓶、蒸发器、曲颈瓶等。

（2）量器类：用于准确测量或粗略量取液体容积的玻璃仪器，如量杯、量筒、容量瓶、滴定管、移液管等。

（3）瓶类：用于存放固体或液体化学药品、化学试剂、水样等的容器，如试剂瓶、广口瓶、细口瓶、称量瓶、滴瓶、洗瓶等。

（4）磨口玻璃仪器类：具有磨口和磨塞的单元组合式玻璃仪器，有标准和非标准两类。

（5）管棒类：管棒类玻璃仪器种类繁多，按其用途分有冷凝管、分馏管、离心管、比色管、虹吸管、连接管、调药棒、搅拌棒等。

（6）加液器和过滤器类：主要包括各种漏斗及与其配套使用的过滤器具，如漏斗、分液漏斗、布氏漏斗、砂芯漏斗、抽滤瓶等。

（7）气体操作相关仪器：用于气体的发生、收集、贮存、处理、分析和测量等的玻璃仪器，如气体发生器、洗气瓶、气体干燥瓶、气体的收集和储存装置、气体处理装置和气体的分析、测量装置等。

（8）其他类：除上述各种玻璃仪器之外的一些玻璃制器皿，如酒精灯、干燥器、结晶皿、表面皿、研钵、玻璃阀等。

5.2.2 玻璃仪器安全操作

玻璃的化学稳定性好，但并不是不受侵蚀。氢氟酸会腐蚀玻璃，碱液特别是浓的或热的碱液会腐蚀玻璃，不能使用玻璃仪器进行含有氢氟酸的实验，也不能使用玻璃容器长时间存放碱液。实验中需清洗各种玻璃仪器，时常用到酸性、碱性溶液、有机溶剂等，需注意根据需求选择清洗剂，并且要做好防护。根据不同的实验，对玻璃仪器的干燥也有不同的要求。

5.2.2.1 玻璃仪器清洗

附有易去除物质的简单仪器，如试管、烧杯等，先用自来水冲洗，再用试管刷蘸取合成洗涤剂刷洗，最后自来水冲洗。当器壁形成一层均匀的水膜，不成股流下时，即已洗净。

有油污的玻璃器皿，先用碱性酒精洗涤液洗涤，然后用洗衣粉水或肥皂水洗涤，再用自来水冲洗干净。

有锈迹、水垢的器皿，用（1+3）盐酸洗液浸泡，再用自来水冲洗干净。

一些构造比较精细、复杂的玻璃仪器、不易用毛刷刷洗的或用毛刷刷洗不干净的玻璃仪器，如滴定管、容量瓶、移液管等，通常将洗涤剂倒入或吸入容器内浸泡一段时间后，把容器内的洗涤剂倒入贮存瓶中备用，再用自来水冲洗和去离子水润洗。

在有机实验中，常使用磨口的玻璃仪器，洗刷时应注意保护磨口，不宜使用去污剂，而改用洗涤剂。

光学玻璃用于仪器的镜头、镜片、棱镜、玻片等，在制造和使用中容易沾上油污、水湿性污物、指纹等，影响成像及透光率。清洗光学玻璃，应根据污垢的特点选用不同的清洗剂，使用不同的清洗工具和清洗方法。清洗镀有增透膜的镜头，如照相机、幻灯机、显微镜的镜头，先用蒸馏水进行清洗，镜面若有污渍，可用20%左右的酒精配制清洗剂进行清洗，清洗时用专门的擦镜纸或棉球沾有少量清洗剂，顺着一个方向擦拭，从镜头中心向外作圆运动，切忌把这类镜头浸泡在清洗剂中清洗；清洗镜头不能用力拭擦，否则会划伤增透膜，损坏镜头。清洗完毕后用擦镜纸擦干，避光保存。清洗棱镜、平面镜可依照清洗镜头的方法进行。

光学玻璃发霉时，光线在其表面发生散射，成像模糊不清，严重者将使仪器报废。一旦产生霉斑应立即清洗，可用 0.1%～0.5%的乙基含氢二氯硅烷与无水酒精配制的清洗剂清洗，或用环氧丙烷、稀氨水等清洗。

5.2.2.2　玻璃仪器干燥

玻璃仪器应在实验完毕后清洗干净备用。不同的实验对玻璃仪器的干燥有不同的要求。实验常用的烧杯、锥形瓶等洗净后即可使用，而用于有机化学实验或有机分析的玻璃仪器，则要求在洗净后必须进行干燥。

晾干玻璃仪器，可在洗净后倒置在无尘处自然晾干。一般把玻璃仪器倒放在玻璃柜中晾干。

烘干洗净的玻璃仪器前尽量倒净水分，然后放在带鼓风机的电烘箱中烘干。烘箱温度在 105～120℃保温约 1 h。称量瓶等烘干后要放在干燥器中冷却保存。组合玻璃仪器需要分开后烘干，以免因膨胀系数不同而烘裂。砂芯玻璃滤器及厚壁玻璃仪器烘干时须慢慢升温且温度不可过高，以免烘裂。玻璃量器的烘干温度也不宜过高，以免引起体积变化。

体积小又急需干燥的玻璃仪器，可用电吹风机吹干。

5.2.2.3　常用玻璃仪器安全操作

1. 烧杯：烧杯口径上下一致，是取用液体、配制溶液、做简单化学反应最常用的反应容器。不能用烧杯代替量筒取液体。烧杯加热时不能用火焰直接加热，要垫上石棉网避免受热不匀而引起炸裂。用烧杯加热液体时，液体的量以不超过烧杯容积的 1/3 为宜，以防沸腾时液体外溢。加热时，烧杯外壁须擦干。加热腐蚀性药品时，可将一表面皿盖在烧杯口上，以免液体溅出。不可用烧杯长期盛放化学药品，以免落入尘土和使溶液中的水分蒸发。溶解或稀释过程中，用玻璃棒搅拌不能触及杯底或杯壁。

2. 试管：用于盛放少量药品、常温或加热情况下进行少量试剂反应的容器，可用于制取或收集少量气体。装溶液时不超过试管容量的 1/2，加热时不超过试管的 1/3。取块状固体放入试管要用镊子，不能使固体直接坠入试管中，防止试管底破裂。加热时使用试管夹，试管夹应夹在距管口 1/3 处。试管不可以直接加热，要先预热。加热盛有固体的试管时，管口略向下。加热液体时倾斜约 45°。加热时要保持试管外壁没有水珠，加热后不能骤冷，防止试管破裂。不能在试管未冷却至室温时就洗涤试管。

3. 烧瓶：用于试剂量较大而又有液体物质参加反应的容器，可分为圆底烧瓶、平底烧瓶和蒸馏烧瓶，它们都可用于装配气体发生装置。蒸馏烧瓶用于蒸馏以分离互溶的沸点不同的物质。圆底烧瓶和蒸馏烧瓶可用于加热，加热时要垫石棉网，也可用于热浴（如水浴加热等）。液体加入量不要超过烧瓶容积的 1/2。

4．蒸发皿：用于蒸发液体或浓缩溶液。可直接加热，但不能骤冷。盛液量不应超过蒸发皿容积的 2/3。取、放蒸发皿应使用坩埚钳。

5．坩埚：用于固体物质的高温灼烧。把坩埚放在三脚架上的泥三角上直接加热。取、放坩埚时应用坩埚钳。

6．酒精灯：化学实验时常用的加热热源。酒精灯的灯芯要平整。酒精不少于 1/4 时需添加酒精，添加到不超过酒精灯容积的 2/3。不能向燃着的酒精灯里添加酒精，也不能用酒精灯引燃另一只酒精灯。用完酒精灯，必须用灯帽盖灭，不可用嘴去吹。万一洒出的酒精在桌上燃烧，应立即用湿布扑盖。

7．洗气瓶：一般用广口瓶、锥形瓶或大试管装配。洗气瓶内盛放的液体，用以洗涤气体，除去其中的水分或其他气体杂质。使用时要注意气体的流向，一般为"长进短出"。

8．容量瓶：一种细长颈，梨形的平底玻璃瓶，带有磨口玻璃塞，瓶颈上刻有标线，主要用于准确地配制一定摩尔浓度的溶液，当瓶内液体达到标线时，其体积即为瓶上所注明的容积数。容量瓶不能加热，也不能储存溶液。溶质在溶解过程中放热，要待溶液冷却后再进行转移；配制好的溶液须转移至试剂瓶中保存。

9．滴定管：可放出不固定量液体的量出式玻璃仪器，主要用于滴定分析中对滴定剂体积的测量，一般精确到 0.01 mL。带玻璃活塞的滴定管为酸式滴定管，带有内装玻璃球的橡皮管的滴定管为碱式滴定管。酸式、碱式滴定管不能混用，使用前先检查是否漏液。进行滴定时，应将滴定管垂直地夹在滴定管夹上，逐滴连续滴加，接近终点时，只加一滴或半滴，至溶液出现明显的颜色变化。读数时，手拿滴定管上部无刻度处，使滴定管保持垂直，视线平视溶液的凹液面，读到小数点后第二位。滴定结束后，管内剩余的溶液应弃去，不得将其倒回原瓶，随即清洗滴定管，并倒挂于铁架台上。

5.2.3　玻璃仪器的维护保养

常用的玻璃仪器如烧杯、试管、滴定管、移液管、容量瓶等在使用中会沾上油污、水垢、锈迹等，使用后清洗不及时、不完全会造成误差，甚至会对仪器的寿命、性能产生不良影响。因此，玻璃仪器必须洗涤干净，洗净后不要再用手、布或纸擦拭，以免重新污染。

玻璃仪器的存放要分门别类，便于取用。容量瓶、比色管等在清洗前用线绳或塑料细丝把塞和瓶口拴好，以免打破塞子或弄混。移液管洗净后置于防尘的盒中。成套仪器如索氏萃取器、气体分析器等用毕洗净后，放在专用的盒子里保存。

常用的光学仪器如分光光度计、折光计的棱镜、玻片等严格按说明使用，不能任意松动仪器各连接部分，不能跌落、碰撞仪器，以防光学零件损伤及影响精度。仪器应存放于干燥、无灰尘、无油污和无有害、易燃、易爆等气体的地方，以免光学零件腐蚀或生霉。使用棱镜测试时，被测试样中不应有硬性杂质，测试固体试样防止把折射棱镜表面拉毛或产生压痕，使用完毕，打开棱镜，用擦镜纸轻轻擦干，不能用擦镜纸以外的任何东西接触到棱镜，以免损坏它的光学平面。

5.3 大型仪器设备使用安全

5.3.1 大型仪器设备定义

大型仪器是指用于科学研究和技术开发活动的各类重大科研基础设施和单台套价值在 50 万元及以上的科学仪器设备。环科院将大型仪器又分为：实验室检测仪器、实验室前处理仪器、野外便携式仪器、专业性强的小众仪器。

5.3.2 常用大型仪器设备安全操作

大型仪器设备管理人员须对管理的仪器设备制定详细的操作规程。使用人员在使用仪器设备前，要充分掌握操作规程的要求，了解正确使用方法和维护要点，严格遵守操作规程，严格交接手续。非使用保管人员使用仪器设备，必须经过培训，未经同意，不得擅自使用。对重大、精密仪器设备，要配备仪器管理员负责功能开发和操作、维修、维护指导，以保证仪器设备的完好率和利用率，并认真填写使用记录。如仪器设备发生故障或损坏，要作好记录、及时报告，并认真查清原因。下面将列举几种大型仪器的操作注意事项。

5.3.2.1 气相色谱仪（GC）

GC 工作原理是利用试样中各组份在气相和固定液液相间的分配系数不同，当汽化后的试样被载气带入色谱柱中运行时，组份就在其中的两相间进行反复多次分配，由于固定相对各组份的吸附或溶解能力不同，各组份在色谱柱中的运行速度就不同，经过一定的柱长后，便彼此分离，按顺序离开色谱柱进入检测器，产生的离子流讯号经放大后，在记录器上描绘出各组份的色谱峰。

1. 仪器使用应确保以下环境条件，在某些环境条件不符合或不具备时，必须采取相应的措施。

电源电压：220 V（±10%），2 250 VA，专用的 15A，频率范围是 48～66 Hz。要求接专用稳压电源。

推荐的温度范围：20～27℃；

可用的温度范围：5～45℃；

推荐的湿度范围：50%～60%；

可用的湿度范围：5%～90%，没有冷凝。

气体纯度：

氦气（He）：99.999 5%；

氮气（N$_2$）：99.999 5%；

氢气（H$_2$）：99.999 5%；

空气（干燥）零级或更好。

2．GC 靠对流冷却。空气入口在仪器的侧板和下方，热空气从顶部、后面及侧面板上的槽孔排出。不能妨碍仪器周围空气的流动。GC 的上部空间一定要无障碍，包括没有架子或其他障碍物妨碍接触仪器顶部和干扰冷却。从仪器后面柱箱出口排出的热空气（最高可达 425℃），要求仪器后面至少 25 cm 的范围内无影响热空气逸散的障碍物。

3．启动仪器前应先通上载气。

4．仪器中部分加热电路接线内直接接有 220V 电压，因此只有在主机关闭时才能装接插头座，否则将烧毁接线及电子元件。

5．处理仪器部件以前一定要把所处部位的温度降低到室温。如果先把加热区的温度设定到室温，它们的温度会很快降下来，待温度到达设定值时，把加热区的电源关闭。如果必须在热的部件上操作，要用扳手并带上手套。无论何时，在开始维修这类部件以前要使仪器的这些部件冷却下来。

6．使用氢气时，要进行检漏，以防可能造成的火险或爆炸的危险。在更换气瓶和维修管线之后一定要进行检漏。一定要确保排气管通入通风橱中。

GC 常规维护保养注意事项见表 5-3。

表 5-3　GC 常规维护注意事项

GC 常规维护	检查频率	描述
载气	压力：每天 漏气：每次开机（尤其是氢气） 捕集肼：基线不稳、质谱调谐未通过	使用 99.999%（或更纯）的气体
进样口	每次分析前 注入次数＞150 次时 保留时间、面积的重现性变差时 出现鬼峰时 漏气	使用低流失隔垫或 Merlin Microseal 隔垫 使用合适的衬管 清洁或更换分流平板
色谱柱	使用新的石墨压环 基线不稳 出现鬼峰	使用交联的熔融石英色谱柱 连接到 MSD 之前，老化色谱柱 需要时切割色谱柱 一定要有载气通过色谱柱才能升高柱箱温度
密封垫	进样口：根据需要 传输线接口：更换色谱柱时	传输线接口上不要使用石墨垫圈 不要过度拧紧
检测器	FID 喷嘴堵塞点不着火时 基线不稳 出现鬼峰	色谱柱老化时不要接检测器 FID：清洗喷嘴，清洗搜集极，更换点火线圈；热清洗（烘烤） ECD：不要使用含强电负性元素的溶液，不使用时把 ECD 柱接头堵死，利用尾吹气的气流使池、流路保持清洁

5.3.2.2 气相色谱-质谱仪（GC-MS）

采用气相色谱与质谱联用技术对样品中目标污染物进行分析，质谱仪的基本部件包括离子源、质量分析器、检测器三部分，它们被安放在真空总管道内。气相色谱对样品中目标物进行分离，离子源对来自气相分离后的目标物进行离子化，质量分析器（四极杆）作用是将离子化的离子按质荷比（m/z）大小分开，检测器将离子束转变成电信号，并将信号放大后进行检测。

1. 仪器使用应确保工作电压：220V±10%；温度：10～40℃；湿度：10～85%；洁净、无尘。

2. 氦气钢瓶输出压力应设置为 0.5 Mpa。

3. 打开气相色谱电源后，用手按住质谱 MS 侧板，如果没按住，侧板缝隙太大，真空泵无法把侧板吸住。打开质谱电源，直至侧板被吸住。新安装的仪器由于真空泵软启动是开启状态的，所以需较多的时间启动，转速会分阶段上升，转速升到 100 大约需要 20 min，自检完成后仪器会显示仪器型号。

4. 若突然停电，应立即关闭气相色谱、质谱、计算机电源，关闭氦气开关。待来电后，重新打开氦气开关，按开机步骤操作。

MS 常规维护保养注意事项见表 5-4。

表 5-4　MS 常规维护注意事项

MS 常规维护	检查频率	描述
调谐	每周或根据需要	将其结果作为系统性能的记录来保存
PFTBA	调谐不通过时	根据需要重新装填，不要装得太满
机械泵油	每周：检查油面和外观 半年：更换油和前级捕集阱	根据计划更换
离子源	调谐不通过 目标物响应变差 EM 电压升高较快等 根据需要	需要时清洁
电子倍增管	根据需要	使用尽可能低的电压
HED	根据需要	如果需要请更换
放空塞 O 形环	根据需要	如果需要请更换
灯丝	根据需要	使用溶剂延迟，延长灯丝使用寿命

5.3.2.3 离子色谱仪（IC）

1. IC 使用应确保温度：4～40 ℃；湿度：5%～95%。

2. 开机前应检查淋洗液瓶内淋洗液是否充足，建议淋洗液每次新鲜配制。

3．氮气应将分压表调至 0.2 Mpa，淋洗液瓶上分压表应调至 3～6 psi。

4．需排除泵内气泡，逆时针旋开右侧泵上的排气泡阀，用注射器抽出液体或用烧杯接液体，观察管道里是否有气泡，若无，关闭拧紧排气泡阀。然后旋开左侧泵上的排气泡阀，排出泵头的气泡，无气泡后，关闭拧紧（不要过紧）。

5．开泵运行时，点击蓝色按钮采集基线，待基线平稳后（30 min 左右），停止基线采集，开始进样。进样前要用 0.45 μm 的过滤膜过滤样品，对于含有高浓度干扰基体的样品，进样前应预处理。测定完毕后，应进一个去离子水样品，冲洗系统 15～20 min。

6．关机时，应首先关闭抑制器电源开关使 SRS 模式处于关闭，然后关闭 EGC 和 CR-ATC 开关，最后关闭泵，关闭软件和计算机，关闭离子色谱电源开关，关闭氮气瓶主阀。

仪器常规维护保养注意事项：

走基线平衡系统，系统平稳时，压力的波动应小于±10 psi，阴离子的背景电导应低于 30 μS；阳离子的背景电导应低于 10 μS。

进标样进行仪器柱效检查，重复性和准确性检查，正常分离，说明仪器正常可进行样品测定。

每月一次或必要时检查各组件连接处有无泄漏并及时清洗。如遇长期无实验任务时，每月至少开机 2 次，每次冲洗系统不少于半小时。

5.3.2.4　高效液相色谱仪（HPLC）

液相色谱仪的工作过程是输液泵将流动相（经过在线过滤器）以稳定的流速（或压力）输送至分析体系，在进入色谱柱之前通过自动进样器将样品导入，流动相将样品带入色谱柱，在色谱柱中各组分因在固定相中的分配系数不同而被分离，并依次随流动相流至检测器，检测到的信号送至数据系统记录、处理或保存。

1．流动相溶剂必须是色谱纯试剂。流动相溶液在使用前应过 0.45 μm 滤膜且超声几分钟，去除溶液内的气体。

2．应经过纯水机处理过的超纯水，不可使用存放超过两日的超纯水，易滋生细菌，水电阻应达到 18.2 MΩ。

3．长时间不用时，流动相水相的溶液瓶及泵前管路中容易滋生细菌，应改用 10%甲醇水溶液保存。流动相溶剂不能干涸。

4．进样瓶内若用了内插管，应注意调节进样针的高度，避免将内插管扎破、进样针扎断。

5．泵、色谱柱、检测器在使用后应及时冲洗，以免污染而使其损坏或寿命缩短；如操作者使用了含盐的流动相或样品中含盐，清洗时首先用脱过气的纯水在流速为 1 mL/min 左右冲洗 30～60 min，再用含 50%以上甲醇或乙腈的水溶液以相同的流速冲洗 20～30 min 左右；如要卸下柱子，在经过上述冲洗过程之后，再经纯甲醇或乙腈以 1 ml/min 的流速冲洗 20～30 min，柱子卸下后应马上拧紧柱堵，保证柱效（乙腈/甲醇适于反相色谱柱，正相色谱柱用相应的有机相）。

6. 在使用过程中，泵腔内要保持有流动液即 10%异丙醇水溶液，减缓泵内磨损。流速的变化应采用阶梯式递增或递减的方式，启动泵时，应在 2 min 之内由小流速慢慢增大到所需的流速，泵关闭时亦然（流速递减），切忌流速骤变。

5.3.2.5　原子吸收分光光度计

1. 仪器使用应确保以下环境条件：

需安装于附近无强电磁场和强热辐射源的地方，附近不宜安放会产生剧烈振动的设备，避免日光直射、烟尘、污浊气流及水蒸气的影响。排风罩口距仪器台面垂直距离为 920～1 000 mm，排风量 600～1 200 m³/h，管道应采用不锈钢材料。风机应安装在管道出口，靠近进风口的管道内应安装风量调节阀。室内相对湿度应该在 45%～85%，室内温度应控制在 15～30℃。安装具有除湿功能的空调控制室内温湿度。

2. 使用火焰前，在每天的第一次弹出要求检查气体泄漏对话框时，点击确认进行气路检漏。定期点击整个系统的漏气确认，检查整个系统的漏气情况。确认水封里的水已经装好，防止回火引起的爆炸。点火前应先打开冷却水，空压机和乙炔气（设置空气压力 500 kPa，乙炔压力 90 kPa，水流量＞0.5 L/min），随后应进行气路的检漏，检漏结束点火。乙炔钢瓶中含有丙酮等溶剂，为了防止因溶剂流出造成管路裂化或装置破损，如果气压（一次压力）降到 0.5 MPa 以下，应更换新的钢瓶。

3. 使用火焰时，如果在分析样品或者标液，不要打开盖子，以免吸入产生的蒸气，引起呼吸道发炎。如果样品中含有会生成金属乙炔化合物的金属（铜、银以及水银）和高氯酸，将可能会在燃烧室内发生反应，并由于回火发生大声响的爆炸。不要测量含有大量铜、银以及水银的样品，不要用高温燃烧头分析含有高氯酸的样品。

4. 熄灭火焰后再关闭乙炔和空气以及冷却水，清洁雾化室和燃烧头，要放掉压缩机内的空气并更换废液槽内的废液，此时燃烧器的温度会很高，要等到熄火 10 min 以上后，清洗燃烧器。

5. 主机电源为"ON"时，如果触摸空心阴极灯的插座，会有高压电引起的触电。因此在更换空心阴极灯时，一定要将灯电流设为"OFF"（建议在主机电源为"OFF"时，更换空心阴极灯）。

6. 火焰燃烧头和石墨炉旁有吸引力较大的永磁铁，不要将螺丝刀等含铁的金属靠近磁铁，更换石墨管时，使用经过消磁的专用的镊子，不可以用手直接触摸石墨管。

7. 不关闭石墨炉的盖子进行加热，会引起火灾导致烧伤。加热以及测定时，一定要关闭石墨炉的盖子。清扫石墨炉内部时，如果石墨炉里的水分残留，加热时水分会分解，分解时产生的氢有可能引起火灾。水洒出或冷却水漏出时，请仔细擦去水分防止其残留。

石墨管有强光放出，长时间注视会影响视力。原子化时，不要直视石墨管。

8. 每次实验结束后需放掉空压机里残留的油水混合物。

仪器维护保养注意事项：

每月或者未使用超过一个月后再次使用前，更换循环水，清理过滤阀，防止循环水管道堵住。

如果火焰不呈完整的"半月"形状或燃烧器被堵住，则需要清洗燃烧器、喷雾器和进样毛细管。

使用期间定期将仪器的状态、运行状况及时、清楚地记录在仪器使用记录表格中，并定期将完成的表格成册归档。

5.3.2.6 凝胶净化系统

凝胶净化系统包括凝胶渗透色谱、固相萃取和蒸发部分三个模块。凝胶渗透色谱可以除去不需要的基质组分，如脂类，色素或糖，将分析物进一步的净化。可用于农药、多氯联苯、多环芳烃、二噁英/呋喃、POP、增塑剂、偶氮染料等的净化。固相萃取模块可以使用各种各样的 SPE 柱。蒸发模块是自动蒸发领域中的一个独特的装置系统。将要执行的任何蒸发任务可以由系统和软件来模拟。真空以及氮气蒸发、溶剂交换等所有的处理步骤，可以很容易地、直观地参数化。

1. 低沸点溶剂（如二氯甲烷、乙醚、正戊烷、石油醚）不能在环境温度过高或过高的真空度下处理。

2. 只有样品可以进入系统，样品在上机之前要被充分地过滤，样品溶剂体系必须和柱子的溶剂体系一致并脱水，去除可见杂质、黏稠物和挥发性不稳定的物质，油脂的上样量控制在 1 g 以下（标准柱）。

3. 至少 2 周冲洗一次柱子。长时间不使用后首先检查注射阀是否有灰尘，开机等待仪器的清洗过程完成仪器就可以投入使用。

5.3.2.7 快速溶剂萃取仪

快速溶剂萃取仪是用来从各种固体或半固体样品中平行萃取主要有机化合物的自动仪器。传统方法是通过温度升高的溶剂进行加速。为了确保溶剂在萃取过程中维持液态，萃取池中的溶剂必须承受压力。要想获得高回收率，通常用多个萃取周期。一旦完成萃取步骤后，萃取物在冷却装置中冷却下来，并被冲到收集瓶中，以备分析使用。

1. 仪器使用应确保以下环境条件：

温度：30～200℃

压力：50～150 bar

氮气：6～10 bar

湿度：最大 80%

2．不可使用自燃点在 40～220℃的溶剂；不要使用工业级溶剂，建议用分析纯或农残级溶剂；当使用了酸或碱做萃取剂后，在放置过夜前必须用 100%有机溶剂或者蒸馏水冲洗系统。

3．在给仪器加载萃取池之前，必须将仪器预热至工作温度；每个萃取池位置都要有萃取池，个别不用的位置可用空的萃取池，并禁用这些位置即可，这样是为了保证加热的均匀性；不要把无水硫酸钠放到萃取池内，否则在萃取过程中溶解，在管路中结晶造成管路堵塞；可将无水硫酸钠放入萃取完成后的接收瓶内脱水；使用水做萃取溶剂时不能用纤维素滤膜，必须用玻璃纤维素滤膜，否则易造成堵塞；不要在同一运行中使用不同大小的萃取池。

4．萃取完成后萃取池非常热，最好冷却 15 min 后方可用手接触；要定期检查更换萃取池的密封圈和 O 形圈，否则会造成样品损失，针会被扎弯；玻璃纤维滤纸常用来做含水样品的萃取过滤，而纤维素滤纸在含水样品萃取时常引进一些干扰。

5.3.2.8　电感耦合等离子体质谱仪（ICP-MS）

1．仪器使用应确保以下环境条件：

室温 15～30℃，相对湿度小于 80%。

氩气 0.65～0.75 Mpa；氦气 0.09～0.13 Mpa。

2．测试样品前，最好提前一天对仪器进行抽真空，如仪器一直处于待机状态，则可以直接进行样品测试。

3．待测样品溶液确保无沉淀物，并将样品稀释到合理的稀释倍数。校准曲线的绘制及稀释级别，根据样品中各待测元素大致的含量来确定，保证校准曲线的合理性。

4．点火前应设置输出反应气流量 5 mL/min，进行反应气气路吹扫。如果每天使用反应池吹扫 10 min 即可；如长期不用，建议提前 2 mL/min 吹扫过夜。

5．样品采集完后，应先用 5%HNO₃ 冲洗系统 5 min，再用纯水冲洗系统 5 min。等仪器进入待机状态后，才可关闭通风、循环水及氩气，松开蠕动泵，关闭自动进样器，取下通风管。如需彻底关机，点击硬件图标下拉菜单选择真空关闭，当仪器转为关闭状态后，分别关闭仪器前后的开关。

ICP-MS 维护保养需定期检查机械泵的油位及颜色，添加或更换油，一般每半年一次。定期更换循环水，一般每年一次。定期清洗雾室、雾化器、炬管、锥及透镜，一般每月一次，如果灵敏度降低则需立即清洗。

5.3.3　大型仪器的通用性维护保养要求

在放置大型仪器的实验室中，应根据仪器设备的性能要求，确保使用仪器设备场所的环境指标要求，做好水、电供应，并应根据仪器设备的不同情况落实防火、防潮、防热、防冻、防尘、防震、防磁、防腐蚀、防辐射等技术措施。注意仪器设备的接地、电磁辐射、网络等安全事项，避免事故发生。下面列举了一些大型仪器的通用性维护保养要求。

1．除尘清洗：非常用大型仪器设备要定期清洁、除尘，定期通电，防止元器件受潮损坏。大型仪器的清洗通常有两类方法，一是机械清洗方法，即用铲、刮、刷等方法清洗；二是化学清洗方法，即用各种化学去污溶剂清洗。具体的清洗方法要依污垢附着表面的状况以及污垢的性质决定。实验仪器中用橡胶制成的零部件很多，清洗橡胶件上的油污，可用酒精、四氯化碳等作为清洗剂，其中，四氯化碳具有毒性，对人体有害，清洗时应在较好通风条件下进行，注意安全。

2．维护保养：大型仪器应每半年按照操作规程进行保养维护，根据实际情况定期预约生产厂家专业工程师上门检修。实验室应定期（3个月至半年）对仪器设备的使用、管理、保养进行检查。

3．定期检查：实验室应定期（3个月至半年）对仪器设备的使用、管理、保养进行检查。

4．按时维修：仪器一旦损坏，及时联系专业人员维修。

5．建立仪器设备档案：每台设备仪器设备管理人员进行登记，指定专人管理，建立专门档案，主要包括：仪器设备名称、生产厂家及型号、序列号、实验室收到日期与启用日期、保管人员、仪器操作说明书及有关技术资料、损坏和故障记录、维修及校验报告等。做好报废工作。对多年不用或已损坏并无修复价值的仪器设备要主动向保管员通报，经专家组确认后，按积压或报废仪器设备处理。

5.4 实验室高低温设备使用安全

高温设备试验通常指可以在高温下正常运转的设备或运行时能产生很高温度的设备，高低温设备温度的具体为，低温：t≤-20℃，常温：t>-20～150℃，中温：t≥150～450℃，高温：t≥450℃。实验室常见高温设备有高温炉、微波炉、马弗炉、加热浴等；常见的实验室低温设备有冷冻机、低温液体容器等。

高低温设备在电子、电器、通信、仪表、车辆、塑胶制品、金属、食品、化学、建材、医疗等行业应用都及其广泛，对于材料和温湿度环境要求相对较高。如果在使用的过程中，操作者不进行定期维护保养，会影响其使用性能，在维护保养的过程中，一定要注意细节，做好清洗，达到使用标准，既能延长设备使用寿命，又可使日常使用更加方便。

5.4.1 高温设备使用安全

高温设备在每次使用之前都应检查确认设备的线路安全，如有铜丝裸露等情况，一定要先联系专业电工维修更换，确保安全无误才能使用。如果高温设备在使用的过程中发出警报，需要停止实验，故障解决之后再继续进行。常规高温设备不是防爆型的，不能将易燃易爆的样品放入高温试验设备室内开展实验，更不能将设备安装在易燃易爆物品周围使用。具体要求如下。

1. 使用高温设备要求在防火实验室或配备有防火设施的实验室内进行，并保持通风。需按照实验性质配备最合适的灭火设备，如粉末、泡沫或二氧化碳灭火器等。在耐热性相对较差的实验台上进行实验时，高温设备与台面之间要保留 1 cm 以上的间隙，以防台面着火。按照操作温度的不同，选用合适的容器材料和耐火材料。

2. 高温实验禁止接触水。如果在高温物体中混入水，水急剧汽化后会发生水蒸气爆炸。高温物质落入水中也会产生大量爆炸性的水蒸气，四处飞溅。

3. 加强个人防护。使用高温装置时，应选用可简便脱除的服装和干燥的、难于吸水的材料做成的手套。需长时间注视赤热物质或高温火焰时，应戴防护眼镜。针对发出很强紫外线的等离子流焰及乙炔焰的热源，除使用防护面具保护眼睛外，需注意保护皮肤。在处理熔融金属或熔融盐等高温流体时，应穿皮靴之类防护鞋。部分耐火材料在高温情况下会增强其导电性，此时不能使用金属材质物品接触电炉材料，以免触电。此外，还应防护高温对人体的辐射。

4. 使用高温设备前，应熟悉其使用方法。燃烧炉点火时，要先使其喷出燃料，才进行点火，送入空气或氧气。从高压钢瓶供给氧气时，管道系统不能残留油类等可燃性物质。打开箱门除做好防护外，还应尽量减短打开箱门的时间。电加热器、电烤箱等设备应人走电断。

5.4.2　常见高温设备安全操作

1. 高温炉（箱式电阻炉）：炉膛温度不得超过最高炉温，不能长时间工作在额定温度以上。在设备使用结束后要及时从炉膛内取出样品，退出加热并关掉电源。禁止向高温炉箱式电阻炉炉膛内灌注任何液体及溶解金属，不能用沾有水和油的容器装取试样，不能将沾有水和油的试样放入炉膛；定期检查温度控制系统的电器连接部分的接触是否良好。

2. 微波炉：放置在通风好的地方，附近没有磁性物质。未工作时不通电，运行时不空载。竹器、塑料、漆器等不耐热的容器，有凹凸状的玻璃制品以及金属的容器不宜在微波炉中使用。微波炉关掉后，过 1 min 后再取出试样。在断开电源后，使用湿布与中性洗涤剂擦拭，勿让水流入炉内电器。定期检查炉门四周和门锁，如有损坏、闭合不良，应停止使用。不能把脸贴近微波炉观察窗，防止眼睛因微波辐射而受损伤。

3. 恒温水浴锅：主要用于实验室中蒸馏、干燥、浓缩化学药品，也可用于恒温加热和其他温度试验。加水之前切勿接通电源，最好加入蒸馏水，以免产生水垢，加水不要太多，以免沸腾时水量溢出锅外；锅内水量也不可低于二分之一，不能使加热管露出水面；

切勿无水或水位低于隔板加热，否则会损坏加热管。注水时不能将水流入控制箱内，以防发生触电。如恒温控制失灵，可将控制器上的连接点用细砂布擦亮。使用完毕后，取出恒温物，关闭电源，排除箱体内的水，做好仪器使用记录。定期对水浴锅上的各零部件进行检查，保持各接点接触良好。水浴锅长期不使用时，应将水槽内的水放净，并擦拭干净，定期清除水槽内的水垢。水浴锅发生异常工作现象时，应及时检查、维修。

4．电热恒温干燥箱：是对物品进行干燥的常规仪器。干燥箱的工作电压为220V，温度一般为100～110℃。箱内载物应摆放在隔板的较中心部位，同时不影响空气流通，可燃性和挥发性的化学物品不能放入箱内。使用过程中，不能用湿手触摸箱体和开关，若出现异常、气味、烟雾等情况，应立即关闭电源，请专业人员查看修理。若长期不用，应拔掉电源线，并定期按使用条件运行2～3 d，以驱除潮气，避免有关器件损坏。

5.4.3　低温设备使用安全

低温能减慢有效成分的变性或降解，部分实验室的标准溶液、对照品，微生物室的菌种及培养基等需要低温保存。常见实验室低温设备有药品阴凉柜、药品冷藏箱、低温冰箱、超低温冰箱、液氮罐、冷冻机等。有的实验室为了实验需要，还建设整体低温设备，这种设备可使测试区域内温度分布均匀，避免任何死角。此外，在低温操作的实验中，通常使用冷冻剂或冷冻机获得低温。

因仪器设备工作强度以及各种环境因素等，可能造成试验设备的零件受损，当设备中的零件受损时，应该及时予以更换，确保设备能够正常稳定的运行。在操作前应先将内外部杂质清除，保持清洁。其中，冷凝器应每月保养，利用真空吸尘器将冷凝器散热网片上附着的灰尘吸除或利用高压空气喷除灰尘；加湿器内的储水应每月更换，确保水质清洁，加湿水盘应每个月清洗，确保水流顺畅。

5.4.4　常见低温设备安全操作

1．冷冻机：冷冻机通常用氨、氟利昂、甲烷、乙烷及乙烯等作冷冻剂，需经过处理后使用。使用干冰作冷冻剂时，与其混合的大多数物质为丙酮、乙醇之类有机溶剂，需有防火安全措施，操作时应注意防止冻伤。大型冷冻机需经过国家考试合格的冷冻机作业操作者进行运转维修。

2．低温液体容器：在实验室中使用低温液体，操作必须熟练并要小心谨慎，一般应由二人或以上进行实验，并穿防护衣、戴防护面具或防护眼镜以及皮手套等防护用具。承装冷冻剂的容器，尤其是玻璃材质的较容易破裂，不可把脸或身体的某一部位靠近容器的正上方。如果液化气体沾到皮肤上要立刻水洗，沾到衣服要立刻脱去衣服；如果实验人员窒息，应立刻转移至空气新鲜的地方进行急救。

3．冷冻干燥机：样品放入冷冻干燥机后真空系统进行抽真空把一部分水分带走，样品受冻时把某些分子中所含水分排到样品的表面冻结，通过抽真空把样品中所含的水分带到冷冻捕集箱结冻，达到样品冷冻干燥要求。使用前检查真空泵，确认已加注真空泵油，不可无油运转，且油面不得低于油镜的中线；真空泵连续工作 200 h 左右，需要更换真空泵油。放样品时，注意样品之间不要交叉污染；为使冷阱具有充分吸附水份的能力，预冷时间应不少于 30 min；有机玻璃罩取下时，应倒置放于桌面，保证与密封圈接触部分无灰尘；有机玻璃罩与主机冷阱法兰盘是靠"O"形橡胶密封圈密封，应保持密封圈的清洁，使用前后可用酒精擦净，再薄薄涂上一层真空脂，以利于密封。由于误操作而关闭了制冷器后，须等至少 30 min 才能再次打开制冷，以防设备损坏。

5.5 实验室特种设备使用安全

特种设备是指对人身和财产安全有较大危险性的锅炉、压力容器（含气瓶）、压力管道、电梯、起重机械、客运索道、大型游乐设施、场（厂）内专用机动车辆，以及法律、行政法规规定适用《特种设备安全法》的其他特种设备。实验室常用特种设备有高压灭菌锅、移动式压力容器和气瓶等。特种设备作业人员及相关管理人员，应当经特种设备安全监督管理部门考核合格，取得国家统一的特种作业人员证书，方可从事相应的作业或者管理工作。特种设备作业人员在作业中应当严格执行特种设备的操作规程和有关的安全规章制度。

5.5.1 特种设备管理与使用安全

各实验室应购买和使用取得许可生产并经特种设备检验机构按照安全技术规范的要求进行监督检验合格的特种设备，对使用的特种设备应当定期维护保养。

使用单位应当在特种设备投入使用前或者投入使用后三十日内，向负责特种设备安全监督管理的部门办理使用登记，取得使用登记证书，按照安全技术规范的要求，在检验合格有效期届满前一个月向特种设备检验机构提出定期检验要求。特种设备进行改造、修理，应当办理变更登记。

特种设备安全管理人员应当对特种设备使用状况进行经常性检查，发现问题立即处理；情况紧急时，可以决定停止使用特种设备并及时向本单位有关负责人报告。特种设备作业人员在作业过程中发现事故隐患或者其他不安全因素，应当立即向特种设备安全管理人员和单位有关负责人报告；特种设备运行不正常时，特种设备作业人员应当按照操作规程采取有效措施保证安全。特种设备出现故障或者发生异常情况，特种设备使用单位应当对其进行全面检查，消除事故隐患，方可继续使用。

5.5.2　常见特种设备安全操作

5.5.2.1　高压灭菌锅

高压灭菌锅又名高压蒸汽灭菌锅，是利用电热丝加热水产生蒸汽，并能维持一定压力的装置，主要有一个可以密封的桶体、压力表、排气阀、安全阀、电热丝等组成，分为手提式和立式。适用于医疗卫生事业、科研、农业等单位，对医疗器械、敷料、玻璃器皿、溶液培养基等进行消毒灭菌。

灭菌前外桶底部加热部分必须有足够的水，水的高度至少要超过加热块或加热丝。待灭菌的物品放置不宜过紧，不能堆放或触碰内桶桶壁。灭菌锅盖必须盖紧。排气管畅通，并将冷空气充分排除。安全阀是常闭状态，接通电源加热时放气阀应处打开状态。关闭放气阀之后操作员要在旁边时刻监控压力表，排气时间要足够长，有计时器的灭菌锅会自动停止加热。灭菌完毕后，不可放气减压，须待灭菌器内压力降至与大气压相等后才可开盖。断开电源之后静置冷却。

5.5.2.2　气瓶

气瓶、气体使用实验室应向有资质气瓶充装单位采购气瓶、气体，气瓶充装单位符合以下要求：

1. 经负责特种设备安全监督管理的部门许可；向气体使用者提供符合安全技术规范要求的气瓶，对气体使用者进行气瓶安全使用指导，并按照安全技术规范的要求办理气瓶使用登记，及时申报定期检验。

2. 有与充装和管理相适应的管理人员和技术人员；有与充装和管理相适应的充装设备、检测手段、场地厂房、器具、安全设施；

3. 有健全的充装管理制度、责任制度、处理措施；建立充装前后的检查、记录制度。

气瓶的安全使用详见本书第六章。

5.5.3　特种设备维护保养

实验室应当对特种设备进行经常性维护保养和定期自行检查，并建立安全技术档案，安全技术档案应当包括以下内容：

1. 特种设备的设计文件、产品质量合格证明、安装及使用维护保养说明、监督检验证明等相关技术资料和文件；

2. 特种设备的定期检验和定期自行检查记录；

3. 特种设备的日常使用状况记录；

4. 特种设备及其附属仪器仪表的维护保养记录；

5.特种设备的运行故障和事故记录。

5.6　试制设备使用安全

试制设备通常指用在新项目产品、新技术研制开发方面的试验用仪器设备、试验装置、测试仪器、试用关键设备等，规模化生产时可继续使用的仪器设备除外。试制设备一般是根据科研方向、项目、产品等需求新开发研制的专用试验仪器设备。

5.6.1　试制设备安全操作

为了保证试制设备的安全运行和操作安全，所采取的安全措施一般可分为直接、间接和指导性三类。直接安全技术措施是在设计设备时，考虑消除机器本身的不安全因素。间接安全技术措施是在设备上采用和安装各种安全有效的防护装置，消除在使用过程中产生的不安全因素。指导性安全技术措施是制定设备安装、使用、维修的安全规定及设置标志，以提示或指导操作程序，从而保证安全作业。

试制设备安全防护装置应结构简单、布局合理、无锐利边缘，具有足够的可靠性、强度、刚度、稳定性、耐腐蚀性、抗疲劳性，同时与设备运转连锁，保证在安全防护装置未起作用之前，设备不能运转；安全防护罩、屏、栏材料，及其至运转部件的距离，应符合相关规定。光电式、感应式等安全防护装置应设置自身出现故障的报警装置。紧急停车开关应保证瞬时动作时能终止设备的一切运动。对有惯性运动的设备，紧急停车开关应与制动器或离合器连锁，以保证迅速终止运行。设备由紧急停车开关停止运动后，必须按启动顺序重新启动才能再次运转。

不能随意调试试制设备中的电气部分。正在使用的设备、工具，如果电气部分出了故障，不能带故障运行或自行修理。在操作闸刀开关、磁力开关后，应关闭柜门，防止万一短路发生电弧或熔丝熔断飞溅伤人。

实验室试制设备中使用的局部照明灯应采用安全电压，一般不得超过36V。用电设备使用期一个月以上时应安装正式线路，短期使用需按照相关规定装置临时线，用后拆除。发生电气火灾时，应立即切断电源，用黄砂、二氧化碳、四氯化碳等灭火器材灭火，不可用水或泡沫灭火器。

5.6.2　试制设备的维护保养

试制设备维护保养的主要目标是保持设备清洁、润滑良好、安全运行。每一台（套）试制设备都需要根据设备本身的设计要求来维护保养，通用维护保养事项可酌情参照机械设备。维护保养依工作量大小和难易程度分为日常保养、一级保养、二级保养、三级保养等。日常保养和一级保养一般由操作人员承担；二级保养、三级保养在操作人员参加下，一般由专职保养维修工人承担。

日常保养，又称例行保养。采用"清洁、润滑、紧固、调整、防腐"10 字作业法，其主要内容是：进行清洁、润滑、及时紧固易松动的零件，调整活动部分的间隙，检查零件、部件的完整。这类保养的项目和部位较少，大多数在设备的外部。一级保养主要内容是：普遍地进行拧紧、清洁、润滑、紧固，还要部分地进行调整。二级保养主要内容是：内部清洁、润滑、局部解体检查和调整。三级保养主要内容是：对设备主体部分进行解体检查和调整工作，必要时对达到规定磨损限度的零件加以更换。此外，还要对主要零部件的磨损情况进行测量、鉴定和记录。

参考文献：

[1]　https://wenku.baidu.com/view/d7eef012031ca300a6c30c22590102020640f206.html?fr=search-1-wk_user_vip-incomeN.

[2]　https://wenku.baidu.com/view/c011118a5bcfa1c7aa00b52acfc789eb162d9e04.html.

[3]　https://max.book118.com/html/2020/0622/8043074033002120.shtm.

[4]　科技部发展改革委财政部. 国家重大科研基础设施和大型科研仪器开放共享管理办法（国科发基〔2017〕289 号）. 2017.

[5]　特种设备安全监察条例（中华人民共和国国务院令 第 373 号）.

第六章　实验室气瓶安全

实验室气瓶是指适用于实验室正常环境温度（–40～60℃）下使用的，公称工作压力大于或等于 0.2MPa（表压）且压力与容积的乘积大于或等于 1.0MPa·L 的盛装气体、液化气体和标准沸点等于或低于 60℃ 的液体的气瓶（不含仅在灭火时承受压力、储存时不承受压力的灭火用气瓶）。实验室常用的气瓶基本结构如图 6-1。

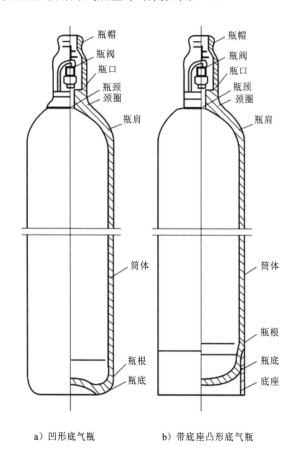

a）凹形底气瓶　　　　b）带底座凸形底气瓶

图 6-1　两种典型的气体气瓶结构

6.1　气瓶分类及标记

6.1.1　气瓶分类

气瓶的种类和分类方法很多，可以按瓶内气体的危险性分类，按盛装介质的物理状态分类，按制造方法进行分类等。

6.1.1.1　按照气体危险性分类

1．易燃气体瓶

盛装易燃气体的气瓶称为易燃气体瓶。易燃气体是指气体温度在 20℃、1 标准大气压（101.3 kPa）时，爆炸极限 13%，或不论易燃下限如何，与空气混合、燃烧范围的体积分数至少为 12% 的气体。如压缩或液化的氢气、乙炔、甲烷等。

2．非易燃无毒气体瓶

盛装非易燃无毒气体的气瓶称为非易燃无毒气体瓶。非易燃无毒气体是指在 2℃时，蒸汽压力不低于 280 kPa 或作为冷冻液体运输的不燃、无毒气体，如氮气、稀有气体（如氩气、氦气等）、二氧化碳、氧气、空气。此类气体虽然不燃、无毒，但处于压力状态下，仍具有潜在的爆裂危险。非易燃无毒气体瓶又分为：

（1）窒息性气体瓶，指会稀释或取代通常在空气中的氧气的气体。如无毒的二氧化碳等惰性气体。

（2）氧化性气体瓶，指通过提供氧气比空气更能引起或促进其他材料燃烧的气体，如氧气、压缩空气等。

（3）不属于其他项别的气体，如氮气，氩气等。

3．毒性气体瓶

盛装毒性气体的气瓶称为毒性气体瓶。毒性气体是指吸入半数致死浓度的气体。此类气体对人畜有强烈的毒害、窒息、灼伤、刺激作用，如氯气、一氧化碳、氨气、二氧化碳、溴化氢等。

6.1.1.2　按盛装介质的物理状态分类

1．永久性气体气瓶

临界温度低于−10℃的气体称为永久性气体，盛装永久性气体的气瓶称为永久性气体气瓶。例如盛装氧气、氮气、空气、一氧化碳及惰性气体等的气瓶均属此类。其常用标准压力系列为 15 MPa、20 MPa、30 MPa。

2．液化气体气瓶

临界温度等于或高于-10℃的各种气体，它们在常温、常压下呈气态，而经加压和降温后变为液体。在这些气体中，有的临界温度较高（高于 70℃），如硫化氢、氨、丙烷、液化石油气等，称为高临界温度液化气体，也称为低压液化气体。储存这些气体的气瓶为低压液化气体气瓶。在环境温度下，低压液化气体始终处于气液两相共存状态，其气相的压力是相应温度下该气体的饱和蒸气压。按最高工作温度为 60℃ 考虑，所有高临界温度液化气体的饱和蒸气压均在 5 MPa 以下，所以，这类气体可用低压气瓶充装。其标准压力系列为 1.0 MPa、1.6 MPa、2.0 MPa、3.0 MPa、5.0 MPa。

3．溶解气体气瓶

这种气瓶是专门用于盛装乙炔。由于乙炔气体极不稳定，特别是在高压下，很容易聚合或分解，液化后的乙炔稍有振动即会引起爆炸，所以不能以压缩气体状态充装，必须把乙炔溶解在溶剂（常用丙酮）中，并在内部充满多孔物质（如硅酸钙多孔物质等）作为吸收剂。溶解气体气瓶的最高工作压力一般不超过 3.0 MPa，其安全问题具有特殊性，如乙炔气瓶内的丙酮喷出，会引起乙炔气瓶带静电，造成燃烧、爆炸、丙酮消耗量增加等危害。这种气瓶主要用于电焊，实验室很少使用。

6.1.1.3　按制造方法分类

1．焊接气瓶

焊接气瓶由用薄钢板卷焊的圆柱形筒体和两端的封头组焊而成。焊接气瓶多用于盛装低压液化气体，如液化二氧化硫等。

2．管制气瓶

管制气瓶是用无缝钢管制成的无缝气瓶，实验室主要用这种气瓶。它两端的封头是将钢管加热放在专用机床上通过旋压或挤压等方式收口成形的。

3．冲拔拉伸制气瓶

它是将钢锭加热后先冲压出凹形封头，后经过拉拔制成敞口的瓶坯，再按照管制气瓶的方法制成顶封头及接口管等。

4．缠绕式气瓶

此气瓶是由铝制的内筒和内筒外面缠绕一定厚度的无碱玻璃纤维构成的。铝制内筒的作用是保证气瓶的气密性。气瓶的承压强度依靠内筒外面缠绕成一体的玻璃纤维壳壁（用环氧酚醛树脂等作为黏结剂）。壳体纤维材料容易"老化"，所以使用寿命一般不如钢制气瓶。

6.1.2　气瓶的标记

每一只气瓶都有颜色和钢印标记。

6.1.2.1　气瓶的颜色标记

气瓶的颜色标记包括气瓶的外表面颜色和文字、色环的颜色。气瓶颜色是一种安全标志，在我国，无论是哪个厂家生产的气体气瓶，只要是同一种气体，气瓶的外表颜色都是一样的。气瓶本身涂抹颜色一是可以通过特征颜色识别瓶内气体的种类，二是防止锈蚀。我们必须熟记一些常用的气瓶的颜色，这样即使在气瓶的字样、色环颜色模糊后，也能够根据气瓶的颜色确认瓶内的气体。部分常见气体气瓶的颜色标记可见表 6-1。

表 6-1　国内常用气瓶的颜色标记

气瓶名称	化学式	外表颜色	字样	字体颜色	色环
氢	H_2	浅绿	氢	大红	p=20，大红单环 $p \geqslant 30$，大红双环
氧	O_2	浅蓝	氧	黑	p=20，白色单环 $p \geqslant 30$，白色双环
氮	N_2	黑	氮	白	p=20，白色单环 $p \geqslant 30$，白色双环
氨	NH_3	淡黄	液氨	黑	
氯	Cl_2	深绿	液氯	白	
空气		黑	空气	白	p=20，白色单环 $p \geqslant 30$，白色双环
硫化氢	H_2S	白	液化硫化氢	大红	
氯化氢	HCl	银灰	液化氯化氢	黑	
二氧化碳	CO_2	铝白	液化二氧化碳	黑	p=20，黑色单环
甲烷	CH_4	棕	甲烷	白	p=20，白色单环 $p \geqslant 30$，白色双环
乙炔	CH≡CH	白	乙炔不可近火	大红	
氦	He		氦		
氖	Ne	银灰	氖	深绿	p=20，白色单环 $p \geqslant 30$，白色双环
氩	Ar		氩		
氪	Kr		氪		

注：色环栏内的 p 是气瓶的公称压力（MPa）

6.1.2.2　气瓶的钢印标记

气瓶的钢印标记是识别气瓶的依据，钢印标记必须准确、清晰。气瓶的钢印标记有制造钢印标记和验钢印标记两种。

1. 制造钢印标记。制造钢印标记是由气瓶生产厂家用机械或人工方法打锍在气瓶肩部、简体或瓶阀护罩上的。主要内容包括：气瓶制造单位代号或商标、气瓶编号、水压试验压力、公称工作压力、气瓶制造单位检验标记和制造年月、安全监察部门的检验标记等。

2. 检验钢印标记。检验钢印标记是气瓶检验单位对气瓶进行定期检验后，打锉在气瓶肩部、筒体或瓶阀护罩上的。主要内容包括：检验单位代码、检验日期、下次检验日期、降压标记、改装后的公称工作压力等。

6.2　气瓶危险特性

气瓶因瓶内盛装气体性质不同而具有不同的危险性，如物理爆炸性、化学活泼性、可燃性、扩散性等。

6.2.1　物理爆炸性

贮存于气瓶内压力较高的压缩气体或液化气体，受热膨胀压力升高，当超过气瓶的耐压强度时，即会发生气瓶爆炸。特别是液化气体，这种气体在气瓶内是液态和气态共存，在运输、使用或贮存中，一旦受热或撞击等外力作用，瓶内的液体会迅速气化，从而使气瓶内压力急剧增高，导致爆炸。气瓶爆炸时，易燃气体及爆炸碎片的冲击能间接引起火灾，如气瓶因管路堵塞而爆炸的过程中只是形状发生改变，没有新物质生成，属于物理变化。

6.2.2　化学活泼性

易燃和氧化性气体的化学性质很活泼，在普通状态下可与很多物质发生反应或爆炸燃烧，如乙炔、乙烯与氯气混合遇日光会发生爆炸；液态氧与有机物接触能发生爆炸，压缩氧与油脂接触能发生自燃等都是由于气体的化学活泼性造成的。

6.2.3　可燃性

易燃气体遇火源能燃烧，与空气混合到一定浓度会发生爆炸。爆炸极限宽的气体的火灾、爆炸危险性更大。如氢气瓶泄漏遇火燃烧而发生的爆炸。

6.2.4　扩散性

比空气轻的易燃气体逸散在空气中可以很快地扩散，一旦发生火灾会造成火焰迅速蔓延。如氢气、一氧化碳气体的扩散燃烧。比空气重的易燃气体泄漏出来，往往漂浮于地面或房间死角中，长时间积聚不散，一旦遇到明火，易导致燃烧爆炸。如丙烷、丁烷等的气体扩散到室内燃烧爆炸。

6.3　常用气瓶

实验室各种常见的气瓶按照瓶内气体的危险性重点介绍，同时重点介绍实验室常见的混合气体气瓶。

6.3.1　易燃气体瓶

易燃性气体如氢气、乙炔、一氧化碳等，它们与空气混合的爆炸范围很宽，所以易燃气体气瓶应在通风良好的室内使用，使用场所要严禁烟火，并设置灭火装置，预先充分考虑到发生火灾或爆炸事故时的措施。使用时必须查明确实没有漏气。操作地点要使用防爆型的电气设备，并设法除去其静电荷，以防因火花等而引起着火爆炸，在可燃性气体用之前及用后，均须用不活泼气体赶走残留在实验装置及管路内的可燃性气体。

6.3.1.1　氢气气瓶

氢气气瓶外表颜色为浅绿色，字的颜色为大红色（见图 6-2）。使用氢气时，若从气瓶急剧地放出氢气，即使没有火源存在，有时也会着火。所以打开氢气气瓶时应缓慢进行，更不可使用氢气靠近火源，操作地点要严禁烟火。注意不可与氧气瓶一起存放。氢气与空气混合物的爆炸范围很宽，当含氢气 4.0%～75.6%（体积分数）时，遇火即会爆炸。氢气要在通风良好的地方使用，或者可考虑用导管尽量把室内气体排到大气中。

应经常性检查用气情况是否正常，防止漏气。可用肥皂水之类东西进行试漏检查，尽可能安装氢气泄漏报警装置。

图 6-2　氢气气瓶

6.3.1.2 乙炔气瓶

乙炔气瓶外表颜色为白色，字的颜色为大红（见图 6-3）。乙炔非常易燃，且燃烧温度很高，有时还会发生分解爆炸。乙炔与空气混合时的爆炸范围是含乙炔 2.5%～80.5%（体积分数），危险性程度很高。

要把贮存乙炔的容器置于通风良好的地方。要严禁烟火，注意防止漏气。在使用、贮存过程中，一定要直立。在调节器出口，其使用压力不可超过 1 kgf/cm^2；因而适当打开气门阀即可。调节器等要使用专门的器械。

图 6-3 乙炔气瓶

6.3.2 非易燃无毒气体瓶

6.3.2.1 氮气气瓶

氮气气瓶外表一般为黑色，字体颜色为白色（见图 6-4）。氮气是一种无色无味的气体，化学性质不活泼，常温下很难跟其他物质发生反应，所以常被用来制作防腐剂。但在高温、高能量条件下可与某些物质发生化学变化。

图 6-4 氮气气瓶

6.3.2.2 稀有气体气瓶

稀有气体如氦气、氖气、氩气、氪气瓶外表为银灰色，字体颜色为深绿色（见图6-5）。稀有气体是无色、无味、无臭常温下为气态的惰性气体。临界温度最低，是最难液化的气体极不活泼，不能燃烧也不助燃。进行低压放电时显深黄色。常填充成高压来使用，因而也要遵守使用高压气体一般应注意的事项，谨慎地进行处理。用量大时，要注意室内通风，避免在密闭的室内使用，以防引起窒息。

图6-5 氦气气瓶和氩气气瓶

6.3.2.3 氧气气瓶

氧气气瓶为天蓝色、黑色字，工作压力一般都在 150 kgf/cm^2 左右（见图6-6）。氧气气瓶运输和存储期间不得暴晒，不能与易燃气体气瓶混装、并放，与氢气等可燃性气体的气瓶间距不应小于 20 m。使用标明"禁油"的氧气专用压力计。连接部位禁止使用可燃性的衬垫。瓶嘴、减压阀及焊枪上均不得有油污，否则高压氧气喷出后会引起自燃。调节器之类的器械，要用氧气专用装。在器械、器具及管道中，常常会积有油分，若不把它清除掉，接触氧气时是很危险的。此外，将氧气排放到大气中时，要确认在其附近不会引起火灾等危险后，才可排放。

图6-6 氧气气瓶

6.3.3　毒性气体气瓶

有毒气体气瓶是装有毒气体的，如一氧化碳、氰化氢等气体的气瓶。使用毒气，要具备足够的知识。要准备好防毒面具，对于防毒设备或躲避之类措施，也要考虑周全。要在通风良好的地方使用，并经常检测有无毒气泄漏滞留。把毒气排入大气中时，要将它转化成完全无毒的物质，然后才可排放。毒气会腐蚀气瓶，使其容易生锈、降低机械强度，故必须十分注意加强气瓶的保养。毒气气瓶长期贮存会发生破裂，此时要把它交给管理人员处理。

6.3.3.1　氨气气瓶

氨气气瓶为淡黄色、黑色字（见图6-7）。氨气会刺激眼、鼻、咽喉，具有一定的毒性，使用时应注意通风。由于高压下的氨常常是液态，使用时汽化会快速降温，要注意防止冻伤。氨能被水分充分吸收，故可在允许洒水的地方使用及贮藏。

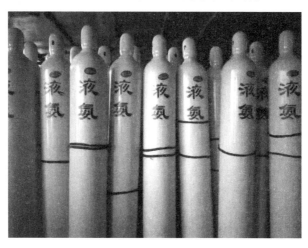

图 6-7　氨气气瓶

6.3.3.2　氯气气瓶

氯气气瓶为深绿色、白色字（见图6-8）。氯气即使含量甚微，也会刺激眼、鼻、咽喉等器官。因而使用氯气应在通风良好的地点或通风橱内进行。调节器等应是专用的器械。如果氯气中混入水分，就会使设备严重腐蚀。因此每次使用都要去除水分。即使这样，仍会有腐蚀现象。故充气六个月以上的氯气气瓶，不宜继续存放。

图 6-8　氯气气瓶

6.3.4　混合气体气瓶

混合气体按其主要危险特性分为四类：可燃性、毒性（含腐蚀性）、氧化性和一般性，一般性即为不燃、不助燃、非氧化、无毒和惰性的泛称。混合气体的危险特性可以为单一，也可以是多种。

混合气体主要危险特性的颜色表示：可燃性用大红色表示；毒性用淡黄色表示；氧化性用淡蓝色表示；不燃性用深绿色表示。

混合气体气瓶的瓶色分为头色和体色。头色是指气瓶的头部所涂敷颜色。气瓶的头部，指瓶颈和瓶肩两部分的组合；对于一条环焊缝的焊接气瓶，是指从瓶口（或阀座）起至瓶肩过渡区或者下延 20 mm（按容积、长径比不同，下延长度可适当调整）；对于两条环焊缝的焊接气瓶，是指从瓶口起至上环缝的下缘；对于无缝气瓶，是指从瓶口起至瓶肩过渡区或者下延 20 mm（按容积、长径比不同，下延长度可适当调整）。混合气体的为单一危险特性时，头色为单一颜色。混合气体危险特性是两种时，按头部长度（高度）平分为上、下两部分，各涂敷一种颜色。如，混合气体的主要危险特性具有可燃性且又有毒性时，头色上部为大红色，下部为淡黄色；具有毒性且又有氧化性时，头色上部为淡黄色，下部为淡蓝色。

混合气体气瓶头部以外的部分为瓶体，瓶体所涂敷的颜色为体色。混合气体气瓶的体色均涂敷为银灰色。铝制金质气瓶、不锈钢气瓶盛装混合气体，不涂敷体色而保持金属本色。表 6-2 为混合气体气瓶的瓶色一览表。

表6-2　混合气体气瓶的颜色一览表

混合气体主要危险特性	头色		体色	字色环色
	上	下		
燃烧性	R03 大红		B04 银灰	R03 大红
毒性	Y06 淡黄			Y06 淡黄
氧化性	PB06 淡（酞）蓝			PB06 淡（酞）蓝
不燃性（一般性）	G05 深绿			G05 深绿
燃烧性和毒性	R03 大红	Y06 淡黄		R03 大红
毒性和氧化性	Y06 淡黄	PB06 淡（酞）蓝		Y06 淡黄

　　混合气体气瓶的其他部位颜色：混合气体气瓶的瓶阀保持金属本色或产品原涂敷的颜色，不进行涂色。混合气体气瓶的护罩、瓶耳、瓶帽、底座等，一律涂敷为银灰色，见图6-9。

图 6-9　混合气体气瓶

6.4　气瓶的检验

　　气瓶的定期检验，应由检验资格的专门单位负责进行。未取得资格的单位和个人，不得从事气瓶的检验。

　　各类气瓶的检验周期，不得超过下列规定：盛装腐蚀性气体的气瓶，每两年检验一次；盛装一般气体的气瓶，每三年检验一次；液化石油气瓶，使用不超过二十年的，每五年检验一次，超过二十年的，每两年检验一次；盛装惰性气体的气瓶，每五年检验一次。

　　气瓶在使用过程中，发现有严重腐蚀、损伤或对其安全可靠性有怀疑时，应提前进行检验；库存和停用时间超过一个检验周期的气瓶，启用前应进行检验。

　　气瓶检验单位，对要检验的气瓶，逐只进行检验，并按规定出具检验报告，未经检验或检验不合格的气瓶不得使用。

6.5　环科院关于气瓶安全的管理规定

环科院对于气瓶的安全管理主要涉及气瓶的安全责任、搬运和储存、使用和处置、应急处理等几个方面。其中气瓶的应急处理详见本书第十章应急预案部分。

6.5.1　安全责任

1．环科院各二级单位负责监督本单位对气瓶供应商和气瓶充装单位的资质审验工作，按时统计使用变化情况；检测中心进行实验室气瓶安全监管工作。

2．各二级单位的主要负责人是本二级单位的气瓶安全的第一责任人；各二级单位安全员具体负责本单位气瓶安全管理工作。各实验室管理员对本实验室气瓶进行安全管理。

3．各二级单位负责监督和落实本单位气瓶安全管理责任制度，有针对性地制订应急预案措施；制定气瓶相关的安全管理制度和操作规程；汇总本实验室气瓶购买使用台账和安全技术教育记录；对具体使用人员进行使用培训和安全教育等工作。

6.5.2　瓶装气体的采购

1．各实验室应购买（租用）具有国家质检总局颁发的《气瓶制造许可证》的气瓶企业的气瓶，到具有省级质监部门颁发的《气瓶充装许可证》的单位充装气体，建立购买使用台账。

2．气体到货后应作如下检查：

（1）外观颜色、字样和色环；各部件是否完整无损。

（2）气瓶肩部钢印、标记及生产日期。

（3）产品合格证和明显的警示标志。

（4）是否配备气瓶钢帽、防震圈和手轮。

（5）是否漏气。

3．严禁任何单位和个人私自接收或转让气瓶。确因科研协作需要的，或随设备配置的气瓶须经本单位实验室负责人同意后方可进入实验室。

6.5.3　气瓶的搬运和存放

1．搬运气瓶一般用气瓶推车，也可以用手平抬或垂直转动。同时应装上防震圈、旋紧安全帽，以保护开关阀。

2．实验室使用氮气、氦气、氩气、空气、氧气必须放置在气瓶专用贮存空间，气瓶存放数量应符合安全规定。

3．使用大量气瓶的实验室，要设置符合要求的集中存放室，并要根据气体性质采取必要的防火、防电打火、防辐射等措施。

4. 实验室原则上以氢气发生器代替氢气瓶。其他盛装易燃易爆或有毒气体的气瓶必须放置在室外。氢气发生器确实无法满足实验要求，或其他盛装易燃易爆或有毒气体的气瓶确因条件限制不能放置在室外的，气瓶必须存放在具有防爆及强排风装置的气瓶柜中，安装可燃气体探测器与报警装置，由专业公司进行安全评估、二级单位负责人审核同意、报检测中心备案后方可使用。

5. 存放气瓶必须遵守如下规定：

（1）气体管线应整齐有序，对于小瓶装的特殊气体，严禁引气体管线。

（2）气瓶放置应整齐，必须配备安全帽，有明确的安全标识和使用状态标识，定期检查气体泄漏，并配置固定装置。

（3）空瓶与满瓶应分开放置，并有明显的区分标志；每间实验室内存放氧气和可燃气体不超过一瓶，其他气体的存放，应控制在最小需求量，并在附近配备防毒用具和灭火器材。

（4）可燃性气体禁止与助燃气体或高温高压、带电设备混放。严禁将助燃气体气瓶与可燃、易燃物品放置在一起。

（5）盛装易起聚合反应或分解反应的气瓶，必须根据气体的性质控制实验室内的最高温度，并应避开各种放射源。

（6）有毒气体气瓶应单独存放，并设置毒气侦测装置或安装气体监控报警装置。

（7）存有大量惰性气体气瓶或液氮、二氧化碳气瓶的较小密闭空间，需加装氧浓度报警器。

6. 使用单位必须做到专瓶专用，不得私自改变充装介质，造成气体混装。

图 6-10 为气瓶的规范存放示意，图 6-11 为气瓶的不规范存放示意。

图 6-10　气瓶的规范存放　　　　　图 6-11　气瓶的不规范存放

6.5.4 气瓶的使用和处置

1．气瓶使用前应进行安全状况检查。

2．气瓶投入使用后，不得对瓶体进行挖补焊接修理，严禁敲击、碰撞，应经常检查瓶阀及连接处是否有漏气。

3．高压气瓶开阀宜缓，必须经减压阀放气。

4．实验结束后，应先关闭开关阀，放尽余气后，再关减压器，最后关闭气体气瓶总阀。

5．瓶内气体不得用尽，必须留有剩余压力或重量。

6．不得自行处理气瓶内的残液。

7．操作易燃易爆性气体气瓶时，应配备专用工具，并严禁与油类接触。

8．可燃性气体和助燃气体的气瓶不得靠近热源，与明火的距离应大于 10 m。

9．对已损坏的压力气瓶应及时更换。如遇气体泄漏，须采取相应的安全防护和应急处理措施。

10．购买的气瓶需要报废的，必须交由具有专业资质的机构进行处置，不得私自处置。

参考文献：

[1] 劳动部. 气瓶安全监察规程（劳锅字（1989）12 号）. 1989.

[2] 气瓶术语：GB 13005—2011[S]. 北京：中国标准出版社，2011.

[3] 气瓶颜色标记：GB 7144—2016[S]. 北京：中国标准出版社，2016.

[4] 瓶装气体分类：GB/T 16163—2012[S]. 北京：中国标准出版社，2012.

[5] 徐锋，朱丽华，等. 化工安全[M]. 天津：天津大学出版社，2015.

[6] 赵华绒，方文军，等. 化学实验室安全与环保手册[M]. 北京：化学工业出版社，2013.

[7] 黄开胜. 清华大学实验室安全手册[M]. 北京：清华大学出版社，2018.

[8] 北京大学化学与分子工程学院实验室安全技术教学组. 化学实验室安全知识教程[M]. 北京：北京大学出版社，2012.

[9] 建筑设计防火规范：GB 20016—2014[S]. 北京：中国标准出版社，2014.

第七章 危险化学品安全

7.1 危险化学品的概念和分类

7.1.1 危险化学品及其相关概念

危险化学品：指具有毒害、腐蚀、爆炸、燃烧、助燃等性质，对人体、设施、环境具有危害的剧毒化学品和其他化学品。

剧毒化学品：指具有剧烈急性毒性危害、列入《危险化学品目录（2015 版）》的化学品，包括人工合成的化学品及其混合物和天然毒素，还包括具有急性毒性易造成公共安全危害的化学品。

易制爆危险化学品：指列入公安部确定、公布的易制爆危险化学品名录，可用于制造爆炸物品的化学品。

易制毒化学品：指用于非法生产、制造或合成毒品的原料、配剂等化学物品，包括用以制造毒品的原料前体、试剂、溶剂及稀释剂、添加剂等。虽然易制毒化学品本身不是毒品，但因它既是一般医药、化工的工业原料，又是生产、制造或合成毒品必不可少的化学品，所以管理管控方面也十分严格，需参照危险化学品进行管理。

其他危险化学品：是指除了剧毒化学品、易制爆危险化学品、易制毒化学品以外的，在《危险化学品目录（2015 版）》中具有毒害、腐蚀、爆炸、燃烧、助燃等性质，对人体、设施、环境具有危害的化学品。

我国对危险化学品的管理实行目录管理制度。危险化学品目录由国务院安全生产监督管理部门会同国务院工业和信息化、公安、环境保护、卫生、质量监督检验检疫、交通运输、铁路、民用航空、农业主管部门，根据化学品危险特性的鉴别和分类标准确定、公布，并适时进行调整。2003 年 3 月，国家安监局发布公告《危险化学品名录（2002 版）》（国家安监局公告 2003 年第 1 号）。2003 年 6 月，国家安监总局、公安部、原国家环保护总局、卫生部、国家质量监督检验检疫总局、铁道部、交通部和中民用航空总局联合发布《剧毒化学品目录（2002 年版）》（国家安全生产监督管理局等 8 部门公告 2003 年第 2 号）。由于

《危险化学品名录（2002版）》主要采用爆炸品、易燃液体等8类危险化学品的分类体系，与现行化学品危险性28类的分类体系有巨大差异，加之《剧毒化学品目录》（2002年版）列入的品种偏多，不符合剧毒化学品管理的实际情况，国家安监总局会同国务院工业和信息化、公安、环境保护、卫生、质量监督检验检疫、交通运输、铁路、民用航空、农业等主管部门，本着与现行管理相衔接、平稳过渡的基础上，逐步与国际接轨的原则，制定了《危险化学品目录（2015版）》，于2015年5月1日起实施，《危险化学品名录（2002版）》、《剧毒化学品目录（2002年版）》同时废止。

7.1.2　危险化学品分类

7.1.2.1　全球化学品统一分类和标签制度

1.《全球化学品统一分类和标签制度》（GHS）建立的背景

世界上大约拥有数百万种化学物质，常用的约为7万种，且每年大约有上千种新化学物质问世。很多化学品会对人体健康以及环境造成一定的危害，如某些化学物质具有腐蚀性、致畸性、致癌性等。由于部分化学从业人员对化学品缺乏安全使用操作意识，在化学品生产、储存、操作、运输、废弃处置中，难免会损害自身健康，或给环境带来负面影响。多年来，联合国有关机构以及美国、日本以及欧洲各工业发达国家都通过立法对化学品的危险性分类、包装和标签作出明确规定。由于各国对化学品危险性定义的差异，可能造成某种化学品在一国被认为是易燃品，而在另一国被认为是非易燃品，从而导致该化学品在一国作为危险化学品管理而另一国却不认为是危险化学品。在国际贸易中，遵守各国法规的不同危险性分类和标签要求，既增加贸易成本，又耗费时间。为了健全危险化学品的安全管理，保护人类健康和生态环境，为尚未建立化学品分类制度的发展中国家提供安全管理化学品的框架，有必要统一各国化学品分类和标签制度，消除在各国分类标准、方法学和术语学上存在的差异，建立全球化学品统一分类和标签制度（Globally Harmonized System of Classification and Lablling of Chemicals，GHS）。

GHS又称"紫皮书"，是由联合国出版的指导各国控制化学品危害和保护人类健康与环境的规范性文件。2002年，联合国可持续发展世界首脑会议鼓励各国在2008年前执行GHS。APEC会议各成员国承诺自2006年起执行GHS。2011年联合国经济和社会理事会25号决议要求GHS专家分委员会秘书处邀请未实施GHS的政府尽快通过本国立法程序实施GHS。

2．GHS的发展历程

全球化学品统一分类和标签制度专家小组委员会（以下简称全球统一制度小组委员会）负责维持全球统一制度，促进制度的执行，根据需要提供补充指导，并保持制度的稳定性。小组委员会定期主持对文件的修订和更新，以反映各国、区域在将各项要求落实到国家法律、区域和国际法的过程中，取得的实践经验，以及从事分类和标签工作人员的经验。

GHS 第一版经专家委员会第一届会议核准，在 2003 年以 ST/SG/AC.10/30 号文件出版，之后每两年更新一次。近年来主要更新如下：

2012 年第四版的主要修订：氧化性固体的新的试验方法；为进一步明确部分危险类别的标准而制定的有关规定（皮肤腐蚀/刺激、严重眼损伤/眼刺激，和气雾剂等），和对安全数据单所列信息的补充规定；修订并简化了分类和标签汇总表；危险象形图使用的新编码系统；以及对防护措施说明的修订和进一步简化。

2013 年第五版的主要修订：调整了气溶胶分类标准；修改了皮肤腐蚀/刺激分类标准文字表述；修改了严重眼睛损伤/眼睛刺激分层评估的文字描述；修改了 57 条防范说明术语的文字表述，删除了 4 条防范说明术语；对标签和分类汇总表进行了重新归纳改编；对编制安全数据说明书指导的相关章节文字做出修改。

2015 年第六版的主要修订：修改了遇水放出易燃气体物质和混合物类别 3 的判定标准；新增 17 章"退敏爆炸物"；新增退敏爆炸物标签要素。

2017 年第七版的主要修订：调整了易燃气体的分类标准，并修改标签要素；急性毒性、皮肤腐蚀/刺激等全部 10 个危害种类的术语定义做出重新解释；对危险说明和分类说明进行了相应文字调整；增加一个使用折叠式标签标注的小包装样例。

2019 年第八版的主要修订：调整气溶胶分类标准；增加加压化学品危险子种类；对皮肤腐蚀/刺激的分类标准、判定逻辑和测试方法做出较大的文字调整；增加新防范说明术语和新防范象形图；增加组件或套件的新标签样例；增加附件"未分类的其他危险性指南"。

3．GHS 的内容和要素

GHS 目前已经修订更新到第八版。其内容包括：按照物理危害性、健康危害性和环境危害性对化学物质和混合物进行分类的标准以及危险性公示要素，包括包装标签和化学品安全技术说明书。

GHS 危险性公示要素包括：

（1）图形符号：GHS 标签要素中使用了 9 个危险性图形符号，每个图形符号适用于指定的 1 个或多个危险性类别。

（2）警示词：指标签上用来表明危险的相对严重程度并提醒目击者注意潜在危险的词语。GHS 标签要素中使用 2 个警示词，分别为"危险"和"警告"。"危险"用于较为严重的危险性类别，"警告"用于较轻的危险性类别。

（3）危险性说明：指分配给某个危险种类和类别的专用术语，用来描述一种危险品的危险性质。为了方便使用和识别，每条术语还被分配了指定代码。

（4）防范说明：用一条术语（和/或防范象形图）来说明为尽量减少或防止接触危险化学品或者不当储运危险化学品产生的不良效应所建议采取的安全防范措施。GHS 标签要素中使用 4 类防范说明术语，分别为：预防、发生事故泄漏或接触时的反应、储存和处置。

（5）标签内容和分配：化学品包装容器的 GHS 标签上应当包括标准化信息有产品标识符（产品正式运输名称、化学物质名称）、图形符号、警示词、危险性说明、防范说明、主管部门要求的其他补充信息以及供应商识别信息。小包装可使用简化标签。

（6）化学品安全技术说明书（MSDS）：包括化学品及企业标识、危险性概述、组成/成分信息、急救措施、消防措施、泄露应急处理、操作处置与储存、接触控制/个体防护、理化特性、稳定性和反应性、毒理学信息、生态学信息、废弃处置、运输信息、法规信息和其他信息。

4．GHS 实施原则

GHS 采用积木块方法原则（Building blocks）。危险种类/类别和标签要素可以看成是一组"积木块"，各国可以根据本国国情和主管部门的需求，灵活选取 GHS 全部或部分危险种类/类别和标签要素加以实施。各个领域不一定采用 GHS 所有的危险性类别，比如对于运输而言，GHS 将参照危险货物运输的相关要求，重点在危险货物容器上标示急性毒性、物理和环境危险的象形图；在工作场所，将采用 GHS 所有要素，包括 GHS 标签和化学品安全技术说明书。

5．中国实施 GHS 情况

中国 2005 年起多次派专家代表团参加联合国有关机构召开的 GHS 标准制定修订国际会议。2006 年制定了《化学品分类、警示标签和警示性说明安全规范》系列国家标准（GB 20576～20602—2006），这些标准自 2008 年 1 月 1 日起在生产领域实施，自 2008 年 12 月 31 日起在流通领域实施。2011 年 5 月 1 日起，强制实行 GHS 制度。

2013 年 10 月，国家标准化管理委员会分别以国标委公告 2013 年第 20 号和第 21 号发布了新版的《化学品分类和标签规范》系列国家标准（GB 30000.2～30 000.29—2103），替代《化学品分类、警示标签和警示性说明安全规范》系列标准，于 2014 年 11 月 1 日起正式实施。GB 30000 系列采纳了 GHS 中大部分内容，比《化学品分类、警示标签和警示性说明安全规范》系列国家标准新增了吸入危害和对臭氧层的危害 2 个规定。

7.1.2.2 化学品分类和标签规范（GB 30000 系列）

GB 30000 系列按物理危险、健康危害或环境危害的性质，将危险化学品分为 28 类危险种类，其中物理危险 16 类、健康危害 10 类、环境危害 2 类。危险类别是对每个危险种类的标准划分，表示在一个危险种类内危险的严重程度。

物理危险性有爆炸物、易燃气体、气溶胶、氧化性气体、加压气体、易燃液体、易燃固体、自反应物质和混合物、自燃液体、自燃固体、自热物质和混合物、遇水放出易燃气体的物质和混合物、氧化性液体、氧化性固体、有机过氧化物、金属腐蚀物等 16 个种类。健康危害性有急性毒性（经口、经皮肤、吸入气体、吸入蒸气、吸入粉尘和烟雾）、皮肤腐蚀/刺激、严重眼损伤/眼刺激、呼吸道或皮肤致敏、生殖细胞致突变性、致癌性、生殖毒性、特异性靶器官毒性一次接触、特异性靶器官毒性反复接触、吸入危害等 10 个种类。环境危害性有对水生环境的危害和对臭氧层的危害 2 个种类。

7.2   国内外危险化学品管理

7.2.1   危险化学品安全国际公约

1989 年 3 月，联合国环境规划署在瑞士巴塞尔召开了关于控制危险废物越境转移全球公约全权代表会议，通过《控制危险废物越境转移及其处置巴塞尔公约》（简称《巴塞尔公约》），该公约共有 29 条正文和 6 个附件，于 1992 年 5 月生效。危险废物在国际间的转移，尤其是向发展中国家的转移，会对人类健康和环境造成严重的危害。2020 年 10 月 17 日，第十三届全国人民代表大会常务委员会第二十二次会议决定，批准 2019 年 5 月在日内瓦召开的《控制危险废物越境转移及其处置巴塞尔公约》缔约方会议第十四次会议通过的《〈巴塞尔公约〉缔约方会议第十四次会议第 14/12 号决定对〈巴塞尔公约〉附件二、附件八和附件九的修正》。

1998 年 9 月 10 日，联合国环境规划署和联合国粮食及农业组织在鹿特丹制定《关于在国际贸易中对某些危险化学品和农药采用事先知情同意程序的鹿特丹公约》（简称《鹿特丹公约》），2004 年 2 月 24 日生效。公约是根据联合国《经修正的关于化学品国际贸易资料交流的伦敦准则》和《农药的销售与使用国际行为守则》以及《国际化学品贸易道德守则》中规定的原则制定的，其宗旨是保护包括消费者和工人健康在内的人类健康和环境免受国际贸易中某些危险化学品和农药的潜在有害影响。《鹿特丹公约》由 30 条正文和 5 个附件组成。其核心是要求各缔约方对某些极危险的化学品和农药的进出口实行一套决策程序，即事先知情同意（PIC）程序。公约对"化学品""禁用化学品""严格限用的化学品""极为危险的农药制剂"等术语作了明确的定义。

2001 年，为加强化学品的管理，减少化学品尤其是有毒有害化学品引起的危害，国际社会达成涉及持久性有机污染物（POPs）的相关规定的多边环境协议——《关于持久性有机污染物的斯德哥尔摩公约》（简称《斯德哥尔摩公约》），2004 年生效。作为保护人类健康和环境免受 POPs 危害的全球行动，目前有 124 个成员国。我国政府正式承诺履行《斯德哥尔摩公约》，并开展了相关履约工作，参加了与上述国际公约相关的工作会议。

2013 年 1 月 19 日，联合国环境规划署通过了旨在全球范围内控制和减少汞排放的国际公约《关于汞的水俣公约》（简称《水俣公约》），公约在 2017 年 8 月 16 日生效，要求缔约国自 2020 年起，禁止生产及进出口含汞产品。128 个签约方就具体限排范围作出详细规定，以减少汞对环境和人类健康造成的损害。2016 年 4 月，中华人民共和国第十二届全国人大常委会第二十次会议决定批准《关于汞的水俣公约》。

7.2.2 国内危险化学品管理进展

7.2.2.1 国内危险化学品主管部门

《危险化学品安全管理条例》（国务院令第 591 号）对危险化学品规定了不同部门的管理职责。

1. 安全生产监督管理部门：负责危险化学品安全监督管理综合工作，组织确定、公布、调整危险化学品目录，对新建、改建、扩建生产、储存危险化学品（包括使用长输管道输送危险化学品，下同）的建设项目进行安全条件审查，核发危险化学品安全生产许可证、危险化学品安全使用许可证和危险化学品经营许可证，并负责危险化学品登记工作。

2. 公安机关：负责危险化学品的公共安全管理，核发剧毒化学品购买许可证、剧毒化学品道路运输通行证，并负责危险化学品运输车辆的道路交通安全管理。

3. 质量监督检验检疫部门：负责核发危险化学品及其包装物、容器（不包括储存危险化学品的固定式大型储罐）生产企业的工业产品生产许可证，并依法对其产品质量实施监督，负责对进出口危险化学品及其包装实施检验。

4. 环境保护主管部门：负责废弃危险化学品处置的监督管理，组织危险化学品的环境危害性鉴定和环境风险程度评估，确定实施重点环境管理的危险化学品，负责危险化学品环境管理登记和新化学物质环境管理登记；依照职责分工调查相关危险化学品环境污染事故和生态破坏事件，负责危险化学品事故现场的应急环境监测。

5. 交通运输主管部门：负责危险化学品道路运输、水路运输的许可以及运输工具的安全管理，对危险化学品水路运输安全实施监督，负责危险化学品道路运输企业、水路运输企业驾驶人员、船员、装卸管理人员、押运人员、申报人员、集装箱装箱现场检查员的资格认定。铁路监管部门负责危险化学品铁路运输及其运输工具的安全管理。民用航空主管部门负责危险化学品航空运输以及航空运输企业及其运输工具的安全管理。

6. 卫生主管部门：负责危险化学品毒性鉴定的管理，负责组织、协调危险化学品事故受伤人员的医疗卫生救援工作。

7. 工商行政管理部门：依据有关部门的许可证件，核发危险化学品生产、储存、经营、运输企业营业执照，查处危险化学品经营企业违法采购危险化学品的行为。

8. 邮政管理部门：负责依法查处寄递危险化学品的行为。

7.2.2.2 国内危险化学品管理法规标准

为加强危险化学品的安全管理，预防和减少危险化学品事故，保障人民群众生命财产安全，保护环境，2002 年 1 月 26 日，由国务院发布《危险化学品安全管理条例》（国务院令第 344 号），自 2002 年 3 月 15 日起施行。2011 年 2 月 16 日，国务院第 144 次常务会议修订《危险化学品安全管理条例》，以 591 号令发布，自 2011 年 12 月 1 日起施行。2013 年 12 月 4 日，国务院第 32 次常务会议对 591 号令进行修订，自 2013 年 12 月 7 日起施行。

2015 年 2 月 27 日，安全监管总局会同工业和信息化部、公安部、环境保护部、交通运输部、农业部、国家卫生计生委、质检总局、铁路局、民航局联合发布《危险化学品目录（2015 版）》，自 2015 年 5 月 1 日起施行，《危险化学品名录（2002 版）》《剧毒化学品目录（2002 年版）》同时废止。《危险化学品目录（2015 版）》中，危险化学品的品种依据化学品分类和标签国家标准，从物理危险、健康危害和环境危害（28 类危险种类）的类别中确定，共包含 2 828 个条目；提出了剧毒化学品的定义和判定界限，确定 148 种剧毒化学品。《危险化学品安全管理条例》同时对剧毒化学品、易制爆危险化学品的生产、储存、使用、经营、运输环节进行了严格规定。科研院所和高校应当按照国家有关规定建立储存剧毒化学品、易制爆危险化学品的专用仓库，设置相应的技术防范设施，严格按属地公安部门要求办理购买许可证，从有资质的单位购买剧毒化学品、易制爆危险化学品，做好剧毒化学品、易制爆危险化学品的备案、使用、储存、处置工作。

2005 年 4 月 21 日，公安部部长办公会议通过《剧毒化学品购买和公路运输许可证件管理办法》（公安部令 77 号），自 2005 年 8 月 1 日起施行，该办法对剧毒化学品的购买、运输进行了规定。2005 年 10 月 24 日，北京市公安局印发《剧毒化学品购买凭证或准购证核发行政许可工作规范》（京公治字〔2005〕1006 号），该规范对北京市剧毒化学品的购买、运输进行了细化。剧毒化学品储存主要依据《剧毒化学品、放射源存放场所治安防范要求》（GA 1002—2012）和《剧毒化学品库安全防范技术要求》（DB 11529—2008）进行。

2019 年 7 月 6 日，公安部发布了《易制爆危险化学品治安管理办法》（公安部令第 154 号），对易制爆危险化学品生产、经营、储存、使用、运输和处置的治安管理进行了规定，自 2019 年 8 月 10 日起施行。易制爆危险化学品储存主要依据《易制爆危险化学品储存场所治安防范要求》（GA 1511—2018）和《易制爆危险化学品存放场所安全防范要求》（DB11T 1427—2017）进行。

除剧毒化学品、易制爆危险化学品以外的其他危险化学品的储存和管理，参照《常用化学危险品贮存通则》（GB 15603—1995）、《实验室危险化学品安全管理规范第 2 部分：普通高等学校》（DB11T 1191.1—2018）等标准执行。

2020 年 2 月 26 日，中共中央办公厅、国务院办公厅印发《关于全面加强危险化学品安全生产工作的意见》（厅字〔2020〕3 号），旨在全面加强危险化学品安全生产工作，有力防范化解系统性安全风险，坚决遏制重特大事故发生，有效维护人民群众生命财产安全，对于全方位推动我国危化品安全生产工作水平的整体提升具有重大现实和历史意义。

7.3　环科院实验室危险化学品管理要求

加强对危险化学品的管理是有效预防和控制实验室危险化学品导致的突发事故的重要措施之一，是实验室安全管理的重要组成部分。对危险化学品需要专人进行管理，管理人员需了解和掌握危险化学品的原理、性质、危害性、使用及储存注意事项。

环科院在推进科研体制改革工作进程中，提出实验室统一管理的工作思路和要求，其中实验室危险化学品是实验室统一管理中的重要环节。检测中心按照国家危险化学品有关管理要求，结合院内最新职责分工，在原《中国环境科学研究院实验室危险化学品及危险废物管理办法（试行）》（环院〔2016〕18号）的基础上修订形成《中国环境科学研究院实验室危险化学品及危险废物管理办法》（环院〔2020〕76号）。该办法基于谁主管谁负责的原则，构建了危险化学品的分级责任管理体系，形成了单位层面实验室危险化学品统一管理人员—二级单位实验室危险化学品管理人员—实验室负责人的层级体系架构，各司其职，各尽其责，层层压实责任。该办法同时将危险化学品分为剧毒化学品、易制爆危险化学品、其他危险化学品，其中，剧毒化学品、易制爆危险化学品根据国家管理要求由检测中心统一管理，其他危险化学品在环科院危险化学品管理制度要求下由各二级单位自行管理。实验室负责人、实验人员工作变动时应及时做好工作交接和信息更新。

7.3.1　危险化学品管理

7.3.1.1　危险化学品管理要求

环科院各实验室建立危险化学品使用安全责任制，各二级单位实验室负责人负责本单位实验室所有危险化学品的安全管理工作，包括加强实验人员安全教育，制定并张贴涉及危险化学品的安全操作规程和应急措施，配备必要的安全防护措施和应急装备，督促实验人员安全规范操作，管理危险化学品的计划报批、购买申请、验货、记录、编号、贴签、协助危险化学品管理员入库，日常值班与防盗抢等，为实验室配备必要的应急救援物资。

危险化学品管理实行备案制。实验人员应登记并及时更新危险化学品品名、性质、数量、存储位置等信息，填写危险化学品备案表（其他类），经二级单位负责人签字确认后，每季度向检测中心备案，同时抄送服务中心安保部门。储存保管应按化学性质分类存放，并标明名称、数量、入库时间和有效期。

7.3.1.2　危险化学品储存和出入库

危险化学品应按照国家和属地相关安全规定，存放在条件完备的专用仓库、储存室中，储存危险化学品的仓库应设置明显标志，严禁烟火，并远离火源、饮用水水源以及人群密集区。根据危险物品的种类和性质，设置相应的通风、防火、防水、防爆、防腐蚀、防盗等安全防护措施。危险化学品应按化学性质（如氧化性、还原性、挥发性、腐蚀性等），在满足储存技术要求的专用储存柜分类存放。

建立危险化学品台账，在储存、领用、归还危险化学品时，详细登记危险化学品信息、领用人、领用量等，领出后未使用完的危险化学品，需要及时归还，进行相应处置。

危险化学品管理员应定期盘库，对于长时间未使用的危险化学品，及时进行清理。

7.3.1.3　危险化学品使用

实验过程中，危险化学品的盛装容器或包装物应选用与其性质和用途相适应的安全材质，所有容器或包装物应有清晰的标识或标签。危险化学品实验操作人员应熟悉所使用危险化学品的性质和安全防护措施（物质安全数据表，MSDS 文件），严格按照操作规程作业、安全使用、安全操作，及时做好实验记录，做好个人安全防护。涉及有毒、有害、有气味化合物的实验须在工作正常的通风柜中进行，并配备必要的活性炭吸收或光催化分解系统。发生危险化学品丢失、被盗、泄露等安全事故时，事故实验室应立即上报，采取有效控制措施，启动应急预案。

7.3.1.4　危险化学品废弃物管理

实验后不需要保留或超过有效期的危险化学品废弃物，用完后的包装瓶（桶、袋），以及长期搁置变质的其他危险化学品，应按环科院危险废物管理规定分类收集、暂存在实验室特定区域或专用危险废物间，填写废弃物收集登记表，定期交由有资质的单位进行处理处置。实验过程中不得随意丢弃危险化学品、容器或在水槽中倾倒危险化学品溶液，严禁将实验室危险废物与生活垃圾混装或随意丢弃，避免发生因废弃物处置不当造成的安全事故。

7.3.2　剧毒化学品、易制爆危险化学品管理

7.3.2.1　剧毒化学品、易制爆危险化学品库管理要求

实验室剧毒化学品、易制爆危险化学品分别储存在环科院剧毒化学品库和易制爆危险化学品库内。剧毒化学品库和易制爆危险化学品库建设了监控室，监控室内安装程控直拨电话和紧急求助报警装置，环科院保卫部门配置 2 名（含）以上值守人员 24 小时值守。

环科院剧毒化学品实行"五双"（双人保管、双人领取、双人使用、双把锁、双本账）管理；易制爆危险化学品实行"四双"管理（双人保管、双人领取、双把锁、双本帐）。剧毒化学品库和易制爆危险化学品库设两名管理员，库房钥匙由两名管理员分别掌管，管理员同时到场方可打开库房门。两名管理员必须同时进出库房，不得单独一人进库作业。

除管理员开展正常工作外，其他情况进入库房需经批准，并填写出入登记表。

值守人员应对剧毒化学品库和易制爆危险化学品库周边及监控设施每 2 h 开展安全巡查，及时发现、整改治安隐患，并保存检查、整改记录。外来人员进入监控室应填写出入登记表，值守人员应做好值班和交接班记录，并做好技防设施的日常检查和故障及时报修工作。

7.3.2.2　剧毒化学品、易制爆危险化学品计划和采购

环科院针对剧毒化学品、易制爆危险化学品实行购买计划审批制度。每年年初由二级单位向管理部门报送各类危险化学品年度采购计划，经核准、审批后，由院实验室危险化学品统一管理人员向公安部门提交购买计划，经公安部门批准后，下达各实验室。

危险化学品的购买按季度进行。二级单位的实验室管理人员向管理部门报送各类危险化学品季度采购需求（采购需求应在当年度公安部门审批通过的计划内），经核准、审批后，由院实验室危险化学品统一管理人员向公安部门提交购买需求，经公安部门批准后办理购买许可证，根据许可证许可的内容进行采购。采购时需由具有经营危险化学品资质的供应商供货。未列入年度采购计划或实际需要量超过采购计划的，原则上不可办理追加采购手续。严禁由实验人员通过网络、电话或直接购买危险化学品，严禁向无合法资质的厂商购买。

7.3.2.3　剧毒化学品、易制爆危险化学品验收及出入库

剧毒化学品和易制爆危险化学品入库前须进行双人验收，核对品名、标志、数量、规格、包装、带皮重量、生产厂家等信息，设立专用账目，填写登记表进行详细入库记录。剧毒化学品还须以瓶（桶、袋）为单位建立唯一性编号。

剧毒化学品和易制爆危险化学品出库须经批准，按需出库。填写出库登记表，详细记录时间、品种、数量、用途等内容，经领用人、管理员共同确认并签字。当日用不完的及时退库并做好记录。

剧毒化学品和易制爆危险化学品出库后，从库房到实验室的运输过程中，应使用双锁的专用运输车（箱），双人配送。

7.3.2.4　剧毒化学品、易制爆危险化学品储存、盘库和检查

剧毒化学品库内应保持整洁，剧毒化学品按规定分类、分区单独存放，不得与易燃、易爆、腐蚀性物品等一起存放。易制爆危险化学品储存应标识清楚，分类码放整齐，禁止在易制爆危险化学品库存放其他危险物品、杂物，严禁在库内吸烟，严禁库房及周边区域使用火源，消防器材规范放置。

库存剧毒化学品和易制爆危险化学品应做到"账目清楚，账物相符"。管理员应每天

核对、检查剧毒化学品和易制爆危险化学品存放情况，填写库存情况统计表。发现剧毒化学品和易制爆危险化学品的包装、标签、标识等不符合安全要求的，应及时整改；发现账物不符的，应及时查找，查找不到下落的，应立即报告有关负责人。

环科院建立剧毒化学品安全检查制度，安全主管负责人组织相关责任单位，每月至少一次对剧毒化学品库和易制爆危险化学品库安全管理情况开展安全检查。制定剧毒化学品和易制爆危险化学品事故应急处置预案，明示处置流程和报警电话，每年开展针对性应急演练。

7.3.2.5　剧毒化学品、易制爆危险化学品使用

使用剧毒化学品开展实验时，应严格执行双人使用的要求，做好实验室通风换气和人员防护。特殊性质的剧毒化学品在使用过程中应严格按照相关规定操作。使用剧毒化学品配制的工作溶液或储备液，除一般信息外，还应在标签上注明为剧毒化学品，按要求单独存放，双人双锁保管，在醒目位置设置警示标识和指示牌，指示牌上必须注明负责人及联系方式等信息。

使用易制爆危险化学品的实验室，应配备易制爆危险化学品专用存放柜，在醒目位置设置警示标识和指示牌，指示牌上必须注明负责人及联系方式等信息。开展实验时，应做好实验室通风换气和人员防护。特殊性质的易制爆危险化学品在使用过程中应严格按照相关规定操作。使用易制爆危险化学品配制的工作溶液或储备液，除一般信息外，还应在标签上注明为易制爆危险化学品，按要求存放。

7.3.2.6　剧毒化学品、易制爆危险化学品废弃物管理

实验后不需要保留或超过有效期的剧毒化学品废弃物，剧毒化学品用完后的包装瓶（桶、袋）、剧毒化学品废弃物和长期搁置变质的剧毒化学品，由使用人填写废弃物收集登记表，暂存于剧毒化学品库内指定区域，按规定经有关部门批准后，交由有资质的单位进行处理处置。

实验后不需要保留或超过有效期的易制爆危险化学品废弃物，易制爆危险化学品用完后的包装瓶（桶、袋），以及长期搁置变质的易制爆危险化学品，暂存在实验室特定区域或专用危险废物储存间，填写废弃物收集登记表，定期交由有资质的单位进行处理处置。

7.4　危险化学品储存要求

7.4.1　不同性质危险化学品储存要求

1. 遇火、遇热、遇潮能引起燃烧、爆炸或发生化学反应、产生有毒气体的危险化学

品禁止在露天或潮湿、积水的房间储存。

2．受日光照射能发生化学反应引起燃烧、爆炸、分解、化合或能产生有毒气体的危险化学品应储存在室内，包装采取避光措施。

3．爆炸物品不准和其他类物品同时储存，必须单独隔离限量储存在库内温度低于30℃的条件下，相对湿度应保持75%～80%，仓库应与周围建筑、道路、电线等保持安全距离。

4．压缩气体和液化气体必须与爆炸物品、氧化剂、易燃物品、自燃物品、腐蚀性物品隔离储存。易燃气体不得与助燃气体、剧毒气体同时储存，盛装液化气体的容器属压力容器的，必须有压力表、安全阀、紧急切断装置，并定期检查，不得超装。

5．易燃液体、遇湿易燃物品、易燃固体不得与氧化剂混合储存，具有还原性的氧化剂应单独存放。

6．有毒物品应储存在阴凉、通风、干燥的场所，不得露天存放，不能靠近酸类物质。

7．腐蚀性物品包装必须严密，不允许泄漏，严禁与液化气体和其他物品共存。

8．须避光保存的危险化学品及其所配制的试剂，均应按要求用棕色容器（瓶）保存，或用深色纸包裹。

7.4.2　危险化学品储存容器要求

1．对瓶的选择：固体药品可选用广口瓶，液体药品可选用细口瓶。见光易分解的物质可选用棕色瓶或用深色纸包裹。受热易分解的药品应放置暗、冷处。

2．对瓶塞的选择：强碱、水玻璃及某些显较强碱性的水溶液应选用橡胶塞；强氧化性溶液、有机溶剂应选用玻璃塞。

7.4.3　危险化学品储存特殊要求

1．易挥发的化学品

（1）甲酸、乙酸、盐酸等有强挥发性的药品，需保持良好通风，及时排出酸雾。

（2）氨水、浓盐酸、浓硝酸等易挥发液体药品，在液面上滴 10～20 滴矿物油，可以防止挥发（不可用植物油）。

（3）易挥发的溴素、易分解的过氧化氢溶液等，库温需保持在 28℃以下。

（4）乙醚、乙醇、甲酸等比水密度低的或易溶性的挥发性液体，以及萘、碘等挥发性固体，可紧密瓶塞、瓶口涂蜡。

2．须蜡封的化学品

（1）液溴除进行蜡封外，应将原瓶置于具有活性炭的塑料筒内，筒口进行蜡封。此外，液溴会腐蚀橡皮塞，拆开包装后应密封保存在有玻璃塞的棕色瓶中，液面上放少量水水封，取用时佩戴乳胶手套及其他必要防护，取用时应用长胶头滴管吸取底层纯溴。

（2）亚硫酸钠、硫酸亚铁、硫代硫酸钠均易被氧化，硅酸钠、过氧化钠、苛性碱均易吸收二氧化碳，碳酸氢铵、浓硝酸受热易分解，漂白粉、过氧化钠、氢氧化钠、硝酸铵、硫酸钠等易吸水，以及晶体碳酸钠、晶体硫酸铜均应进行蜡封。

（3）硫酸亚铁溶液中滴几滴稀硫酸，加入过量细铁粉，进行蜡封。

3．须干燥保存的化学品

（1）氰化物与潮湿空气接触会产生剧毒的氰化氢气体，需注意干燥保存。

（2）活性炭、木炭会因吸附多种气体而变质，碳化钙、无水硫酸铜、五氧化二磷、硅胶极易吸水变质，红磷易被氧化，然后吸水生成偏磷酸，均应存放在干燥器中。

（3）硫酸具有强氧化性和强脱水性，需单独放置；浓硫酸虽应密闭防止吸水，但因常用可能存放至磨口瓶中，应注意标识磨口瓶塞，不得与其他瓶塞混用。

4．须液封保存的化学品

（1）二硫化碳中加一点水，可长期保存。

（2）汞液面上覆盖水或其他液体，存放汞的容器下面放置盛水的瓷盘，以防取用时汞滴落到操作台面或地面上。此外，汞药品旁可放硫粉备用，发生遗撒时可迅速补救。

（3）钾、钠、钙存放在煤油中，黄磷存放在水中，浸没于液体下面与空气隔离。

5．化学性质不稳定的化学品

（1）葡萄糖溶液易霉变，稍加几滴甲醛即可保存。

（2）甲醛易聚合，开瓶后可适量加入甲醇；乙醛则加乙醇。

6．需避光保存的化学品

硝酸银、浓硝酸及大部分有机药品应存放在棕色瓶中。实验室可根据需求选用双层深色布窗帘。

7．需低温保存的化学品

受冻结冰的冰醋酸，受冻聚合沉淀的甲醇等药品，库房温度应保持在 15℃左右。

8．对容器材质有特殊要求的化学品

氢氟酸可跟二氧化硅反应而腐蚀玻璃，有剧毒，应放置在塑料瓶中。

7.4.4　常用危险化学品的安全储存

7.4.4.1　丙酮

CAS 号：67-64-1

化学式：CH_3COCH_3

管制类型：易制毒化学品

特性：无色易挥发易燃液体。有微香气味，易溶于水和甲醇、乙醇、乙醚、氯仿、吡啶等有机溶剂。易燃、易挥发，化学性质较活泼。燃烧时产生刺激性蒸气，有毒、有麻醉性。

储存条件：储存于阴凉通风的库房，可与其他易燃液体同库储存，不得与氧化剂、自燃物品、遇水燃烧等性质不同的物品同库储存。库房温度控制在 26℃为宜。

注意事项：发生火灾可用干粉、抗醇泡沫或二氧化碳灭火器扑救，可用水冷却容器。如蒸气吸入会出现眩晕、麻醉、昏迷等症状，接触皮肤先用水冲洗再用肥皂洗涤。

7.4.4.2　乙醚

CAS 号：60-29-7

化学式：$C_2H_5OC_2H_5$

管制类型：易制毒化学品

特性：易流动的无色透明液体，有特殊刺激气味，带甜味。难溶于水，易溶于三氯甲烷，极易挥发和着火。蒸气与空气混合形成爆炸物。

储存条件：储存于阴凉通风的库房，不得与酸、氧化剂等性质不同的物品同库储存，库房温度控制在 26℃以下。

注意事项：发生火灾时可用干粉和泡沫灭火器扑救，可用雾状水冷却物品。

7.4.4.3　苯

CAS 号：71-43-2

化学式：C_6H_6

特性：常温下可燃、有致癌毒性的无色透明液体，带有强烈的芳香气味。难溶于水，易溶于有机溶剂，本身也可作为有机溶剂。在世界卫生组织国际癌症研究机构致癌物清单中列为一类致癌物。

储存条件：储存于阴凉通风干燥的库房，不得与氧化剂、强酸、强碱等混存。

注意事项：发生火灾时可用干粉、泡沫和二氧化碳灭火器以及干沙土灭火，不可用水。

7.4.4.4　甲醇

CAS 号：67-56-1

化学式：CH_3OH

特性：无色易挥发和易燃的透明液体，有刺激性气味，有毒。能与水和多数有机物混溶，蒸气与空气形成爆炸性混合物。

储存条件：储存于阴凉通风的库房，避免日光暴晒，不得与氧化剂同库储存，库房温度控制在 30℃以下。

注意事项：发生火灾时可用二氧化碳灭火器，如大桶着火可先用水冷却再用抗醇泡沫灭火器，灭火人员要戴过滤防毒面具防止中毒。甲醇毒性较大，如接触皮肤可用水冲洗。

7.4.4.5　乙醇

CAS 号：64-17-5

化学式：C_2H_5OH

特性：常温常压下易燃、易挥发的无色透明液体，低毒性；具有特殊香味，并略带刺激。蒸气能与空气形成爆炸性混合物，能与水以任意比互溶。能与氯仿、乙醚、甲醇、丙酮和其他多数有机溶剂混溶。

储存条件：储存于阴凉通风的库房，避免日光暴晒，可与其他醇类、酮类等性质相同的物品同库储存，不得与氧化剂、酸类、强碱等性质不同的物品混存。

注意事项：发生火灾时可用抗醇泡沫、二氧化碳灭火器以及砂土扑救，普通泡沫灭火器无效。

7.4.4.6　乙腈

CAS 号：75-05-8

化学式：C_2H_3N

特性：无色液体，有芳香气味，极易挥发。有优良的溶剂性能，能溶解多种有机、无机和气体物质。有毒，与水和醇无限互溶。

储存条件：储存于阴凉通风的库房，防热、防火，不得与氧化剂共存。

注意事项：发生火灾时可用干粉、二氧化碳灭火器扑救。

7.4.4.7　硫

CAS 号：7704-34-9

化学式：S

管制类型：易制爆危险化学品

特性：分为块状和粉状两种，块状叫硫磺块，粉状叫硫磺粉，淡黄色。溶于苯、甲苯、四氯化碳及二硫化碳，微溶于醇和醚，不溶于水。化学性质较活泼，与强氧化剂混合或作用时，能成为爆炸混合物。与强还原剂混合反应时，又表现为氧化剂。易燃固体，遇火容易燃烧，产生蓝色火焰，生成有毒和强刺激性二氧化硫气体。硫粉在空气中能形成带电的云状粉尘，达到爆炸下限遇火种立即引起粉尘爆炸。

储存条件：储存于干燥、阴凉通风的易制爆危险化学品专用库房。严禁与氧化剂、强还原剂、酸碱类等性质不同或相抵触的物品同库储存。

注意事项：发生火灾时可用砂土、水灭火。

7.4.4.8 钠

CAS 号：7440-23-5

化学式：Na

管制类型：易制爆危险化学品

特性：银白色蜡状软金属，常温下可用刀切开，具有较好的延展性。呈强碱性，能腐蚀人体，在氯、氟中能剧烈燃烧，燃烧时火焰呈黄色。能与水发生剧烈反应，生产氢氧化钠和氢，与酸作用生成相应的盐类和氢，同时能立即燃烧爆炸。

储存条件：储存于干燥、阴凉通风的易制爆危险化学品专用库房，防止日光直射。要隔绝热源、火种与氧化剂、酸类。库房温度控制在30℃以下，相对湿度在75%以下。

注意事项：发生火灾时禁止用水、泡沫灭火器。可用干砂土、干粉、石灰粉。高温时产生有毒蒸气，中毒者应及时送往医院治疗。

7.4.4.9 镁粉

CAS 号：7439-95-4

化学式：Mg

管制类型：易制爆危险化学品

特性：银白色有光泽的金属粉末，性质比较活泼，在空气中表面氧化生成无光泽的薄膜，遇火即燃烧而发出耀眼白光，同时冒白烟。常温下与水反应缓慢产生氢气和热，与稀酸反应剧烈生成氢气，与铵盐溶液反应生成复盐。易燃固体，粉末在空气中飞扬，能形成爆炸混合物，遇火即发生粉尘爆炸。为强氧化剂，与氧化剂混合后成为爆炸性混合物。

储存条件：储存于干燥、阴凉通风的易制爆危险化学品专用库房，防止日光直射。门窗应开关灵活，便于通风和密封。可与其他金属粉或性质相同的易燃固体同库储存。与氧化剂、酸类、氯、氟等卤族元素及相互反应的物品分库存放。库房温度控制在32℃以下。

注意事项：发生火灾时可用干砂土、干粉灭火，不可使用泡沫、四氯化碳或二氧化碳灭火器。粉尘稍有刺激性，应使吸入粉尘的患者尽快脱离现场，眼部受刺激用水冲洗并就医，皮肤接触用水冲洗后再用肥皂水彻底洗净。

7.4.4.10 锌粉

CAS 号：7440-66-6

化学式：Zn

管制类型：易制爆危险化学品

特性：浅灰色细小粉末，具有强还原性，在空气中吸收氮，在潮湿状态时吸收氧。通常含有少量氧化锌，与酸类、碱类、水、硫、硒、卤素、氧化剂等能引起燃烧或爆炸。锌粉的粉末飞扬在空气中遇火星能发生粉尘爆炸。

储存条件：储存于干燥、阴凉通风的易制爆危险化学品专用库房，防止日光直射。库房内不得漏水。与氧化剂、酸类、卤素、含水物质要分库存放。库房温度控制在30℃以下，相对湿度在75%以下。

注意事项：发生火灾时禁止用水、泡沫灭火器，可用干砂土、干粉灭火。粉尘浓度较大时，应杜绝一切火源，防止引起粉尘爆炸。

7.4.4.11　过氧化氢

CAS 号：7722-84-1

化学式：H_2O_2

管制类型：易制爆危险化学品

特性：无色透明液体，有强腐蚀性。化学性质不稳定，在储存及运输过程中易发生缓慢分解成为氧及水，氧化能力强，如遇金属或离子存在可加速分解。与强氧化剂高锰酸钾能发生猛烈氧化还原反应，与铅和铅的氧化物接触能发生剧烈反应，与丙酮、甲酸、羧酸、乙二醇能引起爆炸，接触有机物如木材、稻草等能缓慢引起燃烧。在世界卫生组织国际癌症研究机构致癌物清单中列为三类致癌物。

储存条件：储存于阴凉通风的易制爆危险化学品专用库房，远离火源、热源，防止日光直射。与各种强氧化剂、易燃液体、易燃物隔离。库房温度控制在30℃以下。

注意事项：发生火灾时可用雾状水扑救，火灾熄灭后使用大量水冲洗现场。皮肤灼伤应使用大量水冲洗。

7.4.4.12　高锰酸钾

CAS 号：7722-64-7

化学式：$KMnO_4$

管制类型：易制爆危险化学品、易制毒化学品

特性：深紫色细长斜方柱状结晶，有金属光泽，能溶于水。属强氧化剂。在空气中稳定，遇乙醇及其他有机溶剂分解。与乙醇、乙醚、硫磺、磷、双氧水等接触会发生爆炸，与甘油混合能发生燃烧，与铵的化合物混合有引起爆炸的危险。

储存条件：储存于干燥、阴凉通风的易制爆危险化学品专用库房，防止日光直射。可与其他高锰酸盐同库储存，必须与其他氧化剂分别储存，与有机物、易燃物、还原剂等不同性质的物品分别存放。库房温度控制在32℃以下，相对湿度在80%以下。

注意事项：发生火灾时可用雾状水、砂土灭火。

7.4.4.13　硝酸银

CAS 号：7761-88-8

化学式：AgNO$_3$

管制类型：易制爆危险化学品

特性：无色透明的斜方结晶或白色结晶，有苦味。与还原剂、有机物、易燃物或金属粉末等混合可形成爆炸性混合物，急剧加热时可发生爆炸。

储存条件：储存于干燥、阴凉通风的易制爆危险化学品专用库房，远离火种、热源，防止日光直射。包装必须密封，防止受潮。应与易燃物、可燃物、还原剂、硫、潮湿物品等分开存放。搬运时轻装轻卸，防止包装及容器损坏。

注意事项：发生火灾时可用雾状水、砂土灭火。

7.4.4.14　重铬酸钾

CAS 号：7778-50-9

化学式：K$_2$Cr$_2$O$_7$

管制类型：易制爆危险化学品

特性：橙红色有光泽结晶颗粒或粉末，味苦，不吸潮或潮解。能溶于水，水溶液呈酸性，不溶于醇。有氧化作用，有毒和腐蚀性。

储存条件：储存于干燥、阴凉通风的易制爆危险化学品专用库房，远离火种、热源，防止日光直射。可与其他铬酸盐、重铬酸盐同库储存，不得与有机物、可燃物、爆炸物、毒品、还原剂共存。库房温度控制在 35℃以下，相对湿度在 80%以下。

注意事项：发生火灾时可用雾状水、砂土灭火，应避免溶液到处流淌。

7.4.4.15　氯化汞

CAS 号：7487-94-7

化学式：HgCl$_2$

管制类型：剧毒化学品

特性：无色或白色结晶性粉末，常温下微量挥发，有腐蚀性。能溶于水、乙醇、乙醚、吡啶及乙酸乙酯。不会燃烧，剧毒，吸入粉尘和蒸气会中毒，与钾、钠能猛烈反应。

储存条件：储存于干燥、阴凉通风的剧毒化学品专用库房，远离热源。注意个人防护，防止包装破损、产生粉尘。严格执行剧毒化学品管理要求。

注意事项：储存库房发生火灾时应戴防毒面具。

7.4.4.16 汞

CAS 号：7439-97-6

化学式：Hg

特性：银白色有光泽的液态金属。常温下能蒸发，汞蒸气剧毒。易与硫、卤素结合，能溶于硝酸，不易溶于盐酸，不溶于水。与叠氮化物、乙炔或氨反应可生成爆炸性化合物。与乙烯氯、三氯甲烷、碳化钠接触发生剧烈反应。在世界卫生组织国际癌症研究机构致癌物清单中列为三类致癌物。

储存条件：储存于干燥、阴凉通风的库房。与叠氮化物、乙炔、氨、硝酸和乙醇隔离储存。

注意事项：发生火灾时必须穿戴防毒面具和全身防护服，用水、砂土灭火。吸入蒸气者迅速脱离污染区，皮肤、眼睛接触时用大量水及肥皂彻底清洗，休息保暖，严重者送医。

7.4.4.17 叠氮化钠

CAS 号：26628-22-8

化学式：NaN_3

管制类型：剧毒化学品

特性：无色六角形结晶，无味，无臭，无吸湿性，剧毒，不溶于乙醚，微溶于乙醇，溶于氨水和水。无可燃性，有爆炸性。性质不稳定，加热 300℃时分解，遇高热、震动能引起强烈爆炸。

储存条件：储存于干燥、阴凉通风的剧毒化学品专用库房，远离热源。遇其他危险化学品隔离储存。库房温度控制在 30℃以下，相对湿度控制在 80%以下。

注意事项：发生火灾时可用雾状水、泡沫、二氧化碳灭火器扑救，禁止用砂土压置。

7.4.4.18 硝基苯

CAS 号：98-95-3

化学式：$C_6H_5NO_2$

特性：淡黄色透明液体，有苦杏仁味。能溶于苯、乙醇及乙醚，难溶于水。有毒，大量吸入蒸气或经皮肤吸收都会引起中毒。遇火种、高温能引起燃烧爆炸，与硝酸反应强烈。在世界卫生组织国际癌症研究机构致癌物清单中列为 2B 类致癌物。

储存条件：储存于干燥、阴凉通风的库房，远离火种、热源，防止日光直射。应与氧化剂、硝酸分开存放。

注意事项：发生火灾时可用水、砂土、干粉灭火器扑救。

7.4.4.19 苯酚

CAS 号：108-95-2

化学式：C_6H_5OH

特性：具有特殊气味的无色针状晶体，有毒，能自空气中吸收水分而逐渐液化，水溶液呈酸性。有腐蚀性，能与乙醇、醚、三氯甲烷、甘油相混合，与碱起作用生成盐。遇明火、高温、强氧化剂有燃烧危险。在世界卫生组织国际癌症研究机构致癌物清单中列为三类致癌物。

储存条件：储存于干燥、阴凉通风的库房，远离火种、热源。与氧化剂隔离存放。包装应密封，防止吸潮变质。

注意事项：有毒及腐蚀性，皮肤接触要用大量水冲洗或用肥皂水冲洗。

7.4.4.20 二氯甲烷

CAS 号：75-09-2

化学式：CH_2Cl_2

特性：无色透明易挥发液体，有刺激性芳香气味，吸入蒸气有毒，有麻醉性。微溶于水，溶于乙醇、乙醚等。受热放出剧毒光气，蒸气不燃，与空气混合无爆炸性。在世界卫生组织国际癌症研究机构致癌物清单中列为 2A 类致癌物。

储存条件：储存于干燥、阴凉通风的库房，远离火种、热源，防止日光直射。与氧化剂及硝酸隔离存放。库房温度控制在 30℃以下。

注意事项：发生火灾时可用雾状水或砂土，二氧化碳灭火器扑救。注意防毒和光气。

7.4.4.21 三氯甲烷

CAS 号：67-66-3

化学式：$CHCl_3$

特性：无色透明重质液体。不溶于水，能溶于醇、醚、苯等。有特殊气味，极易挥发，蒸气有毒，有麻醉性。在光的作用下及在空气中能被氧化生成氯化氢和光气。一般不会燃烧，长时间暴露在明火及高温下也能燃烧。在世界卫生组织国际癌症研究机构致癌物清单中列为 2B 类致癌物。

储存条件：储存于干燥、阴凉通风的库房，远离火种、热源，防止日光直射。

注意事项：发生火灾时可用雾状水或砂土，二氧化碳灭火器扑救。注意防毒和光气。

7.4.4.22 四氯化碳

CAS 号：56-23-5

化学式：CCl_4

特性：无色透明液体，有时因含杂质微呈淡黄色，极易挥发，有毒，有麻醉性。有氯仿的气味，味甜。微溶于水，易溶于各种有机溶剂。化学性质稳定，不燃，高温下可水解生成光气，还原可得氯仿。

储存条件：储存于干燥、阴凉通风的库房，远离火种、热源，防止日光直射。

注意事项：受热易使人中毒，产生光气。

7.4.4.23   三溴甲烷

CAS 号：75-25-2

化学式：$CHBr_3$

特性：无色重质液体或结晶，有似三氯甲烷气味，微溶于水，能溶于乙醇、乙醚、三氯甲烷、苯和挥发油。暴露空气及光中，能逐渐分解成淡黄色。有毒，不燃烧，受热分解出有毒气体。在世界卫生组织国际癌症研究机构致癌物清单中列为三类致癌物。

储存条件：储存于干燥、阴凉通风的库房，远离火种、热源，防止日光直射。

注意事项：发生火灾时可用雾状水或砂土、二氧化碳灭火器扑救。

7.4.4.24   硝酸

CAS 号：7697-37-2

化学式：HNO_3

管制类型：易制爆危险化学品

特性：无色或微黄色澄清液体，在空气中冒烟，有窒息刺激性气味，有强氧化腐蚀性，遇光能分解产生二氧化氮和四氧化二氮气体而变成黄色或深黄色。能与水任意混合，与氧化剂及有机物接触极易发生剧烈化学变化以致引起燃烧爆炸。

储存条件：储存于干燥、阴凉通风的易制爆危险化学品专用库房，远离火种、热源，防止日光直射。与酸、碱、氧化剂、有机物、易燃物隔离存放。库房温度控制在 30℃ 以下。

注意事项：发生火灾时可用雾状水或砂土，二氧化碳灭火器扑救，不能使用高压水。灭火时应戴防毒面具。进入口内立即用清水漱口，服大量冷开水催吐，有条件的服用牛奶或氧化镁乳剂洗胃，呼吸中毒立即移至新鲜空气处吸氧，皮肤接触用大量水或小苏打水洗涤后敷氧化锌软膏，然后送医。

7.4.4.25   硫酸

CAS 号：7664-93-9

化学式：H_2SO_4

管制类型：易制毒化学品

特性：无色澄清油状液体，无气味，能与水及醇任意混合并放出大量热，暴露在空气中能迅速吸收水分。有强烈腐蚀性及吸水性，有毒。能使木材、织物等碳水化合物剧烈脱水并可能引起燃烧，能和绝大多数金属发生反应，接触强氧化剂能发生剧烈反应并能引起火灾，遇碱金属如钾、钠等能引起燃烧爆炸。

储存条件：储存于干燥、阴凉通风的库房，远离火种、热源，防止日光直射。库房温度控制在 35℃ 以下，相对湿度控制在 85% 以下。

注意事项：发生火灾时可用砂土和二氧化碳灭火器扑救，不宜使用水以防暴溅。灭火时应戴防毒面具。进入口内立即用清水漱口，服大量冷开水催吐，有条件的服用牛奶或氧化镁乳剂洗胃，呼吸中毒立即移至新鲜空气处吸氧，皮肤接触用大量水或小苏打水洗涤后敷氧化锌软膏，然后送医。

7.4.4.26 盐酸

CAS 号：7647-01-0

化学式：HCl

管制类型：易制毒化学品

特性：为氯化氢的水溶液，纯品无色透明，工业品为黄色，在空气中发烟，有强烈的刺鼻气味，具有较高的腐蚀性，能与水、乙醇任意混合。浓盐酸（质量分数约为 37%）具有极强的挥发性，因此盛有浓盐酸的容器打开后氯化氢气体会挥发，与空气中的水蒸气结合产生盐酸小液滴，使瓶口上方出现酸雾。与金属及金属氧化物、碳酸盐、硝酸盐、氯酸盐、硫化钙等都能发生剧烈化学变化，与碱中和能反应产生大量热，与氰化物接触能产生剧毒的氰化氢气体。

储存条件：储存于干燥、阴凉通风的库房，远离火种、热源，防止日光直射。不得与硫酸、硝酸混放，不得与碱类、金属粉末、氧化剂、氰化物、氯酸盐、氟化物混放。库房温度控制在 30℃ 以下，相对湿度在 85% 以下。

注意事项：发生火灾时可用水、砂土和干粉灭火器扑救。灭火时应戴防毒面具。进入口内立即用清水漱口，服大量冷开水催吐，有条件的服用牛奶或氧化镁乳剂洗胃，呼吸中毒立即移至新鲜空气处吸氧，皮肤接触用大量水或小苏打水洗涤后敷氧化锌软膏，然后送医。

7.4.4.27 氢氟酸

CAS 号：7664-39-3

化学式：HF

特性：是氟化氢气体的水溶液，无色透明易流动液体，在空气中发白烟，易溶于水、醇，微溶于醚。有强烈刺激性气味和腐蚀性，能强烈地腐蚀金属、玻璃和含硅的物体。

储存条件：储存于干燥、阴凉通风的库房，远离火种、热源，防止日光直射。与有机物、氧化剂、各种金属严格隔离存放。库房温度控制在 30℃ 以下，相对湿度在 85% 以下。

注意事项：发生火灾时可用雾状水、干砂、二氧化碳灭火器扑救。灭火时应戴防毒面具。接触眼睛及皮肤应立即用冷开水冲洗，如皮肤已腐蚀，应用清水冲洗 20 min 以上，可用稀氨水敷浸后保暖，再送医。呼吸中毒移至新鲜空气处吸氧再送医。

7.4.4.28　高氯酸

CAS 号：7601-90-3

化学式：$HClO_4$

管制类型：易制爆危险化学品

特性：无色或浅蓝色液体，有挥发性，极易吸湿溶于水能产生高热。有强烈腐蚀性和刺激性，呈强酸性，有剧毒和强氧化性。常温下遇乙醚、丙酮、乙醇、乙酸、乙二醇都能引起激烈反应和燃烧爆炸，遇纤维素、碳、五氧化二磷以及硫酸可能引起爆炸燃烧。

储存条件：储存于干燥、阴凉通风的易制爆危险化学品专用库房，远离火种、热源，防止日光直射。与有机物、易燃物、氧化剂、金属粉末以及其他酸、碱隔离存放。库房温度控制在 25℃ 以下，相对湿度在 80% 以下。

注意事项：发生火灾时可用砂土、二氧化碳灭火器扑救。灭火时应戴防毒面具。皮肤沾染用大量温水及肥皂水冲洗，溅入眼内用温水或稀硼砂水冲洗。

7.4.4.29　甲酸

CAS 号：64-18-6

化学式：HCOOH

特性：无色透明发烟液体，有刺激性气味，呈强酸性，能与水、醇、醚、甘油等任意混合。蒸气有易燃性，有剧毒，有较强的腐蚀性，遇浓度较高的硫酸易脱水生成一氧化碳，为强还原剂，遇氧化剂能发生剧烈化学反应，有时可能引起爆炸。遇有机溶剂如糠醇、硝基甲烷能生成敏感的爆炸混合物。

储存条件：储存于干燥、阴凉通风的库房，远离火种、热源，防止日光直射。与各种碱类、氧化剂、强含氧酸类隔离存放。库房温度控制在 30℃ 以下，相对湿度在 85% 以下。

注意事项：发生火灾时可用雾状水、二氧化碳灭火器扑救。灭火时应戴防毒面具。

7.4.4.30　正磷酸

CAS 号：7664-38-2

化学式：H_3PO_4

特性：一般磷酸含量为 85%，为无色透明糖浆状液体，无水分的为无色不稳定的斜方晶体，易吸潮，能与水及乙醇任意混合。不易挥发，不易分解，几乎没有氧化性。有腐蚀性和毒性，为中强酸，其酸性比盐酸、硫酸、硝酸弱，但比醋酸、硼酸等强。

储存条件：储存于干燥、阴凉通风的库房，远离火种、热源，防止日光直射。库房温度控制在35℃以下，相对湿度在80%以下，冬季注意防冻。

注意事项：发生火灾时可用雾状水、砂土、二氧化碳灭火器扑救。接触眼及皮肤立即用大量水冲洗。

7.4.4.31　乙酸

CAS 号：64-19-7

化学式：CH_3COOH

特性：无色透明液体，有强烈刺鼻醋味，味酸带苦。易燃烧，火焰淡蓝色，蒸气有毒，对皮肤有腐蚀性。水溶液呈弱酸性。

储存条件：储存于干燥、阴凉通风的库房，远离火种、热源，防止日光直射。库房温度控制在35℃以下，冬季保温在16℃以上，相对湿度在80%以下。

注意事项：发生火灾时可用雾状水、砂土、二氧化碳灭火器、泡沫灭火器扑救。接触皮肤应用大量水冲洗。

7.4.4.32　氢氧化钠

CAS 号：1310-73-2

化学式：NaOH

特性：白色无定形易潮解固体，空气中易吸收水蒸气而溶化，同时产生大量热，易溶于乙醇、甘油，不溶于丙酮。有极强腐蚀性，遇各种酸能发生中和反应并产生大量热，高温下接触铝能立即发生反应生成氢，遇乙醛、丙烯腈、一氯硝基甲苯能发生剧烈反应引起爆炸，遇顺丁烯二酸能引起爆炸，遇硝基烷经撞击反应剧烈，遇三氯甲烷有强烈防热反应。

储存条件：储存于干燥、阴凉通风的库房，防止日光直射。与酸类、醛类特别是顺丁烯二酸、丙烯腈、烷类以及金属或其他有机物都应隔离存放。库房相对湿度控制在80%以下。

注意事项：发生火灾时可用水、砂土扑救。接触皮肤应立即用大量水冲洗，或用硼酸水或稀乙酸冲洗后，涂氧化锌软膏，严重的立即送医。

7.4.4.33　氨水

CAS 号：7664-41-7

化学式：NH_4OH

特性：无色或微黄色透明液体，为含氨28%～29%的水溶液，有极强的刺激性臭味，与水可任意混合，溶解时产生高热，水溶液呈碱性，有毒。不燃烧，受热易分解放出氨，与各种酸均能发生反应产生铵盐，遇强氧化剂氯酸钠、高氯酸钠、过氧化氢等均有强烈放热反应。

储存条件：储存于干燥、阴凉通风的库房，防止日光直射。与酸类、氧化剂及过氧化氢等隔离存放。库房温度控制在 35℃以下。

注意事项：发生火灾时可用水、砂土扑救。灭火时应戴防毒面具。不慎接触眼部应立即移至通风处，用大量水或用硼酸水冲洗，严重的立即送医。

7.4.4.34   甲醛溶液

CAS 号：50-00-0

化学式：HCHO

特性：为 37%甲醛的水溶液，无色透明液体，有刺激性及窒息性气味，与水、醇、丙酮可任意混合。蒸气与空气混合能成为燃烧爆炸性混合物，与强酸、强氧化剂接触均能发生高热。有强刺激性、毒性。在世界卫生组织国际癌症研究机构致癌物清单中列为一类致癌物。

储存条件：储存于干燥、阴凉通风的库房，防止日光直射。与强酸、氧化剂、遇水燃烧物品等隔离存放。库房温度控制在 30℃以下，冬季保温在 10℃以上。

注意事项：发生火灾时可用水、二氧化碳灭火器、泡沫灭火器扑救。接触眼立即用大量清水冲洗，接触皮肤先用大量水冲洗，再用酒精擦洗后涂甘油。

参考文献

[1]   危险化学品安全管理条例（国务院 591 号令）. 2011.

[2]   关于全面加强危险化学品安全生产工作的意见（中共中央办公厅、国务院办公厅，厅字〔2020〕3 号）. 2020.

[3]   中华人民共和国公安部. 易制爆危险化学品治安管理办法（公安部令第 154 号）. 2019.

[4]   中华人民共和国公安部. 剧毒化学品购买和公路运输许可证件管理办法（公安部 77 号令）. 2005.

[5]   北京市公安局. 剧毒化学品购买凭证或准购证核发行政许可工作规范（京公治字〔2005〕1006 号）. 2005.

[6]   化学品分类和标签规范第 2 部分：爆炸物：GB 30000.2—2013[S]. 北京：中国标准出版社，2013.

[7]   化学品分类和标签规范第 3 部分：易燃气体：GB 30000.3—2013[S]. 北京：中国标准出版社，2013.

[8]   化学品分类和标签规范第 4 部分：气溶胶：GB 30000.4—2013[S]. 北京：中国标准出版社，2013.

[9]   化学品分类和标签规范第 5 部分：氧化性气体：GB 30000.5—2013[S]. 北京：中国标准出版社，2013.

[10]   化学品分类和标签规范第 6 部分：加压气体：GB 30000.6—2013[S]. 北京：中国标准出版社，2013.

[11]   化学品分类和标签规范第 7 部分：易燃液体：GB 30000.7—2013[S]. 北京：中国标准出版社，2013.

[12] 化学品分类和标签规范第 8 部分：易燃固体：GB 30000.8—2013[S]. 北京：中国标准出版社，2013.

[13] 化学品分类和标签规范第 9 部分：自反应物质和混合物：GB 30000.9—2013[S]. 北京：中国标准出版社，2013.

[14] 化学品分类和标签规范第 10 部分：自燃液体：GB 30000.10—2013[S]. 北京：中国标准出版社，2013.

[15] 化学品分类和标签规范第 11 部分：自燃固体：GB 30000.11—2013[S]. 北京：中国标准出版社，2013.

[16] 化学品分类和标签规范第 12 部分：自热物质和混合物：GB 30000.12—2013[S]. 北京：中国标准出版社，2013.

[17] 化学品分类和标签规范第 13 部分：遇水放出易燃气体的物质和混合物：GB 30000.13—2013[S]. 北京：中国标准出版社，2013.

[18] 化学品分类和标签规范第 14 部分：氧化性液体：GB 30000.14—2013[S]. 北京：中国标准出版社，2013.

[19] 化学品分类和标签规范第 15 部分：氧化性固体：GB 30000.15—2013[S]. 北京：中国标准出版社，2013.

[20] 化学品分类和标签规范第 16 部分：有机过氧化物：GB 30000.16—2013[S]. 北京：中国标准出版社，2013.

[21] 化学品分类和标签规范第 17 部分：金属腐蚀物：GB 30000.17—2013[S]. 北京：中国标准出版社，2013.

[22] 化学品分类和标签规范第 18 部分：急性毒性：GB 30000.18—2013[S]. 北京：中国标准出版社，2013.

[23] 化学品分类和标签规范第 19 部分：皮肤腐蚀刺激：GB 30000.19—2013[S]. 北京：中国标准出版社，2013.

[24] 化学品分类和标签规范第 20 部分：严重眼损伤眼刺激：GB 30000.20—2013[S]. 北京：中国标准出版社，2013.

[25] 化学品分类和标签规范第 21 部分：呼吸道或皮肤致敏：GB 30000.21—2013[S]. 北京：中国标准出版社，2013.

[26] 化学品分类和标签规范第 22 部分：生殖细胞致突变性：GB 30000.22—2013[S]. 北京：中国标准出版社，2013.

[27] 化学品分类和标签规范第 23 部分：致癌性：GB 30000.23—2013[S]. 北京：中国标准出版社，2013.

[28] 化学品分类和标签规范第 24 部分：生殖毒性：GB 30000.24—2013[S]. 北京：中国标准出版社，2013.

[29] 化学品分类和标签规范第 25 部分：特异性靶器官毒性一次接触：GB 30000.25—2013[S]. 北京：中国标准出版社，2013.

[30] 化学品分类和标签规范第 26 部分：特异性靶器官毒性反复接触：GB 30000.26—2013[S]. 北京：中国标准出版社，2013.

[31] 化学品分类和标签规范第 27 部分：吸入危害：GB 30000.27—2013[S]. 北京：中国标准出版社，2013.

[32] 化学品分类和标签规范第 28 部分：对水生环境的危害：GB 30000.28—2013[S]. 北京：中国标准出版社，2013.

[33] 化学品分类和标签规范第 29 部分：对臭氧层的危害：GB 30000.29—2013[S]. 北京：中国标准出版社，2013.

[34] 常用化学危险品储存通则：GB 15603—1995[S]. 北京：中国标准出版社，1995.

[35] 易制爆危险化学品储存场所治安防范要求：GA 1511—2018[S]. 北京：中国标准出版社，2018.

[36] 易制爆危险化学品存放场所安全防范要求：DB11T 1427—2017[S]. 北京：中国标准出版社，2017.

[37] 剧毒化学品、放射源存放场所治安防范要求：GA 1002—2012[S]. 北京：中国标准出版社，2012.

[38] 剧毒化学品库安全防范技术要求：DB 11529—2008[S]. 北京：中国标准出版社，2008.

[39] 常用化学危险品储存通则：GB 15603—1995[S]. 北京：中国标准出版社，1995.

[40] 实验室危险化学品安全管理规范第 2 部分：普通高等学校：DB11T 1191.1—2018[S]. 北京：中国标准出版社，2018.

[41] 冯建跃，闻星火，郑春龙，等. 高等学校实验室安全制度选编[M]. 杭州：浙江大学出版社，2016.

第八章　生物实验安全

生物安全是国家有效防范和应对危险生物因子及相关因素威胁，生物技术能够稳定健康发展，人民生命健康和生态系统相对处于没有危险和不受威胁的状态，生物领域具备维护国家安全和持续发展的能力。

实验室生物安全是指实验室的生物安全条件和状态不低于容许水平，避免实验室人员、来访人员、社区及环境受到损害的综合措施。

随着生物技术的迅猛发展，在造福人类的同时，其危险性也在日益增加。SARS、埃博拉病毒、新冠肺炎疫情等的暴发和大范围流行，给人类的生存造成巨大威胁。近年来，发生的多起实验室感染事件，也让实验室生物安全问题成为人们关注的焦点，如2003年9月，新加坡国立大学研究生在环境卫生研究院实验室中感染SARS病毒；2003年12月，一名台湾的SARS研究人员在实验室感染SARS病毒；2004年4月，安徽、北京先后发现新的SARS病例，经证实分别来自在中国疾病预防控制中心病毒病预防控制所实验室受到SARS感染的两名工作人员。因此，如何有效防范和应对生物安全风险，已经成为全世界和全人类需要解决的最为紧迫的任务。

8.1　我国实验室生物安全工作的发展历程

我国实验室生物安全的发展大致可以分为三个阶段。

1. 起步阶段（2003年以前）

1987年，为研究流行性出血热的传播途径，军事医学科学院修建了我国第一个国产三级生物安全防护水平实验室。20世纪90年代，为了开展艾滋病研究，我国曾进口了三级生物安全防护水平实验室，并建造了一批可达到或接近此种防护水平的生物安全实验室。2002年12月，卫生部颁布了《微生物和生物医学实验室生物安全通用准则》（WS 233—2002），规定了微生物和生物医学实验室生物安全防护的基本原则、实验室的分级及其基本要求。

2. 发展阶段（2004—2010年）

2004年5月，国家实验室认证认可委员会牵头起草的国家标准《实验室生物安全通用要求》颁布，这是我国第一部关于实验室生物安全的国家标准。2004 年 9 月，建设部与国家质量监督检验检疫总局联合发布《生物安全实验室建设技术规范》（GB 50346—2004），规定了生物安全实验室建设的技术标准。2004 年 11 月，国务院颁布《病原微生物实验室生物安全管理条例》（国务院令第 424 号），并于 2016 年和 2018 年对该条例进行了两次修订。此后，国家多部委陆续出台并发布了有关实验室生物安全方面管理制度，如农业部 2005 年 5 月发布《高致病性动物病原微生物实验室生物安全管理审批办法》（农业部令第 52 号），国家环保总局 2006 年 3 月发布《病原微生物实验室生物安全环境管理办法》（环保总局令第 32 号）、原卫生部 2006 年 8 月发布《人间传染的高致病性病原微生物实验室和实验活动生物安全审批管理办法》（原卫生部令第 50 号）等。

3. 与国际接轨阶段（2010 年以后）

经过多年的发展，我国已经建立了较为完善的实验室生物安全法律法规体系和技术标准体系。2015 年，亚洲首个生物安全四级实验室——中国科学院武汉国家生物安全实验室正式竣工，并于 2018 年投入运行。这标志着中国正式拥有了研究和利用烈性病原体的硬件条件，为带动中国建立国际先进的生物安全体系迈出关键一步。2020 年 10 月 17 日，《中华人民共和国生物安全法》由中华人民共和国第十三届全国人民代表大会常务委员会第二十二次会议通过，并于 2021 年 4 月 15 日起施行。作为我国生物安全领域的基础性法律，对实验室生物安全的规范具有十分重要的意义。

8.2 生物安全实验室的概念和分级分类

8.2.1 生物安全实验室概念

生物安全实验室（biosafety laboratory），也称生物安全防护实验室（biosafety containment for laboratories），是通过防护屏障和管理措施，达到生物安全要求的微生物安全实验室和动物安全实验室，包含主实验室及其辅助用房。主实验室是生物安全实验室中污染风险最高的房间，包括实验操作间、动物饲养间、动物解剖间等，也称为核心工作间。实验室防护区指生物风险相对较大的区域，对围护结构的严密性、气流流向等有要求的区域。实验室辅助工作区指生物风险相对较小的区域或生物安全实验室中防护区以外的区域。生物安全实验室按照实验对象不同分为微生物安全实验室和动物实验室。

8.2.2 生物安全实验室的分级分类

8.2.2.1 生物安全实验室分级

据实验室所处理对象的生物危害程度和采取的防护措施，将生物安全实验室分为四级。一级防护水平最低，四级防护水平最高，详见表 8-1。微生物安全实验室采用 BSL-1、BSL-2、BSL-3、BSL-4 表示相应级别的实验室；动物安全实验室采用 ABSL-1、ABSL-2、ABSL-3、ABSL-4（Animal Biosafety Level，ABSL）表示相应级别的实验室。

表 8-1　生物安全实验室分级

分级	生物危害程度	操作对象
一级	低个体危害，低群体危害	对人体、动植物或环境危害较低，不具有对健康成人、动植物致病的致病因子
二级	中等个体危害，有限群体危害	对人体、动植物或环境具有中等危害或具有潜在危险的致病因子，对健康成人、动物和环境不会造成严重危害。有有效的预防和治疗措施
三级	高个体危害，低群体危害	对人体、动植物或环境具有高度危害性，通过直接接触或气溶胶使人传染上严重的甚至是致命疾病，或对动植物和环境具有高度危害的致病因子。通常有预防和治疗措施
四级	高个体危害，高群体危害	对人体、动植物或环境具有高度危害性，通过气溶胶途径传播或传播途径不明，或未知的、高度危险的致病因子。没有预防和治疗措施

8.2.2.2　生物安全实验室分类

生物安全实验室根据所操作致病性生物因子的传播途径可分为 a 类和 b 类。a 类指操作非经空气传播生物因子的实验室；b 类指操作经空气传播生物因子的实验室。其中 b 类生物安全实验又细分为 b1 和 b2 两类，b1 类指可有效利用安全隔离装置进行操作的实验室；b2 类指不能有效利用安全隔离装置进行操作的实验室。

8.3　生物安全实验室的防护要求

8.3.1　微生物安全实验室的防护要求

8.3.1.1　BSL-1 实验室

BSL-1 实验室适用于通常情况下不会引起人类或者动物疾病的微生物实验，无须与同一建筑内的其他一般区域隔离开，所有的工作都在开放的实验台上进行，实验室工作人员需接受相关操作的培训和指导。普通的用于教学和科研的微生物安全实验室属于此类。

在 BSL-1 实验室工作时，除满足一般实验室安全防护要求外，实验人员应做好以下防护措施：

1. 在实验室工作时，任何时候必须穿着工作服、实验服或隔离服。

2. 在进行可能直接或意外接触到感染性动物或材料时，必须戴上合适的手套。手套用完后，先进行消毒再摘除，随后必须洗手。

3. 在进行面部、眼部可能受到喷溅、碰撞或辐射的操作时，必须佩戴安全眼镜、面罩或其他防护装备。

8.3.1.2 BSL-2 实验室

BSL-2 实验室适用于能够引起人类或者动物疾病的微生物实验，但一般情况下对人、动物或者环境不构成严重危害，传播风险有限，实验室感染后很少引起严重疾病，并且具备有效治疗和预防措施。在 BSL-2 实验室工作必须接受专业的培训，工作人员必须能够胜任病原微生物的操作。必须配备生物安全柜或其他的隔离设施，以进行可能产生感染性气溶胶和溅出物的操作。BSL-2 实验室适用于初步卫生服务、医疗诊断和研究。

BSL-2 实验室内，除满足 BSL-1 实验室的要求外，还应满足以下要求。

1. 在实验室内使用专用的工作服，戴乳胶手套。

2. 可能发生气溶胶的操作程序必须在生物安全柜中进行。

3. 实验结束后，要立即对工作台面、污染物品等进行消毒。

8.3.1.3 BSL-3 实验室

BSL-3 实验室适用于能够引起人类或者动物严重疾病，比较容易直接或者间接在人与人、动物与人、动物与动物间传播的微生物实验。BSL-3 实验室需具有特殊的建筑结构和设计特点，实验室工作人员必须接受操作潜在致死病原微生物的培训。所有对于潜在感染对象的操作都应在生物安全柜或其他的隔离设备中进行。BSL-3 实验室用于进行专门的诊断、治疗、教学研究。

在 BSL-3 实验室工作时，除保证 BSL-2 实验室的防护水平外，还应注意做好以下防护措施。

1. 实验室中必须安装Ⅱ级或Ⅱ级以上生物安全柜。

2. 所有涉及感染性材料的操作应在生物安全柜中进行，当这类操作不得不在生物安全柜外进行时，必须采用个体防护与使用物理抑制设备的综合防护措施。

3. 当不能安全有效地将气溶胶限定在一定范围内时，应使用呼吸保护装置。

4. 工作人员在进入实验室工作区前，应在专用的更衣室（或缓冲间）穿着背开式工作服或其他防护服。工作完毕必须脱下工作服，不得穿工作服离开实验室。可再次使用的工作服必须先消毒后清洗。

5. 工作时必须戴两副手套，一次性手套必须先消毒后丢弃。

6. 在实验室中必须配备有效的消毒剂、眼部清洗剂或生理盐水，且易于取用。

7. 应使用实验室设置的通信设备将实验记录等资料通过计算机等手段发送至实验室外。

8. 清洁区设置淋浴装置，进出实验室需进行淋浴，必要时，在半污染区设置紧急淋浴装置。

8.3.1.4 BSL-4 实验室

BSL-4 实验室适用于对人体具有高度的危险性，通过气溶胶途径传播或传播途径不明，尚无有效的疫苗或治疗方法的致病微生物及其毒素的实验。与上述情况类似的不明微生物接触，也必须在 BSL-4 实验室中进行。待有充分数据后再决定此种微生物或毒素应在 BSL-4 实验室还是在较低级别的实验室中处理。实验室所有人员都必须达到能够在 BSL-4 实验室按照规范操作高致病性病原微生物的能力。BSL-4 实验室必须执行严格复杂的准入管理程序。

在 BSL-3 实验室的防护基础上，还应满足以下要求。

1. 实行双人工作制，在任何情况下都严禁任何人单独在实验室内工作。

2. 在进入和离开实验室前，必须更换全部衣服和鞋子。

3. 实验室内外必须建立常规情况和紧急情况下的联系方式。

4. 配备满足要求的防护系统。

8.3.2 动物安全实验室的防护要求

8.3.2.1 ABSL-1 实验室

ABSL-1 实验室指能够安全地进行没有发现肯定能引起健康成人发病的，对实验室工作人员、动物和环境危害微小的，特性清楚的病原微生物感染动物工作的动物实验室。

在 ABSL-1 实验室中工作，除满足 BSL-1 的要求外，还应满足以下要求。

1. 应安装自动锁闭门，有实验动物时，门保持锁闭状态。

2. 实验室与开放的人员活动区分开。

3. 地漏应始终用水或消毒液液封，或直接连接消毒设施。

4. 动物笼具满足清洁要求。

8.3.2.2 ABSL-2 实验室

ABSL-2 实验室指能够安全地进行对人员、动物或环境有轻微危害的病原微生物感染动物工作的动物实验室。

ABSL-2 实验室的防护在满足 BSL-2 和 ABSL-1 实验室的要求外，还应满足以下要求。

1. 出入口设置缓冲区。

2．实验室的门可视窗可以自动关闭，实验室有适当的火灾报警器。

3．为保证动物实验室的运转和控制污染的要求，用于处理固体废弃物的高压蒸汽灭菌器应经过特殊设计，合理摆放，加强保养；焚烧炉应经过特殊设计，同时配备补燃和消烟设备；污染的废水必须经过消毒处理。

8.3.2.3　ABSL-3 实验室

ABSL-3 实验室指能够安全地进行通过呼吸系统使人感染、引起严重或致死性疾病的病原微生物感染动物工作的动物实验室。

实验室防护在满足 BSL-3 和 ABSL-2 实验室的要求外，还应满足以下要求。

1．建筑物应具有符合要求的抗震能力及防盗、防鼠、防虫功能。

2．实验室应设有洁净区、半污染区和污染区，在半污染区和污染区之间设置缓冲区。

3．实验室内应配备消毒器具和足量的消毒剂。

4．当室内有感染动物时，做好相应防护。

5．相对室外大气压，污染区为-60Pa，并与室外安全柜等装置内气压保持合理压差，保持压差和各区之间气压的均匀性。

8.3.2.4　ABSL-4 实验室

ABSL-4 实验室指能够安全地进行通过气溶胶传播、实验室感染高度危险、严重危害到人、环境和动物的，没有特效预防和治疗方法的微生物感染动物工作的动物实验室。

实验室防护在满足 BSL-4 和 ABSL-3 实验室的要求外，还应满足以下要求。

1．在实验室内，操作感染动物，如解剖、取血、传递、更换垫料等，均要在严格的防护条件下进行。

2．人员进入实验室时，必须脱下日常服装换上专用防护服。工作结束后，脱下防护服进行灭菌，沐浴后方可离开。

3．相关人员必须接受医学监测。

8.4　影响实验室生物安全的因素

8.4.1　病原微生物

根据病原微生物的传染性、感染后对个体或者群体的危害程度，将病原微生物分为四类：

第一类病原微生物，是指能够引起人类或者动物非常严重疾病的微生物，以及我国尚未发现或者已经宣布消灭的微生物。常见的代表病毒有天花病毒、埃博拉病毒、马尔堡病毒等。

第二类病原微生物，是指能够引起人类或者动物严重疾病，比较容易直接或者间接在人与人、动物与人、动物与动物间传播的微生物。常见的病毒有脊髓灰质炎病毒、狂犬病毒、SARS 病毒、新型冠状病毒、艾滋病毒等。

第三类病原微生物，是指能够引起人类或者动物疾病，但一般情况下对人、动物或者环境不构成严重危害，传播风险有限，实验室感染后很少引起严重疾病，并且具备有效治疗和预防措施的微生物。常见的病毒有寨卡病毒、人乳头瘤病毒（HPV）、流感病毒、登革热病毒等。

第四类病原微生物，是指在通常情况下不会引起人类或者动物疾病的微生物。常见的病毒有大鼠白血病病毒、小鼠白血病病毒、豚鼠疱疹病毒等。

其中，第一类、第二类病原微生物统称为高致病性病原微生物。

与病原微生物危险等级相对应的生物安全水平、操作和设备对照情况见表 8-2。

表 8-2　与病原微生物危险度等级相对应的生物安全水平、操作和设备对照表

危险度	病原微生物类别	生物安全水平	实验室类型	实验室操作	安全设施
1 级	第四类	基础实验室——一级生物安全水平	基础的教学、研究	GMT	不需要；开放实验台
2 级	第三类	基础实验室——二级生物安全水平	初级卫生服务；诊断、研究	GMT 加防护服、生物危害标志	开放实验台，此外需 BSC 用于防护可能生成的气溶胶
3 级	第二类	防护实验室——三级生物安全水平	特殊的诊断、研究	在二级生物安全防护水平上增加特殊防护服、进入制度、定向气流	BSC 和/或其他所有实验室工作所需要的基本设备
4 级	第一类	最高防护实验室——四级生物安全研究水平	危险病原体研究	在三级生物安全防护水平上增加气锁入口、出口淋浴、污染物品的特殊处理	Ⅲ级 BSC 或Ⅱ级 BSC 并穿着正压服、双开门高压灭菌器（穿过墙体）、经过滤的空气

注：BSC——生物安全柜；GMT——微生物学操作技术规范。

8.4.2　气溶胶

1. 微生物安全实验室内涉及的生物危害性气溶胶

（1）飞沫核气溶胶。由于含有病原微生物的飞沫在空气悬浮过程中失去水分而剩下的蛋白质和病原体组成的核而形成的气溶胶。

（2）粉尘气溶胶。是指带有微生物的干燥培养物、皮毛碎屑、灰尘等微小颗粒，悬浮在空气之中，形成粉尘气溶胶。一般来说，微生物气溶胶颗粒越多，粒径越小，实验室的环境越适合微生物生存，引起实验室感染的可能性就越大。

2．动物安全实验室内涉及的生物危害性气溶胶

（1）感染性病原体气溶胶。在动物实验过程中，感染动物在呼吸、排泄、抓咬、挣扎、逃逸和跳跃的时候，在更换垫料进行病原体感染接种，在尸体解剖、病理组织的处理过程中，会产生传播危害极大的感染性病原体气溶胶。

（2）动物性过敏原气溶胶。包括动物毛发、皮屑、分泌物和尿液等。其进入空气形成气溶胶后可通过呼入、皮肤接触和眼部接触引起实验动物从业人员的过敏反应，产生实验动物过敏症。典型症状表现有鼻炎、哮喘、眼睛痒和皮疹等。

8.4.3　动物危害

1．动物造成的损伤

在动物安全实验室接触感染动物的时候，即使有对应的防护措施，也有可能遇到意外伤害，如实验动物的咬伤、抓伤等。实验室工作人员应该熟悉每种实验动物的生活习性和潜在危害，并且配备适当的防护用品和仪器设备。

如果实验人员被动物抓伤或咬伤，应对伤口进行急救处理，并立即报告。急救箱的位置应该设有明显的标志。

2．动物的破坏和逃逸

饲养中的动物将接种的病原体通过呼吸和粪尿等途径排出体外会污染实验室环境，如果实验人员防护或操作不当，就会因接触到污染物而被感染。感染动物如果逃离实验室，就会将病原微生物散播到环境中并传染给其他野生生物，造成严重后果。

动物实验室的建筑应确保实验动物无法逃逸，非实验室动物（如野鼠、昆虫等）不能进入。实验室的设计（如空间、进出通道等）应符合所用实验动物的需要，杜绝野生状态下的各种动物与实验动物发生接触的可能性。

8.5　生物安全实验室消毒和灭菌

消毒是指杀灭或清除传播媒介上的病原微生物，使之达到无害化的处理。灭菌是指杀灭或清除传播媒介上的所有微生物（包括芽胞），使之达到无菌程度。消毒和灭菌是预防和控制生物安全实验室污染的重要环节。

8.5.1　实验室消毒和灭菌方法

实验室消毒和灭菌方法主要可以分为物理法、化学法。

8.5.1.1　物理法

物理法消毒灭菌是指利用物理因子杀灭或消除病原微生物和其他有害微生物的方法。

主要包括热力灭菌法和射线消毒法。

1．热力灭菌法

热力灭菌法是利用热能使微生物的核酸或蛋白质变性的一种消毒灭菌方法。主要包括干热灭菌法和湿热灭菌法。干热灭菌法可用于不耐湿的物品，包括干热燃烧灭菌法和干烤灭菌法。湿热灭菌法包括煮沸灭菌法、流通蒸汽灭菌和高压蒸汽灭菌法。高压蒸汽灭菌法传热快，穿透力强，可用于耐高温、高压、高湿的物品，可用于各类器械、医用敷料、培养基等物品的灭菌，在实验室内使用最为广泛。

2．射线消毒法

射线消毒法主要包括紫外线消毒和电离辐射消毒，可用于一次性医用塑料制品的批量灭菌。应用较多的是紫外线消毒。紫外线穿透力较弱，普通玻璃、尘埃、纸张等均能阻挡紫外线，一般用于实验室的空气消毒及物理表面消毒。紫外线空气消毒效果与房间面积、紫外线灯功率大小、灯具数量、照射时间、空气温湿度及物理表面洁净度有直接关系。一般紫外线灯波长 200～300 nm 具有杀菌作用，以 250～260 nm 最强，可导致微生物的变异或死亡。悬吊式紫外线灯平均功率为 1.5 W/m³，照射时间不低于 30 min。紫外线可损伤皮肤和角膜，应注意个人防护。电离辐射消毒法包括 X 射线、γ 射线和加速电子等，对各种微生物均有致死作用，多用于一次性医疗用品、生物制品等的消毒，但操作复杂，成本相对较高。

8.5.1.2　化学法

化学法消毒是使用化学制剂作用于微生物和病原体，使其蛋白质变性，失去正常功能而死亡。常用的有含氯消毒剂（如氯胺、二氧化氯、次氯酸钙）、含碘类消毒剂（如碘、碘伏）、过氧化物类消毒剂（如过氧化氢、过氧乙酸、臭氧）、醛类消毒剂（如甲醛、戊二醛）、醇类消毒剂（如乙醇）等。其中，氯类、醛类消毒剂属于高效消毒剂，具有腐蚀和漂白作用，可用于物体表面和皮肤消毒。臭氧可用于空气消毒。醇类、碘类消毒剂属于中效消毒剂，一般用于医疗护理器、皮肤和黏膜的消毒。

8.5.2　消毒和灭菌在实验室中的应用

8.5.2.1　实验人员消毒

手部消毒。处理生物危害性材料时，必须戴合适的手套。但是这并不能代替实验室人员需要经常地、彻底地洗手。处理完生物危害性材料和动物后以及离开实验室前均必须洗手。大多数情况下，用普通的肥皂和水彻底冲洗对于清除手部污染就足够了。也可使用 75% 酒精涂擦手部进行消毒。

工作服消毒。普通工作服用洗涤剂 70℃以上温度在专用洗衣机内洗 30 min，再用清水漂洗。可能接触人畜共患病的工作服用含有效氯 500 mg/L 的消毒剂浸泡 30 min，再用洗衣粉溶液洗涤 30～60 min，最后用清水漂洗干净。工作服污染有病原体时，须经 121℃、20 min 压力蒸汽灭菌处理后，再用洗衣粉溶液洗涤 30～60 min，最后用清水漂洗干净。

8.5.2.2 实验室环境消毒

实验室环境消毒常使用紫外线直接照射，室内悬吊型紫外灯的数量一般为不少于 1.5 W/m³，照射时间不少于 30 min。消毒室内空气时，应保持房间清洁干燥，减少尘埃和水雾，温度低于 20℃或高于 40℃、相对湿度大于 60%时，应适当延长照射时间。紫外灯和日光灯不能同时开启，电源开关要有明显的区分标志。不得使紫外线光源照射到人，以免引起损伤。应保持紫外灯表面的清洁，定期擦拭。

实验室地面消毒也可使用有效氯为 1～2 g/L 的含氯消毒剂喷洒或拖地，消毒剂的用量不少于 100 mL/m³。

实验室物体表面，如实验台面、门把手、桌椅等可以使用 0.2%次氯酸钠喷洒、擦拭。

8.5.2.3 实验器具消毒

玻璃器皿，如试管和三角烧瓶等可以用纱布将口塞住，然后外面用纸张包好，烧杯等可直接用纸张包好。包好的物品可直接使用高温高压蒸汽灭菌。

可重复使用的塑料用品可浸入洗涤溶液煮沸 15～30 min，然后用清水洗净，沥干水分后进行高温高压蒸汽灭菌。对于不耐热的塑料器材可在有效率浓度为 0.2%～0.5%的消毒剂中浸泡 60 min，然后用清水洗净沥干。

金属器械如手术刀、手术剪、镊子等，可先用超声波清洗干净，然后放入消毒剂中煮沸 15 min，再用蒸馏水清洗干净，最后煮沸 15 min 或干热消毒。

8.6 动物实验要求

8.6.1 实验动物福利

动物福利概念由五个基本要素组成：生理福利，享有不受饥渴的权利；环境福利，享有生活舒适的权利；卫生福利，享有不受痛苦伤害和疾病的权利；行为福利，应保证动物有表达天性的权利；心理福利，享有生活无恐惧和悲伤感的权利。

动物福利法最早起源于英国，1800 年，英国第一个确保动物免受虐待的立法《牛饵法案》被通过。1822 年，世界上第一部与动物福利有关的法律在爱尔兰通过。随后西方各国相继制定了相关动物保护的法律法规。1959 年英国出版的《人道主义试验技术原理》一书，第一次全面系统地提出了"3R"理论，即 Reduction（减少）、Replacement（替代）、Refinement

（优化）的简称。其中"减少"是利用体外方法或其他非生物学方法减少活体动物使用的数量；"替代"是用体外方法或没有感觉的生物学材料替代活体动物；"优化"是必须用动物做实验时，给动物创造一个好的实验环境或减少给动物造成的疼痛和不安，提高动物福利。

每年的 4 月 24 日是"世界实验动物保护日"，是 1979 年由英国反活体解剖协会发起、经联合国认定的实验动物保护节日，旨在倡导科学、人道地开展动物实验，铭记实验动物为人类健康事业所做出的巨大贡献和牺牲，尊重和善待实验动物，维护实验动物福利和伦理，遵循 3R（替代、减少和优化）原则，规范和合理地使用实验动物。我们应当以肃穆和崇敬的心情，向为人类健康和医学事业的发展献出宝贵生命的实验动物致敬！

我国最早的实验动物法规是 1988 年 11 月 14 日国家科委颁布的《实验动物管理条例》（国家科学技术委员会令第 2 号），其中明确规定了"从事实验动物工作的人员对实验动物必须爱护，不得戏弄和虐待"。2006 年 9 月 13 日，科技部发布了《关于善待实验动物的指导性意见》（国科发财字〔2006〕398 号），明确了"在饲养管理和使用实验动物过程中，要采取有效措施，使实验动物免遭不必要的伤害、饥渴、不适、惊恐、折磨、疾病和疼痛，保证动物能够实现自然行为，受到良好的管理与照料，为其提供清洁、舒适的生活环境，提供充足的、保证健康的食物、饮水，避免或减轻疼痛和痛苦等"，该指导性意见对推动我国在动物福利立法方面迈出了可喜的第一步。2006 年 11 月 7 日，科技部发布了《国家科技计划实施中科研不端行为处理办法（试行）》（科技部令第 11 号），提出了"违反实验动物保护规定，属于科研不端行为，是违反科学共同体公认的科研行为准则的行为"。2012年，中国科协和国家民政部批准成立了"中国实验动物学会实验动物福利伦理专业委员会"，其宗旨是全面推动中国实验动物福利伦理事业的健康快速发展。此外，国家也相继出台了动物福利相关标准，2018 年发布的《实验动物福利伦理审查指南》（GB/T 35892—2018），规定了实验动物生产、运输和使用过程中的福利伦理审查和管理要求；2019 年发布的《实验动物福利和人员职业健康安全检查指南》（RB/T 018—2019），规定了实验动物福利和人员职业健康安全检查的职责和要求、方法、检查项目和要点。

8.6.2　实验动物饲养

实验动物的饲养、使用等必须符合《中华人民共和国野生动物保护法》、《动物防疫条件审查办法》（中华人民共和国农业部 2010 年第 7 号令）等相关法律法规的规定。实验动物应为无特定病原体级实验动物（SPF 级动物），必须在正规有饲养许可的单位购买，不能购买来路不明的实验动物。

1. 进入动物房的人员必须具备准入资格，外来人员不得随便进入。

2. 实验动物养殖在专门的动物房中，保证房中温度、湿度、光照等条件适宜，保持清洁。

3．动物房仅供实验动物的饲养，不得从事生物安全等级以外的活动。

4．在养殖过程中，保证实验动物的摄食、饮水、足够的活动空间等动物福利。

5．长期与短期饲养的动物不得混养，饲养设备亦不可混用。

6．实验动物若有异状，使用人应立即报告实验室管理人员，商议适当处置办法。

7．实验动物的处死要选择合适的方法，不得使用乙醚等具有危害的化学品．

8．动物运输包装箱、垫料、排泄物及其他被污染的物料，必须按要求进行消毒处理后处置。

8.6.3　实验人员要求

1．实验人员应取得动物实验从业的相关资格、资质，并通过所从事的动物实验相关操作技术的专门培训，掌握动物实验标准操作流程、实验方法和人员安全防护技能。

2．实验室的人员配备应保障和满足所开展的动物实验的各项要求。实验人员应通过实验数据规范性技术培训，保证实验数据采集、记录、加工、保存的可靠性。新进人员不得擅自独立操作，应由熟练的技术人员和管理人员陪同和训练，直至具有独立操作的技能。

3．实验人员应遵守职业道德，爱护实验动物，保障动物福利，禁止各类科研不端行为。

4．实验人员每年应至少进行一次身体健康检查，及时调整健康状况不合宜从事动物实验工作的人员。

8.6.4　实验操作要求

1．抓取和保定。应由专业人员对动物进行抓取及保定，并应建立科学合理的动物保定方案及相关的突发事件的预案；保定装置应根据动物大小和行为习性进行科学的配置；在满足实验的要求前提下，应尽可能缩短动物保定时间。

2．麻醉和镇痛。动物麻醉和镇痛的原则包括根据实验的需要和动物的不同，选择麻醉、镇痛效果最好、毒副作用最小、对实验结果干扰最小，更为安全、经济及方便的方法，并建有相关应急技术预案；动物的麻醉和镇痛效果应切实可靠，实验过程中动物无挣扎、疼痛或鸣叫现象，麻醉时间能满足实验的要求；麻醉深度应适度，不应影响手术或实验的进行和结果的观察；实施麻醉的人员，应经过相应专业培训，达到具备相应安全操作技术的能力；麻醉前 8～12 h 应禁食，减少麻醉诱导期和苏醒期呕吐及其异物吸入的风险。

3．实验过程要求。参与实验的人员应掌握实验原理、步骤及技术需求，熟知实验操作对动物可能的影响和可能发生的意外情况；动物实验过程应严格按照审定的方案进行，在相应净化等级以及相应生物安全等级的实验室进行；实验操作过程中注意预防动物的咬伤、抓伤等，避免直接接触动物体液和组织样本；制订相应的实验意外预案，发生紧急情况时，及时做相应处理；根据动物实验的特点，有针对性地选择实验后的动物护理方法。

4. 仁慈终点和安乐死

（1）在动物实验过程中，当观察到动物出现无法忍受的剧烈疼痛且无法治疗或不能实施治疗措施，已经无法继续完成实验时，或已完成实验观察数据，或发现实验已经失败，应立即实施仁慈终点或停止动物实验，并对动物尽快实施安乐死。

（2）动物实验的仁慈终点确定和实施的安乐死方法应符合《实验动物 福利伦理审查指南》（GB/T 35892—2018）。

（3）应制订技术培训计划。动物实验操作人员应熟练掌握科学的仁慈终点技术和正确的安乐死方法，熟悉动物疼痛或痛苦的行为体征。

（4）在施行安死术之前，应对每只动物信息进行确认。执行安乐死时，应检查确认动物是否已经是不可逆的死亡。动物没有被确认死亡时，不得进行后续的处理。

（5）执行动物安乐死区域，不应有无关人员和其他动物在场，应保证人员的安全，避免环境的污染和对其他动物可能产生的伤害。

参考文献

[1] 中华人民共和国生物安全法[M]. 北京：中国法制出版社，2020.
[2] 病原微生物实验室生物安全管理条例（中华人民共和国国务院令第 424 号）. 2014.
[3] 实验室生物安全通用要求：GB 19489—2008[S]. 北京：中国标准出版社，2008.
[4] 生物安全实验室建筑技术规范：GB 50346—2011[S]. 北京：中国标准出版社，2012.
[5] 中国合格评定国家认可委员会. 实验室生物安全认可规则：CNAS-RL05：2016[S]. 2009.
[6] 中华人民共和国卫生部. 微生物和生物医学实验室生物安全通用准则：WS 233—2002[S]. 2003.
[7] 世界卫生组织. 实验室生物安全手册[M]. 第 3 版. 北京：中国疾病预防控制中心，2005.
[8] 徐涛. 实验室生物安全[M]. 北京：高等教育出版社，2010.
[9] 赵德明，吕京. 实验室生物安全[M]. 北京：中国农业大学出版社，2010.
[10] 王君玮. 我国实验室生物安全的发展现状与趋势[J]. 中国家禽，2010，32（14）：1-4.
[11] 孙巍，许欣. 实验室生物安全的发展现状[J]. 中国卫生检验杂志，2005，15（9）：1147-1149.
[12] 于凤芝，关文怡，乔立东，等. 实验室消毒方法与效果评价[J]. 当代畜牧，2017，2：61-64.
[13] 马春峰，郭振东，汤文庭. 动物生物安全实验室常见生物危害及控制措施[J]. 畜牧与兽医，2019，51（9）：119-124.
[14] 李铭新. 病原微生物实验室相关感染的原因及对策[J]. 口岸卫生控制，2012，18（2）：44-45.
[15] 文江. 实验室微生物气溶胶感染与防护[J]. 检验医学与临床，2009，6（18）：1601.
[16] 李劲松. 病原微生物实验室相关感染的原因及预防措施[J]. 中国预防医学杂志，2003，4（3）：232-234.
[17] 实验动物管理条例（国家科学技术委员会令第 2 号）. 1988.
[18] 关于善待实验动物的指导性意见（国科发财字〔2006〕398 号）. 2006.

[19] 国家科技计划实施中科研不端行为处理办法（试行）（科技部令第 11 号）. 2006.

[20] 实验动物福利伦理审查指南：GB/T 35892—2018[S]. 北京：中国标准出版社，2018.

[21] 实验动物福利和人员职业健康安全检查指南：RB/T 018—2019[S]. 北京：中国标准出版社，2019.

[22] 实验动物 福利伦理审查指南：GB/T 35892—2018[S]. 北京：中国标准出版社，2018.

[23] 动物实验管理与技术规范：DB11T 1717—2020[S]. 北京：中国标准出版社，2020.

[24] 秦川，魏强，孔琪，等. 实验室生物安全事故防范和管理[M]. 北京：科学出版社，2019.

第九章 实验室废弃物处理

实验室废弃物是指实验过程中产生的具有各种毒性、易燃性、爆炸性、腐蚀性、化学反应性和传染性，并会对生态环境和人类健康构成危害的所有废弃物，包括化学品空容器，过期与报废的化学品，研究、实验等产生的化学废弃物，沾染化学品的实验器皿、耗材等废弃物，过期样品等。实验室废弃物具有组分复杂、种类繁多等特点，未经处理而直接排放会对环境及人体健康造成威胁。因此，必须要重视实验室废弃物的管理，加强对实验室废弃物的无害化处理。

实验室废弃物无害化处理一般包含四个步骤：一是对废弃物进行鉴别并分类，二是对废弃物进行必要的预处理，三是对废弃物进行分类收集和暂存，四是对废弃物进行集中处置。

9.1 实验室废弃物危害性鉴别及分类

9.1.1 实验室废弃物危害性鉴别

实验室内产生的直接或间接接触有毒有害物质，不具备危险特性的废弃物，通常可作为无危害性废弃物重复循环再使用或按普通废弃物处理。对于危险废物的鉴别应按照以下程序进行：

1. 依据法律规定和《固体废物鉴别标准通则》（GB 34330—2017），判断待鉴别的物品、物质是否属于固体废物，不属于固体废物的，则不属于危险废物。

2. 经判断属于固体废物的，则首先依据《国家危险废物名录》鉴别。凡列入《国家危险废物名录》的固体废物，属于危险废物，不需要进行危险特性鉴别。2021 年 1 月 1 日起施行的《国家危险废物名录（2021 年版）》中共计列入 467 种危险废物，其中 HW49 其他废物中的 900-047-49 明确生产、研究、开发、教学、环境检测（监测）活动中，化学和生物实验室（不包含感染性医学实验室及医疗机构化验室）产生的含氰、氟、重金属无机废液及无机废液处理产生的残渣、残液，含矿物油、有机溶剂、甲醛有机废液，废酸、废碱，具有危险特性的残留样品，以及沾染上述物质的一次性实验用品（不包括按实验室管理要求进行清洗后的废弃的烧杯、量器、漏斗等实验室用品）、包装物（不包括按实验室管理要求进行清洗后的试剂包装物、容器）、过滤吸附介质等属于危险废物。

3. 未列入《国家危险废物名录》，但不排除具有腐蚀性、毒性、易燃性、反应性的固体废物，依据《危险废物鉴别标准腐蚀性鉴别》（GB 5085.1—2007）、《危险废物鉴别标准急性毒性初筛》（GB 5085.2—2007）、《危险废物鉴别标准浸出毒性鉴别》（GB 5085.3—2007）、《危险废物鉴别标准易燃性鉴别》（GB 5085.4—2007）、《危险废物鉴别标准反应性鉴别》（GB 5085.5—2007）和《危险废物鉴别标准毒性物质含量鉴别》（GB 5085.6—2007），以及《危险废物鉴别技术规范》（HJ 298—2019）进行鉴别。凡具有腐蚀性、毒性、易燃性、反应性中一种或一种以上危险特性的固体废物，属于危险废物。

4. 对未列入《国家危险废物名录》且根据危险废物鉴别标准无法鉴别，但可能对人体健康或生态环境造成有害影响的固体废物，由国务院生态环境主管部门组织专家认定。

5. 列入《危险化学品目录》的化学品废弃后属于危险废物。

6. 具有毒性、感染性中一种或两种危险特性的危险废物与其他物质混合后，导致危险特性扩散到其他物质中，混合后的废物属于危险废物。

7. 仅具有腐蚀性、易燃性、反应性中一种或一种以上危险特性的危险废物与其他物质混合后，混合的固体废物经鉴别不再具有危险特性的，不属于危险废物。

8. 危险废物与放射性废物混合后，混合的废物按照放射性废物管理。

9. 仅具有腐蚀性、易燃性、反应性中一种或一种以上危险特性的危险废物利用过程和处置后产生的固体废物，经鉴别不再具有危险特性的，不属于危险废物。

10. 具有毒性危险特性的危险废物利用过程产生的固体废物，经鉴别不再具有危险特性的，不属于危险废物。除国家有关法规、标准另有规定的外，具有毒性危险特性的危险废物处置后产生的固体废物，仍属于危险废物。

11. 除国家有关法规、标准另有规定的外，具有感染性危险特性的危险废物利用处置后，仍属于危险废物。

9.1.2 实验室废弃物分类

实验室废弃物的分类方法有多种，常用的包括以下几种：

按危害程度可以分为一般废弃物和危险废弃物。一般废弃物指的是对于人体和环境相对安全的废弃物，如试剂和仪器的包装袋、包装盒，废弃的记录纸等。危险废弃物是指被列入国家危险废物名录或者根据国家规定的危险废物鉴别标准和鉴别方法认定的具有危险特性的废弃物。

按性质可以分为化学性废物、生物性废物和放射性废物。化学性废物包括无机废物和有机废物。无机废物包括含有酸、碱、重金属、氰化物、氟化物等的废物。有机废物包括含有有机溶剂、农药、多氯联苯等的废物。生物性废物包括血液、组织、细菌培养基等。

放射性废物包括放射性标记物、放射性标准溶液等。

按形态可以分为气态废弃物、液态废弃物和固态废弃物。气态废弃物主要来源于实验过程中化学试剂的挥发、分解、泄露等，其成分大多是具有挥发性的试剂和样品的挥发物、实验过程中的中间产物、泄露或排空的载气。液态废弃物主要是化学性实验废液和一般废水。实验废液主要包括多余的液体样品、失效的溶液、样品分析产生的废液，各种洗液等，以各种酸碱废液、重金属废液、有机废液等最为常见；一般废水则主要来源于实验容器的洗涤用水和实验室的清扫用水等。固态废弃物通常包括过期失效的固体样品和药品、残留的固体试剂、实验过程中产生的废渣，废弃的实验容器及包装物等。

9.2 实验室废弃物预处理

针对不同性质、不同类别的实验室废弃物，通常需要进行必要的预处理后（如通过酸碱中和、沉淀、浓缩等方法降低实验室废弃物危险性及量），再进行分类收集、暂存。

预处理前应充分了解实验室废弃物的来源、主要组成、化合物性质，并对可能产生的有毒气体、发热、喷溅及爆炸等危险有所警惕。预处理实验室废弃物应尽量选用无害或易于处理的药品，防止二次污染。还应尽量采用"以废治废"的方法（如利用废酸废碱进行中和），以降低处理成本。

9.2.1 实验室气态废弃物常用的预处理方法

产生有毒有害废气的实验应在通风橱内进行，废气处理后通过通风管道排到室外。常用的方法有以下几种：

1. 吸收法

使用合适的液体作为吸收剂来处理废气。比较常见的液体吸收剂有水、酸碱溶液、有机溶液及氧化剂溶液，可用于净化含有 SO_2、NO_x、Cl_2、HCl、H_2S、NH_3、酸雾、汞蒸气和各种有机蒸气的废气。

2. 固体吸附法

是指利用大比表面积、多孔的吸附剂的吸附作用，将废气中含有的污染物吸附在吸附剂表面。适合用于对含有低浓度污染物质的废气的净化，常见的固体吸附剂有硅藻土、活性炭、硅胶、分子筛等。

3. 光氧催化法

利用 TiO_2 作为催化剂的光催化过程，能迅速有效地分解挥发性有机物和构成细菌的有机物。适合处理高浓度、气量大、稳定性强的有毒有害气体的废气。

4. 燃烧法

通过燃烧的方法来去除有毒害气体。是一种有效的处理有机气体的方法，适合处理量大而浓度比较低的苯类、酮类、醛类、醇类等各种有机废气，以及 CO 尾气、H_2S 的处理等。

5．冷凝法

主要利用冷介质对高温有机废气蒸汽进行处理，可有效回收溶剂。处理效果的好坏与冷媒的温度有关，处理效率较其他方法相对较低，适用高浓度废气的处理。

9.2.2　实验室液态废弃物常用的预处理方法

实验室产生的废液具有种类多、成分复杂等特点，预处理方法有物理法、化学法和生物法。物理法主要是利用物理原理和机械作用对废液进行预处理，如沉淀法、过滤法、吸附法、膜处理法等。化学法是指向废液中加入化学物质，使污染物发生化学反应，转化为无毒或低度的物质，如中和法、化学沉淀法、氧化还原法等。生物法是利用微生物将污染物降解，适用于含有有机污染物的废液的处理，常用的有生物酶法、好氧生物处理法和厌氧生物处理法等。实验室常用的液态废弃物预处理方法有以下几种：

1．中和法

对于不含其他污染物的酸、碱类废液，可以中和至中性后排放。

2．稀释法

对于含有较低浓度的金属或可溶于水的有机溶剂等成分的废液，可做适当的稀释，满足污水综合排放标准后排放。

3．絮凝沉淀法

适用于含有重金属离子比较多的无机废液。通过选择合适的絮凝剂，形成絮状沉淀，可吸附废液中的重金属离子等，在通过沉降、离心、过滤等方法进行固液分离后，固态污染物按要求收集暂存，定期交有资质单位统一处理。

4．氧化还原法

通过氧化还原反应，将废液中的污染物转化为无毒或毒性较小的物质。如实验室中常用的铬酸洗液，其主要成分是重铬酸钾与浓硫酸，铬酸洗液使用一段时间后会失效变绿。可将失效的铬酸洗液加热，并不断搅拌以使其浓缩，冷却至室温后加入 $KMnO_4$ 粉末氧化，滤去 MnO_2 沉淀后再继续使用。处理含铬废液，也可向其中加入还原剂 $FeSO_4$，在酸性条件下，将 Cr^{6+} 还原为 Cr^{3+}，然后加入 NaOH 使其转化为 $Cr(OH)_3$ 沉淀除去。

5．吸附法

利用活性炭等具有吸附能力的吸附剂吸附水中的污染物。如可用活性炭、硅藻土等吸附剂处理一些有机质含量较低的废液，待充分吸附后，将吸附剂按要求收集暂存，定期交有资质单位统一处理。

9.2.3　实验室固态废弃物常用的预处理方法

实验室所产生的固态废物包括残留的或失效的固体化学试剂、沉淀絮凝反应所产生的沉淀残渣、消耗和破损的玻璃器皿、包装材料以及滤纸、注射器等耗材。由于固态废弃物复杂多样、难处理的特点，需按要求分类收集暂存，定期移交给有资质的单位统一处理。

9.2.4 实验室生物废弃物常用的预处理方法

1．实验室废弃的动物尸体和器官必须按要求进行消毒。

2．实验室废弃的培养基、菌种保存液等生物活性材料，必须按要求经过高压蒸汽灭菌等方式进行灭活。

3．实验过程中使用的可重复使用的物品，如培养皿、玻片等，可按要求清洗后再使用。一次性的物品（如手套、帽子、注射器、吸头等）和损伤性废弃物（如针头、碎玻璃等）应及时进行消毒和灭菌处理。

9.3 实验室废弃物的收集

9.3.1 实验室液态废弃物的收集

1．须按照废弃物的性质对其进行分类收集，通常可按有机废液、强酸废液、一般重金属废液、汞废液等分类进行收集。

2．必须严格按照《实验室废液相容表》（见本书附件）进行收集，不得将不相容的物质进行混装。

3．非化学废液严禁倒入废液容器中。

4．盛装废弃物的容器必须完好无损、材质满足要求。实验室可通过使用不同颜色的废液桶来区分不同性质的化学废液。

5．强氧化性物质需使用原瓶进行收集。

6．对于特殊的废弃物要单独收集，如可回收处理的贵金属废液。

7．在进行废液收集时应防止遗洒，可使用漏斗帮助收集，建议收集时在废液容器的下方摆放防漏盘。

8．废液倒入收集容器后，应在登记表中做好记录，并在收集容器上粘贴标签，标签需填写废液产生单位、主要危险成分、危险情况、记录人和产生日期等信息。

9．收集容器中必须留有足够的空间，防止膨胀，确保液态废弃物在暂存、运输等情况下，不会因温度或其他物理条件的改变膨胀而造成容器变形、破损。

9.3.2 实验室固态废弃物的收集

1．瓶装化学品和空瓶，确保瓶体上标签完好，原标签破损的须补上标签，瓶盖旋紧后竖直整齐放入纸箱，瓶装化学品、空瓶须分别装箱收集。

2．一般化学品、高毒化学品、剧毒化学品等须分别装箱收集。

3．对于其他化学品和化学固废等，可用塑料袋分装并扎好袋口，在塑料袋上贴上标签并写上固废名称和成份等信息，袋口朝上放入纸箱内。

4．废弃的玻璃器皿要装入纸箱内。

5．各种固态废弃物不能混放。

6．按要求在盛装废弃物的纸箱上张贴标签，并做好相应记录。

9.3.3　实验室生物废弃物的收集

1．使用过的一次性手套、口罩、帽子，用过的试管、吸管、移液器吸头，其他一次性实验用品及器械等可能沾染感染性物质的固体性废弃物，应装入生物危害垃圾袋，有必要时需防止在二级容器（如托盘）中渗漏。

2．针头、实验玻片、玻璃试管、玻璃安瓿瓶等能够刺伤或割伤皮肤的废弃实验利器等损伤性废弃物需放入符合要求的利器盒，容器装满 3/4 后封盖，按照要求粘贴警示标签。

3．废弃的动物尸体或组织等，使用两层防渗专用包装容器（袋）包装好，按照要求进行消毒处理后，放入专门的冰箱冷冻保存。

9.4　实验室废弃物的暂存和处置

9.4.1　实验室废弃物的暂存

1．实验室内设置废弃物暂存区，暂时存放本实验室产生的危险废弃物，并张贴相应警示标识，暂存区外边界地面应施划 5 cm 宽的黑黄色警戒线。

2．废弃物暂存区禁止存放废弃物以外的物品，严禁将实验室危险废弃物与生活垃圾混装。

3．暂存区内的收集容器装满后，应及时转运至废弃物暂存间。暂存间应远离热源，保持通风。

4．对危险废弃物的容器和包装物以及收集、暂存危险废弃物的设施、场所，必须设置危险废弃物识别标志（见图 11-17）。

5．在暂存间内，对于不相容的废弃物，应分不同区域进行存放。

6．废弃物禁止存放在非工作人员易接触到的地方。

7．高温下易腐败或易发生反应的废弃物应低温存放。

8．存放放射性废弃物、危险废弃物等的地点，应满足环境要求，并张贴指示标志，由专人管理，并采取有效的安全措施防火、防盗、防泄漏。

9.4.2　实验室废弃物的处置

1．实验室危险废弃物的处置，应严格执行危险废物转移联单制度，定期交由有资质的危险废物处理公司统一打包、清运及处置。

2．实验室危险废弃物应按要求做好分类，在直接包装物明显位置标注废弃物名称、主要成分、废弃物特性及危险禁忌等信息，禁止将不同性质、不同危险类别的废弃物混放。对可能具有爆炸性、放射性和剧毒性等的高危特殊废物，应在运输前告知具体情况，确保运输和处置的安全。对剧毒品废弃物的交接、运输、处置应严格执行相关法律法规要求。

3．实验室废弃物产生单位应当按照国家有关规定制定实验室危险废物管理计划，建立危险废物管理台账，如实记录有关信息，并通过国家危险废物信息管理系统向生态环境主管部门申报危险废物的种类、产生量、流向、贮存、处置等有关资料。

9.5　环科院实验室危险废弃物管理

9.5.1　化学危险废弃物管理

1．化学危险废弃物包含内容

（1）实验室液态废弃物：日常实验过程中产生的有机、无机废液；废弃的原装或配置试剂；污染物含量较高的液体样品（垃圾渗滤液、污染场地液体样品等）。

（2）实验室固态废弃物：日常实验过程中产生的固态废物；废弃化学药品；实验用针头、一次性吸管、手套、擦拭试剂纸张、破碎玻璃容器等尖锐物品；空试剂瓶（化学试剂原装瓶）。

2．化学危险废弃物暂存要求

（1）实验室液态废弃物应按特性分类存放于材质符合要求的废液桶中，桶外粘贴危险废物标签，注明废液主要成分等信息。废液桶未收集满时，可暂时存放于所在实验室的划定区域，收集满后应尽快存放于废弃物暂存间并做好记录。

（2）实验室固态废弃物应分类收集、粘贴标签后暂存于废弃物暂存间并做好记录。废弃化学药品应在原包装内，标签若有污损，需粘贴新标签注明试剂名称；实验用针头需单独收集于塑料箱（盒）内；一次性吸管、手套、擦拭试剂纸张等需用塑料袋或纸箱包装好，并封好包装口；破碎玻璃容器需放置在纸或塑料箱内，并封好包装口。空试剂瓶需及时暂存于废弃物暂存间纸箱内，并做好记录。

3．化学危险废弃物处理处置

检测中心负责公共实验室和废弃物暂存间的化学危险废弃物管理，监督和指导二级单位委托实验室的化学危险废弃物管理。检测中心定期联系有资质的危险废物处理公司，组织实验中心化学危险废弃物的统一清运。

9.5.2　生物危险废弃物管理

实验室生物废弃物是在实验室生物实验过程中产生的废物，包括使用过的、过期的、淘汰的、变质的、被污染的生物样品（制品）、耗材、培养基、生化试剂、标准溶液以及试剂盒等。

1．生物实验应当严格分类，配备生物医疗废弃物收集专用垃圾桶及垃圾袋，收集装置应当有显著的生物废弃物标识。生物实验废弃物按要求收集后，暂存于专用的生物废弃物暂存间。

2．按要求定期联系有资质的处理公司，对生物实验废物进行处理处置。

参考文献

[1]　环境保护部，国家质量监督检验检疫总局．固体废物鉴别标准通则：GB 34330—2017[S]．北京：中国标准出版社，2017．

[2]　生态环境部，国家发展改革委，公安部，等．国家危险废物名录[S]．2021．

[3]　生态环境部，国家市场监督管理总局．危险废物鉴别标准通则：GB 5085.7—2019[S]．北京：中国环境科学出版社，2019．

[4]　生态环境部．危险废物鉴别技术规范：HJ 298—2019[S]．北京：中国环境出版集团有限公司，2019．

[5]　中华人民共和国国家质量监督检验检疫总局．实验室化学药品和样品处理的标准指南：SN/T 3592—2013[S]．北京：2013．

[6]　陈卫华．实验室风险控制与管理[M]．北京：化学工业出版社，2017．

[7]　环境保护部．危险废物收集、贮存、运输技术规范：HJ 2025—2012[S]．北京：中国环境科学出版社，2013．

[8]　国家环境保护总局，国家质量监督检验检疫总局．危险废物贮存污染控制标准：GB 18597—2001[S]．北京：中国标准出版社，2001．

[9]　国家环境保护总局．环境保护图形标志固体废物贮存（处置）场：GB 15562.2—1995[S]．北京：中国标准出版社，1995．

第十章　实验事故应急处理

实验室是高级技术人才以及高精密仪器的汇聚场所，实验过程中经常涉及使用一些易燃、易爆、有毒、有害的实验材料，如果操作不当或遇不可控条件，极易发生实验室安全事故。而且在突发安全事故后，多伴随有火灾、爆炸、有毒气体泄漏等次生事故，一旦发生，将造成不可估量的损失。

10.1　实验室安全事故应急预案

近年来，我国相继颁布了一系列法律法规，对突发公共事故、重大环境污染事故、危险化学品、特大安全事故、重大危险源等制订应急预案做了明确规定和要求，要求县级以上各级人民政府或生产经营单位制订相应的事故应急预案。编制实验室安全应急预案，评估实验室可能存在的安全隐患，采取积极措施主动应对可能发生的实验室安全事故，可在发生安全事故后，依据事故应对策略，有序、有效、及时地组织和协调开展应急与救援，尽可能降低安全事故导致的损失以及实验室安全事故对环境的污染，保障实验室人员安全与实验室的财产安全。同时，依靠科技进步，不断改进和完善应急预案中用于应急救援的装备、设施和手段，依法规范应急救援工作，确保应急预案的科学性、精准性和可操作性。

10.1.1　实验室安全事故应急预案的内容

应急预案是透明和标准化的反应程序，是开展应急救援行动的行动计划和实施指南，是应急体系建设中的重要组成部分，应该有完整的系统设计、标准化的文本文件、行之有效的操作程序和持续改进的运行机制。其作用是使应急救援活动能按照预先制订的周密的计划和最有效的实施步骤有条不紊地进行。

实验室安全事故应急预案一般包括总则（编制目的、编制依据、适用范围、应急预案体系、应急预案工作原则）、可能发生的事故风险描述、应急组织机构及职责、预警及信息报告、应急响应（响应分级、响应程序、处置措施、应急结束）、信息公开、后期处置、保障措施、应急预案管理（培训、演练、修订、备案、实施和解释部门）。

10.1.1.1 总则

1．编制依据：在应急预案中，应列出明确要求制订应急预案的国家、地方及上级部门的法律法规和规定，有关重大事故应急的文件、技术规范和指南性材料及国际公约，以作为制订应急预案的根据和指南，使应急预案更有权威性。

2．应急预案体系：应急预案应形成体系，针对实验室可能发生的安全事故和所有危险源制订综合应急预案、专项应急预案和现场应急处置方案，并明确事前、事发、事中、事后的各个过程中相关部门和有关人员的职责。规模小、危险因素少的单位，综合应急预案和专项应急预案可以合并编写。

综合应急预案是从总体上阐述事故的应急方针、政策，应急组织结构及相关应急职责，应急行动、措施和保障等基本要求和程序，是应对各类事故的综合性文件。专项应急预案是针对具体的事故类别（如气体泄漏、危险化学品泄漏等事故）、危险源和应急保障而制订的计划或方案，是综合应急预案的组成部分，应按照综合应急预案的程序和要求组织制订，并作为综合应急预案的附件。专项应急预案应制订明确的救援程序和具体的应急救援措施。现场处置方案是针对具体的装置、场所或设施、岗位所制订的应急处置措施。现场处置方案应具体、简单、针对性强。现场处置方案应根据风险评估及危险性控制措施逐一编制，做到事故相关人员应知应会、熟练掌握，并通过应急演练，做到迅速反应、正确处置。

3．应急预案工作原则：环科院根据实验室特点和事故类型、适用的范围和救援的任务，提出了 4 项工作原则。一是以人为本，安全第一的原则。保障相关人员的生命安全和身体健康、最大限度地预防和减少安全事故造成的人员伤亡。二是统一领导，分级负责的原则。在环科院统一领导下，院相关部门、单位按照各自职责和权限，负责实验室安全事故的应急管理和处置。三是依靠科学，依法规范的原则。依靠科技进步，不断改进和完善应急救援的装备、设施和手段。依法规范应急救援工作，确保应急预案的科学性、精准性和可操作性。四是预防为主，平战结合的原则。坚持事故应急与预防相结合，做好常态下的风险评估、队伍建设、预案演练等工作。

10.1.1.2 可能发生的事故风险描述

预案应列出应急工作所面临的潜在重大危险及后果预测，给出区域的地理、气象、人文等有关环境信息，具体包括以下方面：

（1）主要危险物质及环境污染因子的种类、数量及特性；

（2）重大危险源的数量及分布；

（3）潜在的重大事故、灾害类型、影响区域及后果；

（4）重要保护目标的划分与分布情况；

（5）可能影响应急救援工作的不利条件；

（6）季节性的风向、风速、气温、雨量，单位人员分布及周边居民情况；

（7）其他风险。

10.1.1.3　应急组织机构及职责

环科院根据"谁主管谁负责"的原则，按照分工的职责和权限，明确实验室应急预案中的权责关系，建立"应急领导小组—应急指挥组—应急工作组"的组织架构体系。

1. 应急领导小组：环科院主要负责人任应急领导小组组长，分管应急工作的院领导任副组长，相关部门、单位主要负责人任成员。应急领导小组职责为领导、组织对实验室安全事故的应急处置工作，对救援决策和行动方案下达最高指令，掌握应急处置工作进展，协调外单位救援力量组织救援。

2. 应急指挥组：应急领导小组下设应急指挥组，由负责安全工作的单位负责人任应急指挥组总指挥，实验室管理单位负责人任副总指挥，相关二级单位负责人任成员。应急指挥组职责为负责启动实验室安全事故应急处置预案，指挥实验室安全事故应急处置工作，配合外单位救援力量开展救援，搜集掌握现场情况，确定总体救援决策和行动方案，下达救援指令；及时向领导小组报告工作情况。

3. 应急工作组：应急指挥组下设应急工作组，由安全工作负责人任组长，相关部门、单位工作人员任成员。应急工作组职责为落实指挥组和外单位救援力量下达的救援指令，开展实验室安全事故的应急救援，保护现场，劝退无关人员远离事故区域，及时向指挥组报告工作情况。

10.1.1.4　预警及信息报告

1. 预警

按照事故严重性、紧急程度和可能波及的范围，实验室安全事故的预警分为四级，特别重大（Ⅰ级）、重大（Ⅱ级）、较大（Ⅲ级）和一般（Ⅳ级），依次用红色、橙色、黄色、蓝色表示。根据事态的发展情况和采取措施的效果，预警级别可以升级，降级或解除。

蓝色预警由县级人民政府发布。

黄色预警由市（地）级人民政府发布。

橙色预警由省级人民政府发布。

红色预警由事发地省级人民政府根据国务院授权发布。

各单位在当地主管部门的指挥下，积极配合做好相关工作。

2. 信息报告

在环科院实验室安全事故应急预案中，明确了安全事故上报机制，以便在发现安全事故后，能够及时、准确报告安全事故发生的态势。

任何人发现安全事故隐患或事故，均应立即通知值班人员或直接通知总指挥。如果现场情况特别紧急，发现人优先拨打 110（公安报警电话）、119（消防报警电话）或 120（医疗急救电话），同时通知值班人员。值班人员接到报告，须立即报告应急指挥组。指挥组立即派人现场核查，报告领导小组，启动应急预案，迅速通知应急工作组进入工作状态，及时组织救援和疏散，并向有关部门报告。报告内容主要包括：发生事故的详细地点和时间，发生事故的性质、危害程度、发展趋势、潜在次生灾害、已采取的措施，现场伤亡人员数量及救治情况，报警人的姓名及联系电话，说明是否已向 110 或 119 报警，说明是否需要组织其他部门增援等。

在安全事故发生后，需要形成书面报告，书面报告可按照规范化的格式进行填写，除包括前述信息外，一般还包括：安全事故发生的起因、安全事故的发展趋势、采取的事故控制措施、安全事故造成的经济损失、环境危害、恢复的技术措施等。

应急工作结束后，及时总结经验、汲取教训，编写事故调查报告。

10.1.1.5　应急响应

1．响应分级

针对事故危害程度、影响范围和单位控制事态的能力，将事故分为不同的等级。按照分级负责的原则，明确应急响应级别。

《生产安全事故报告和调查处理条例》根据生产安全事故造成的人员伤亡或者直接经济损失，将事故分为以下等级：

特别重大事故，是指造成 30 人（含）以上死亡，或者 100 人（含）以上重伤（包括急性工业中毒，下同），或者 1 亿元（含）以上直接经济损失的事故；

重大事故，是指造成 10 人（含）以上 30 人以下死亡，或者 50 人（含）以上 100 人以下重伤，或者 5 000 万元（含）以上 1 亿元以下直接经济损失的事故；

较大事故，是指造成 3 人（含）以上 10 人以下死亡，或者 10 人（含）以上 50 人以下重伤，或者 1 000 万元（含）以上 5 000 万元以下直接经济损失的事故；

一般事故，是指造成 3 人以下死亡，或者 10 人以下重伤，或者 1 000 万元以下直接经济损失的事故。

2．响应程序

根据事故的大小和发展态势，明确应急指挥、应急行动、资源调配、应急避险、扩大应急等响应程序。

3．处置措施

针对事故类别和可能发生的事故特点、危险性，制订应急处置措施（如火灾、爆炸、气体泄露、化学试剂泄露、危险化学品、生物安全、人身意外等事故应急处置措施）。

4. 应急结束

事故应急状态终止后，采取恢复措施，按规定进行善后处理，临近区域解除事故警戒。

应急工作组及时总结经验、汲取教训，编写事故调查报告；应急指挥组审核后，报告应急领导小组；视情况向当地应急管理局和上级有关部门报告。

10.1.1.6　信息公开

信息发布要及时、准确，正确引导社会舆论。安全事故发生后，应确定专人负责对新闻稿进行认真审核。对于较为复杂的事故，可分阶段发布。必要时，由宣传部门负责协调安全事故的对外统一发布工作。

10.1.1.7　现场恢复

现场恢复是指将事故现场恢复到相对稳定、安全的基本状态。只有在所有火灾扑灭、没有点燃危险存在、所有气体泄漏物质已经被隔离、剩余气体被驱散、环境污染物被消除，满足规定的条件时，应急总指挥才可以宣布结束应急状态。

当应急结束后，应急领导小组应该委派恢复人员进入事故现场，清除重大破坏设施，恢复被损坏的设备和设施，清理环境污染物处置后的残余等。

在应急结束后，事故区域还可能存在危险，如残留有毒物质、可燃物继续爆炸、建筑物结构由于受到冲击而倒塌等。因此，还应对事故及受影响区域进行检测，以确保恢复期间的安全。生态环境监测部门的监测人员应该确定受破坏区域的污染程度或危险性。如果此区域可能给相关人员带来危险，安全人员就要采取一定的安全措施，包括发放个人防护装备、通知所有进入人员有关受破坏区的安全限制等。

恢复工作人员应该用彩带或其他设施将被隔离的事故现场区域围成警戒区，防止无关人员入内。

事故调查主要集中在事故如何发生以及为何发生等方面。事故调查的目的是找出操作程序、工作环境、安全管理中需要改进的地方，评估事故造成的损失或环境危害等，以避免事故再次发生。

10.1.1.8　保障措施

监控、通信、防护器材和应急装备配备齐全，状态完好，由专人负责维护、保管和检验。相关人员应熟悉应急处置方法、报警方法和联络方式。应急工作组成员应时刻保持警惕，应急领导小组、应急指挥组成员应全天保持手机通畅。

10.1.1.9　应急预案管理

为全面提高应急能力，应对应急人员的培训、演练、应急预案修改或修订做出相应的规定，包括内容、计划、组织和准备、效果评估、要求等。

1．培训

应急人员的培训内容包括：如何识别危险，如何采取必要的应急措施，如何启动紧急警报系统，如何进行事故信息的接报与报告，如何安全疏散人群等。

2．演练

应急预案演练是实验室人员熟悉和掌握应急预案的有效方法，应急预案中，需要包括应急现场的个人安全防护、现场应急处置、应急报警注意事项、紧急疏散逃生等方面的应急预案培训及考核内容，以使实验室人员熟悉和掌握，从而在安全事故发生时，确保人员不会出现惊慌失措、拥挤践踏的情形，有序、安全撤离事故现场。

3．修改或修订

为不断完善和改进应急预案并保持预案的时效性，应就下述情况对应急预案进行定期和不定期的修改或修订：

（1）日常应急管理中发现预案的缺陷。

（2）训练或演练过程中发现预案的缺陷。

（3）实际应急过程中发现预案的缺陷。

（4）组织机构发生变化。

（5）人员及通信方式发生变化。

（6）有关法律法规标准发生变化。

（7）其他情况。

需要强调的是，一旦发生实验室安全事故，第一要务是报警，并迅速判断事故是否可控。如果事故处于可控状态，才可以在现场采取一定的应急处置措施，如果事故已经不可控制，则需要组织撤离，转移到安全区域等待专业人员救援。

10.2 火灾（爆炸）事故应急处置

10.2.1 火灾事故的应急处置原则

1．初期应急处置

（1）初起火灾或爆炸发生后，所有火灾或爆炸现场人员都是灭火员和救灾员。

（2）及时切断电源、关闭燃气，防止燃爆。

（3）立即占领上风或侧风有利地形，使用本区域内合适的消防器材或沙袋灭火，阻止火势蔓延。

（4）根据情况，关闭周围房间门窗但不上锁，减少空气流通。

（5）采用合适的灭火器具灭火：

木材、布料、纸张、橡胶以及塑料凳固体可燃材料引发的火灾，可采用水直接浇灭，但对珍贵图书、档案可使用二氧化碳、干粉灭火剂；

易燃可燃液体、气体和油脂类化学药品等引发的火灾，须使用大剂量泡沫或干粉灭火剂；

带电电器设备火灾，应切断电源后再灭火；因现场情况及其他原因，不能断电需要带电灭火时，应使用黄沙或干粉灭火器，不能使用泡沫灭火器或水；

可燃金属，如镁、钠、钾及其合金等引发的火灾，应使用黄沙灭火。

2．火势扩大应急处置

（1）若火势已扩大，不易扑灭时，应立即撤退，划定危险区，对事故现场周边进行隔离和交通疏导，到显著位置等待和引导消防车。

（2）如果现场配备了防护设备，应第一时间做好防护。如果现场无条件，撤离时尽可能贴近地面，通过鼻子浅呼吸，同时利用湿毛巾或衣服等织物叠成多层捂住口鼻。如果暂时无法撤离，应立即转移到安全且方便救援的位置，并尽可能发出求救信号引起救援者注意。

10.2.2　压缩或液化气体火灾应急处置

压缩或液化气体储存在不同的容器内，或通过管道输送。遇压缩或液化气体火灾时，一般应采取以下基本措施：

（1）首先应扑灭外围被火源引燃的可燃物火势，切断火势蔓延途径，控制燃烧范围，并积极抢救受伤和被困人员。

（2）如果是输气管道泄漏着火，那么应设法找到气源阀门。阀门完好时，只要关闭气体的进出阀门，火势就会自动熄灭。

（3）储罐或管道泄漏且关阀无效时，应根据火势判断气体压力和泄漏口的大小及其形状，准备好相应的堵漏材料（如软木塞、橡皮塞、气囊塞等）。

（4）扑救气体火灾切忌盲目扑灭火势，在没有采取堵漏措施的情况下，必须保持稳定燃烧。否则，大量可燃气体泄漏出来与空气混合，遇着火源就会发生爆炸。

（5）可用水扑救火势，也可用干粉、二氧化碳、卤代烷灭火，但仍需用水冷却烧烫的罐或管壁。

（6）火扑灭后，应立即用堵漏材料堵漏，同时用雾状水稀释和驱散泄漏出来的气体。

10.2.3　易燃液体火灾应急处置

易燃液体通常储存容器内或通过管道输送。与气体不同的是，液体容器有的密闭，有的敞开，一般都是常压，只有反应锅（炉、釜）及输送管道内的液体压力较高。遇易燃液体火灾时，一般应采取以下基本措施：

（1）及时了解和掌握着火液体的品名、密度、水溶性、有无毒性、腐蚀、沸溢等危险性，以便采取相应的灭火和防护措施。

（2）应切断火势蔓延的途径，冷却和疏散受火势威胁的压力及密闭容器和可燃物，控制燃烧范围，并积极抢救受伤和被困人员。

（3）如有液体流淌时，应筑堤拦截流淌的易燃液体或挖沟导流。

（4）根据其相对密度、水溶性和燃烧面积大小，选择正确的灭火剂扑救。密度比水小又不溶于水的液体（如汽油、苯等）起火时，可用普通蛋白泡沫或轻水泡沫灭火剂灭火。用干粉、卤代烃灭火剂灭火的效果要视燃烧面积大小和燃烧条件而定。密度比水大又不溶于水的液体（如硝基苯）起火时，可用水扑救，水能覆盖在液面上灭火。具有水溶性的液体（如醇类、酮类等）起火时，可用抗溶性泡沫灭火剂灭火。

10.2.4　爆炸物品火灾应急处置

爆炸物品由于内部结构含有爆炸性基因，受摩擦、撞击、震动、高温等外界因素激发，易发生爆炸。遇爆炸物品火灾时，一般应采取以下基本措施：

（1）判断和查明再次发生爆炸的可能性和危险性，采取一切可能的措施，制止再次爆炸的发生。

（2）扑救爆炸物品堆垛时，水流应采用吊射方式，避免强力水流直接冲击堆垛。

（3）灭火人员应尽量利用现场现成的掩蔽体或尽量采用卧姿等低势射水。

（4）切忌用沙土盖压，以免增强爆炸物品爆炸时的压力。

10.2.5　电气火灾应急处置

电气火灾应急处置参见第四章第 4.4 节。

10.3　泄漏事故应急处置

10.3.1　气体泄漏事故应急处置

一旦发现气体泄漏，应立即关闭气体的阀门，切断气源，开窗通风，严禁明火，疏散人员到空气流通的地方，采取措施初步堵住泄漏。

可燃气体泄漏时，严禁开关电器设备，如手机、对讲机、手电筒等。有毒气体泄漏时，应撤离泄漏污染区人员至上风处，根据气体性质采取进一步处理措施，常见如下。

1. 惰性气体

常见的有氮气、氦气、氩气等。应合理通风，加速扩散。应急处置人员戴防护面罩，穿一般防护服。

2．助燃气体

常见的有氧气。应合理通风，加速扩散。应急处置人员戴正压自给式空气呼吸器，穿一般防护服。

3．易燃易爆、有毒气体

常见的有氢气、甲烷、乙炔、一氧化碳、硫化氢等。应合理通风，加速扩散；切断火源和气源，喷雾状水稀释、溶解，禁止用水直接冲击泄漏物或泄漏源，构筑围堤或挖坑以收容产生的大量废水；应急处置人员戴正压自给式空气呼吸器，穿消防防护服。

10.3.2　化学试剂泄漏事故应急处置

化学试剂泄漏后，不仅污染环境，对人体造成伤害，而且如遇可燃物质，还有引发火灾爆炸的可能，因此，对泄漏事故应及时、正确处理，防止事故扩大。应特别注意，如果泄漏物是易燃易爆的，应严禁火种。化学品泄漏时，除受过特别训练的人员外，其他任何人员不得试图清除泄漏物。

1．进入泄漏现场进行救援时，必须注意个人安全防护，使用专用防护服、隔绝式空气面具。

2．控制泄漏源，堵漏之前关闭阀门、停止作业或改变流程等，采用合适的材料和技术手段堵住泄漏处。

3．堵漏之后注意泄漏物的防燃、防爆、防污染处理，具体方法有：围堤堵截、稀释与覆盖、收容以及后续的废弃物处理处置等措施。

（1）围提堵截。如果化学品为液体，泄漏到地面上时就会四处蔓延扩散，需要筑堤堵截或引流到安全地点。储罐区发生液体泄漏时，要及时关闭雨水阀，防止物料沿明沟外流。

（2）稀释与覆盖。通常采用水枪或消防水带向有害物蒸汽云喷射雾状水，加速气体向高空的扩散，使其在安全地带扩散。

（3）收容。对于大型泄漏，可选择用隔膜泵将泄漏出的物料抽入容器内或槽车内；当泄漏量小时，可用沙子、吸附材料、中和材料等吸收。

（4）废弃。将收集的泄漏物运至废弃物处理场所处置。用消防水冲洗剩下的少量物料，冲洗水排入污水系统处理。

10.4　危险化学品事故应急处置

10.4.1　隔离、疏散

1．建立警戒区域

维护事故现场秩序。根据危险化学品扩散的情况或火焰热辐射所涉及的范围，布置警戒，设置标志和岗哨，建立警戒区，隔离事故现场。在通过事故现场的主干道实行交通管制。

2. 紧急疏散

迅速将警戒区及污染区内与事故应急处置无关的人员撤离，以减少不必要的人员伤亡。紧急疏散时应注意，如事故物质有毒时，需要佩戴个体防护用品或采用简易有效的防护措施，并有相应的监护措施。应向侧上风方向转移，不要在低洼处滞留，明确专人引导和护送疏散人员到安全区，并在疏散或撤离的路线上设立哨位，指明方向。

10.4.2   安全防护

根据事故物质的毒性及划定的危险区域，确定相应的防护等级，并根据防护等级按标准配备相应的防护器具。

10.4.3   现场急救

在事故现场，化学品对人体可能造成的伤害为：中毒、窒息、冻伤、化学灼伤、烧伤等。进行急救时，不论患者还是救援人员都需要进行适当的防护。迅速将患者脱离现场至空气新鲜处；呼吸困难时给氧，呼吸停止时立即进行人工呼吸，心脏骤停时立即进行心脏按压；皮肤污染时，脱去污染的衣服，用流动清水及时、彻底、反复多次冲洗；头面部灼伤时，要注意眼、耳、鼻、口腔的清洗；当人员发生烧伤时，应迅速将患者衣服脱去，用流动清水冲洗降温，用清洁布覆盖创伤面，避免伤口污染，不要任意把水疱弄破，患者口渴时，可适量饮水或含盐饮料。

10.4.4   危险化学品泄漏应急处置

危险化学品泄漏应急措施参见本章第10.3.2节。

10.4.5   危险化学品火灾（爆炸）应急处置

发生化学品火灾时，灭火人员不应单独灭火，出口应始终保持清洁和畅通，要选择正确的灭火剂，灭火时还应考虑人员的安全。危险化学品火灾（爆炸）应急措施参见本章第10.2节，此外，特殊化学品的火灾还需注意以下事项。

（1）氧化剂和有机过氧化物的灭火比较复杂，应针对具体物质具体分析。

（2）对于遇湿易燃物品火灾，禁止用水、泡沫、酸碱等湿性灭火剂扑救。

（3）扑救毒害品和腐蚀品的火灾时，应尽量使用低压水流或雾状水，避免腐蚀品、毒害品溅出；遇酸类或碱类腐蚀品时，最好调制相应的中和剂稀释中和。

（4）易燃固体、自燃物品一般都可用水和泡沫灭火剂扑救，只要控制住燃烧范围，逐步扑灭即可。但有少数易燃固体、自燃物品的扑救方法比较特殊，如2,4-二硝基苯甲醚、二硝基萘、萘等是易升华的易燃固体，受热放出易燃蒸汽，能与空气形成爆炸性混合物，尤其在室内，易发生爆炸，在扑救过程中应不时向燃烧区域上空及周围喷射雾状水，并消除周围一切火源。

10.4.6　常见危险化学品安全事故急救措施

常见危险化学品安全事故急救措施详见表 10-1。

表 10-1　常见危险化学品安全事故急救措施

危险化学品	毒害作用	防护急救措施
硫酸 盐酸 硝酸	接触：硫酸引起局部红肿痛，重者起水泡呈烫伤症状；硝酸、盐酸腐蚀性小于硫酸 吞服：强烈腐蚀口腔、食道与胃黏膜	接触后立即用大量的流动清水冲洗再用 2%碳酸氢钠水溶液冲洗，然后清水冲洗 误服：应立即服 7.4%氢氧化镁悬液 60 ml、鸡蛋清水或牛奶 200 ml。严重者就医洗胃
磷酸	蒸汽或雾对眼、鼻、喉有刺激性 误服可引起恶心、呕吐、腹痛、血便或休克。皮肤或眼接触可致灼伤 慢性中毒引起鼻黏膜萎缩、鼻中隔穿孔。长期反复皮肤接触，可引起皮肤刺激	皮肤接触：应立即脱去污染的衣着，用大量流动清水冲洗至少 15 min。就医 眼睛接触：立即提起眼睑，用大量流动清水或生理盐水彻底冲洗至少 15 min。就医 吸入：迅速脱离现场至空气新鲜处，保持呼吸道通畅。如呼吸困难，给输氧。如呼吸停止，立即进行人工呼吸。就医 误服：立即漱口，给饮牛奶或蛋清。就医
氢溴酸	可引起皮肤、黏膜的刺激或灼伤。长期低浓度接触可引起呼吸道刺激症状和消化功能障碍	皮肤接触：脱去污染的衣着，用流动清水冲洗 10 min 或用 2%碳酸氢钠溶液冲洗。若有灼伤，就医 眼睛接触：立即提起眼睑，用流动清水或生理盐水冲洗至少 15 min。就医 吸入：迅速脱离现场至空气新鲜处。呼吸困难时给输氧。呼吸停止时，立即进行人工呼吸。就医 误服：立即漱口，给饮牛奶或蛋清。立即就医
高锰酸钾	误服 1%高锰酸钾溶液后，口腔黏膜染成褐色，有口腔内烧灼感、恶心、呕吐、上腹痛、吞咽障碍感；误服 4%～5%溶液或用水冲服高锰酸钾结晶者则发生强烈的腐蚀作用，引起唇、舌、口腔及咽喉黏膜水肿、糜烂，剧烈腹痛，呕吐、血便，休克，可因喉头水肿而发生窒息。严重者可因循环衰竭致死	误服：口服牛奶、蛋清、豆汁或氢氧化铝凝胶等保护胃黏膜。严重者就医洗胃。喉头水肿引起的窒息应立即就医。对症治疗，吸氧，输液，注意水、电解质的平衡
溴化氢	吸入的最小中毒浓度为 18.06 mg/m³。可引起皮肤、黏膜的刺激或灼伤。长期低浓度接触可引起呼吸道刺激症状和消化功能障碍	皮肤接触：立即用水冲洗至少 15 min。若有灼伤，就医治疗 眼睛接触：立即提起眼睑，用流动清水或生理盐水冲洗至少 15 min。就医 吸入：迅速脱离现场至空气新鲜处。注意保暖，保持呼吸道通畅。必要时进行人工呼吸。就医

危险化学品	毒害作用	防护急救措施
氟化氢	经呼吸道进入人体，腐蚀骨骼、造血神经系统、牙齿、皮肤与黏膜等。水溶液为氢氟酸，对机体组织有强烈的腐蚀作用	严格按规程操作，特别注意戴好橡胶手套 慢性中毒及骨骼、神经、造血系统受损害者应就医治疗
氰化氢	可经呼吸道、皮肤和胃肠道进入人体 急性中毒：前期出现流泪、流涕、流涎、喉痒，口中有苦杏仁味或金属味，口唇及咽部麻木；继而恶心、呕吐、震颤、耳鸣、眩晕、乏力、胸闷、心悸、语言困难，头痛剧烈；病情加重可出现呼吸困难神志模糊、气急、瞳孔散大、眼球突出、大汗淋漓，可有视力及听力下降；甚至意识丧失、牙关紧闭、全身阵发性强制性痉挛、大小便失禁、皮肤黏膜呈鲜红色等；严重者深度昏迷，呼吸、心跳停止，可在数分钟内死亡 慢性影响：可有慢性结膜炎、鼻炎、咽炎，嗅觉及味觉减退；类神经症及自主神经功能紊乱；还可出现肌肉酸痛、强直发僵、动作迟缓；也可引起甲状腺增大。皮肤或眼接触氢氰酸可引起灼伤	中毒：抢救人员必须佩戴空气呼吸器，穿防静电服或棉服进入现场，若无呼吸器，可用碳酸氢钠稀溶液浸湿的毛巾掩口鼻短时间进入现场 立即将中毒者移离现场至空气新鲜处，吸氧，去除污染衣物，用流动清水冲洗污染皮肤、眼睛至少 20 min。静卧、保暖。保持呼吸道通畅。呼吸、心跳停止者，立即进行心肺脑复苏 立即就医治疗，使用解毒剂，速将亚硝酸异戊酯 1～2 支，放在手帕或纱布内压碎，给患者在 15 s 内吸入，数分钟后再重复一次。随用 3%亚硝酸钠 10 mL 缓慢静脉注射，再用同一针头注入 25%～50%硫代硫酸钠 20～50 mL，必要时半小时后半量重复。或用 10% 4-二甲基氨基苯酚（4-DMAP）2 mL 肌内注射
氧化钙	有刺激和腐蚀作用。对呼吸道有强烈刺激性，吸入本品粉尘可致化学性肺炎。对眼和皮肤有强烈刺激性，可致灼伤。口服刺激和灼伤消化道。长期接触本品可致手掌皮肤角化、皲裂、指变形（匙甲）	皮肤接触：立即脱去被污染的衣着，先用植物油或矿物油清洗。用大量流动清水冲洗。就医 眼睛接触：提起眼睑，用流动清水或生理盐水冲洗。就医 吸入：迅速脱离现场至空气新鲜处。保持呼吸道通畅。如呼吸困难，给输氧。如呼吸停止，立即进行人工呼吸。就医 误服：误服者用水漱口，给饮牛奶或蛋清。就医
氢氧化钠、氢氧化钾	接触：强烈腐蚀性、化学烧伤 吞服：口腔、食道胃黏膜糜烂	接触：迅速用水、柠檬汁、稀醋酸或 2%硼酸水溶液洗涤
金属钠	在空气中能自燃，燃烧产生的烟（主要含氧化钠）对鼻、喉及上呼吸道有腐蚀作用及极强的刺激作用。同潮湿皮肤或衣服接触可燃烧，造成烧伤	皮肤接触：用大量流动清水冲洗，至少 15 min。就医 眼睛接触：立即提起眼睑，用大量流动清水或生理盐水彻底冲洗至少 15 min。就医 吸入：迅速脱离现场至空气新鲜处。保持呼吸道通畅。如呼吸困难，给输氧。如呼吸停止，立即进行人工呼吸。就医 误服：用水漱口，给饮牛奶或蛋清。就医
金属钾	对眼、鼻、咽喉和肺有刺激作用，接触后引起喷嚏、咳嗽和喉炎。高浓度吸入可致肺水肿。对眼和皮肤有强烈刺激和腐蚀性，可致灼伤	皮肤接触：立即脱去被污染的衣着，用大量流动清水冲洗，至少 15 min。就医 眼睛：立即提起眼睑，用大量流动清水或生理盐水彻底冲洗至少 15 min。就医 吸入：迅速脱离现场至空气新鲜处。保持呼吸道通畅。如呼吸困难，给输氧。如呼吸停止，立即进行人工呼吸。就医 误服：用水漱口，给饮牛奶或蛋清。就医

危险化学品	毒害作用	防护急救措施
汞及其化合物	大量吸入汞蒸汽或吞食二氯化汞等汞盐，引起急性中毒，表现为恶心、呕吐、腹痛、腹泻、全身衰弱、尿少尿闭甚至死亡。汞蒸汽慢性中毒症状：头晕、头昏、失眠等	皮肤接触：立即脱去污染的衣着，用大量流动清水彻底冲洗皮肤 吸入中毒：迅速脱离现场至空气新鲜处，必要时进行人工呼吸 误服：立即漱口，就医，用温水尽快洗胃，导泻。误服者不得用生理盐水洗胃，迅速灌服蛋清、牛乳或豆浆 急性中毒：应及时送医院治疗 慢性中毒：脱离接触汞的岗位，就医
砷及其化合物	无机砷化物都是毒性很高的化学品。尤其是三氧化二砷属高毒类化合物。口服中毒表现为急性胃肠炎、休克、中毒性心肌炎、肝炎，以及抽搐、昏迷等，可致死亡。大量吸入粉尘或蒸气时，主要表现为呼吸道及神经系统症状，胃肠道症状轻而发生较晚。常有咳嗽、喷嚏、胸痛、呼吸困难，以及头痛、眩晕、全身衰弱，甚至烦躁不安、痉挛和昏迷。也可伴有恶心、呕吐和腹痛。严重者可因呼吸和血管收缩、中枢麻痹而死亡。三氯化砷对呼吸道刺激更强烈，引起呼吸系统症状。慢性影响有肝、肾损害，皮肤长期接触可引起皮炎	皮肤接触：用肥皂和水冲洗 误服：就医，洗胃催吐，洗胃前服用新配氢氧化铁溶液（12%硫酸亚铁溶液，20%氧化镁溶液等量混合）催吐，或服蛋清水或牛乳导泄
镉及其化合物	金属烟热：出现头晕、乏力、咽干、胸闷、气急、肌肉和关节痛，以后发热，血白细胞增多，较重者伴有畏寒、寒颤 急性中毒：轻者表现为气管-支气管周围炎，重者可引起化学性肺炎和肺水肿，甚至发生急性呼吸窘迫综合症 慢性中毒：轻者出现肾小管重吸收功能障碍，重者肾功能不全，可伴有骨质疏松、骨软化	吸入：立即离开现场至空气新鲜处，静卧、吸氧 皮肤污染：用肥皂水或清水冲洗至少 20 min，溅入眼内时用流动清水或生理盐水充分冲洗至少 20 min 呼吸困难：给氧，必要时进行人工呼吸；就医
铬及其化合物	铬化合物并不损伤完整的皮肤，但当皮肤擦伤而接触铬化合物时，可发生铬性皮炎及湿疹。皮及角膜接触铬化合物可能引起刺激及溃疡，症状为眼球结膜充血、有异物感、流泪刺痛、视力减弱，严重时可导致角膜上皮脱落。误食入六价铬化合物可引起口腔黏膜增厚，水肿形成黄色痂皮，反胃呕吐，有时带血，剧烈腹痛，肝肿大，严重时使循环衰竭失去知觉，甚至死亡。六价铬化合物在吸入时是有致癌性的，会造成肺癌	皮肤接触：脱去被污染的衣着，用流动清水冲洗 眼睛接触：立即用大量流动清水冲洗，再用氯霉素眼药水或用磺胺钠眼药水滴眼，并使用抗菌眼膏每日三次，严重时立刻就医 吸入：迅速脱离现场至空气新鲜处；严重时立刻就医 误服：口服 1%氧化镁稀释溶液，喝牛奶和蛋清等；严重者立即就医，用亚硫酸钠溶液洗胃解毒

危险化学品	毒害作用	防护急救措施
溴	对皮肤、黏膜有强烈刺激作用和腐蚀作用。吸入较低浓度：刺激眼和呼吸道黏膜，引起头痛、眩晕、全身无力、胸部发紧、干咳、恶心和呕吐等症状；吸入高浓度时有剧咳、呼吸困难、哮喘，甚至发生窒息、肺炎、肺水肿，并中枢神经系统症状。皮肤接触高浓度溴蒸气或液态溴可造成严重灼伤。长期吸入，除黏膜刺激症状外，还伴有神经衰弱综合症	皮肤接触：立即脱去污染的衣着，用大量流动清水冲洗至少 15 min；就医 眼睛接触：立即提起眼睑，用大量流动清水或生理盐水彻底冲洗至少 15 min；就医 吸入：迅速脱离现场至空气新鲜处，保持呼吸道通畅；如呼吸困难，给输氧；如呼吸停止，立即进行人工呼吸；就医 误服：用水漱口，饮牛奶或蛋清；就医
碘及碘化物	致死量为 2～3 g，碘蒸气对黏膜有明显的刺激性，可引起结膜炎、支气管炎等。皮肤接触发生较强刺激作用，甚至灼伤，引起咳嗽、胸闷、流泪、流涕、喉干、皮疹、精神萎靡	皮肤接触：立即脱去污染的衣着，用大量流动的清水冲洗至少 15 min；就医 眼睛接触：立即提起眼睑，用大量的流动清水或生理盐水彻底清洗至少 15 min；就医 吸入：迅速脱离现场至空气清新处，保持呼吸道畅顺；如呼吸困难，给输氧；就医 误服：饮用足量温水，催吐；严重者就医，洗胃，导泻
乙腈	主要症状为衰弱、无力、面色灰白、恶心、呕吐、腹痛、腹泻、胸闷、胸痛；严重者呼吸及循环系统紊乱，呼吸浅、慢而不规则，血压下降，脉搏细而慢，体温下降，阵发性抽搐，昏迷。可有尿频、蛋白尿等	皮肤接触：脱去被污染的衣着，用肥皂水和清水彻底冲洗皮肤 眼睛接触：提起眼睑，用流动清水或生理盐水冲洗；就医 吸入：迅速脱离现场至空气清新处；保持呼吸道畅顺；如呼吸困难，给输氧；如呼吸停止，立即进行人工呼吸；就医
溴化乙锭	溴化乙锭可以嵌入碱基分子中，导致错配。溴化乙锭是强诱变剂，具有高致癌性，会在 60～70℃时蒸发	操作时应戴上手套，不得将该染色液洒在桌面或地面上，凡是污染有溴化乙锭的器皿或物品必须经过专门的处理后才能清洗或丢弃
氯气	主要经呼吸道和皮肤黏膜使人中毒。吸入后立即引起咳嗽、气急、胸闷、鼻塞、流泪等黏膜刺激症状，严重时可发生支气管炎、化学性肺炎及中毒性肺水肿，心力逐渐衰竭而死亡。水溶液也具有腐蚀作用	中毒：立即离开现场，重度中毒者应保温、吸氧，就医，注射强心剂（禁用吗啡） 眼受刺激：用 2%苏打水洗眼 咽喉疼痛：吸入 2%苏打水热蒸气
碳酰氯（光气）	毒性比氯气大 10 倍，浓度在 30～50 mg/m³ 时，主要损害呼吸道，导致化学性支气管炎、肺炎、肺水肿；在 100～300 mg/m³ 时，接触 15～30 min，即可引起中毒，甚至死亡	吸入：迅速脱离现场至空气清新处；保持呼吸道畅顺；如呼吸困难，给氧；如停止呼吸，立即进行人工呼吸；就医，吸入 β2 激动剂、口服或注射皮质类固醇治疗支气管痉挛 皮肤接触：脱去污染的衣物，用流动清水冲洗 眼睛接触：提起眼睑，用流动清水或生理盐水冲洗；就医

危险化学品	毒害作用	防护急救措施
二硫化碳	急性中毒：轻者头痛、头晕、恶心、出现酒醉样感、步态不稳，轻度意识障碍。重者出现谵妄、意识混浊、抽搐乃至昏迷 慢性中毒：轻者四肢对称性手套、袜套样分布的痛觉、触觉或音叉振动觉障碍，中毒性脑病；中毒性精神病	接触：立即离开现场至空气新鲜处，去除污染衣物；注意保暖、安静 皮肤污染：用肥皂水或清水冲洗 眼睛：溅入眼内时用流动清水或生理盐水充分冲洗至少 20 min 呼吸困难：给氧，必要时进行人工呼吸；就医
氰化物	皮肤烧伤吸入氰化氢或吞食氰化物：量大者造成组织细胞窒息，呼吸停止而死亡 急性中毒：胸闷、头痛、呕吐、呼吸困难、昏迷 慢性中毒：神经衰弱症状，肌肉酸疼等	皮肤烧伤：立即用大量水冲洗，再依次用万分之一的高锰酸钾和硫化铵溶液洗涤，或用 0.5%硫代硫酸钠溶液冲洗 中毒：就医，用亚硝酸异戊酯、亚硝酸钠、硫代硫酸钠溶液解毒
苯及其同系物	主要通过呼吸道和皮肤渗透进入人体而中毒 急性中毒：会有沉醉状、继而面红、头晕、头痛、呕吐甚至肌肉痉挛昏迷而死 慢性中毒：损害造血、神经系统。鼻腔牙龈出血，肝肾受损，全身无力	急性中毒：进行人工呼吸、输氧 全身中毒：就医，静脉注射 10%硫代硫酸钠溶液
四氯化碳	由呼吸道吸入中毒，主要引起肝脏、肾脏及神经系统的损害 急性中毒：头晕、呕吐、视力障碍、黄疸、肝肿大 慢性中毒：引起神经衰弱、胃肠功能紊乱	急性中毒：立即移至空气新鲜处，进行人工呼吸、输氧
三氯甲烷	急性中毒：吸入或经皮肤吸收引起急性中毒 慢性影响：只要引起肝脏损害，并有消化不良、乏力、头痛、失眠等症状，少数有肾损害及嗜氯仿癖。与明火或灼热的物体接触时能产生剧毒的光气、可疑致癌物	皮肤接触：立即脱去污染的衣着，用大量流动清水冲洗至少 15 min；就医 吸入：迅速脱离现场至空气清新处；保持呼吸道畅顺；如呼吸困难，给氧；如呼吸停止，应立即进行人工呼吸；就医 操作时，戴合适的手套和安全眼镜并始终在化学通风橱里进行
正己烷	本品有麻醉和刺激作用。长期接触可致周围神经炎	皮肤接触：脱去被污染的衣着，用肥皂水和清水彻底冲洗皮肤 眼睛接触：提起眼睑，用流动清水或生理盐水冲洗；就医 吸入：迅速脱离现场至空气清新处；保持呼吸道畅顺；如呼吸困难，给氧；如呼吸停止，立即进行人工呼吸；就医 操作时，戴合适的手套和安全眼镜并始终在化学通风橱里进行
甲醇	通过呼吸道及皮肤吸收中毒 急性中毒：神经衰弱，视物模糊。恶心、呕吐、全身青紫，重者很快呼吸停止而死亡 慢性中毒：神经衰弱，视力减弱，眼球疼痛。吞服 15 mL 可致失明，70～100 mL 致死	皮肤接触：皮肤污染用清水冲洗 眼睛接触：溅入眼内立即用 2%碳酸氢钠溶液冲洗 误服：立即用 3%碳酸氢钠溶液充分洗胃后送医院治疗

危险化学品	毒害作用	防护急救措施
乙醚	急性大量接触，早期出现兴奋，继而嗜睡、呕吐、面色苍白、脉缓、体温下降和呼吸不规则，有生命危险 慢性影响：长期低浓度吸入，有头痛、头晕、疲倦、嗜睡、蛋白尿、红细胞增多症。长期皮肤接触，可发生皮肤干燥皲裂	皮肤接触：脱去污染的衣着，用大量流动清水冲洗 眼睛接触：提起眼睑，用流动清水或生理盐水冲洗；就医 吸入：迅速脱离现场至空气清新处；保持呼吸道畅顺；如呼吸困难，给输氧；如呼吸停止，立即进行人工呼吸；就医；通风、避免明火
甲醛	甲醛是一种致癌剂，容易通过皮肤吸收，对皮肤、眼睛、黏膜和上呼吸道有损伤作用	有关操作应在通风橱内进行，操作时应戴上手套和安全镜
乙酸乙酯	对眼、鼻、咽喉有刺激作用。高浓度吸入可引起进行性麻醉作用，急性肺水肿，肝肾损害。持续大量吸入，可致呼吸麻痹。误服者可产生恶心、呕吐、腹痛、腹泻等。有致敏作用，可致湿疹样皮炎。长期接触本品有时可致角膜混浊、继发性贫血、白细胞增多等	皮肤接触：脱去被污染的衣着，用肥皂水和清水彻底冲洗皮肤；就医 眼睛接触：提起眼睑，用流动清水或生理盐水冲洗；就医 吸入：迅速脱离现场至空气新鲜处；保持呼吸道通畅；如呼吸困难，给输氧；如呼吸停止，立即进行人工呼吸；就医 食入：饮足量温水，催吐，就医
环氧氯丙烷	皮肤直接接触液体可致灼伤。误服引起肝、肾损伤，可致死。高浓度吸入致中枢神经系统抑制，可致死。蒸气对呼吸道、眼有强烈刺激，反复和长时间吸入能引起肝、肺、肾的损害	吸入：迅速脱离现场至空气清新处；保持呼吸道畅顺；如呼吸困难，给输氧；如呼吸停止，立即进行人工呼吸；就医 误食：饮足量温水，催吐；洗胃，导泻；就医 皮肤接触：立即脱去污染的衣着，用大量的流动清水冲洗至少 15 min；就医 眼睛接触：立即提起眼睑，用大量流动清水或生理盐水彻底冲洗至少 5 min；就医
丙烯酰胺和亚甲双丙烯酰胺	具有很强的神经毒性，能通过皮肤吸收。其作用具有累积性	在称取丙烯酰胺和亚甲丙烯酰胺时应戴手套和面具。聚丙烯酰胺虽然无毒，但应谨慎操作，因为它可能含有少量未聚合物质
二氯乙炔	主要损害神经系统和肝、肾。对皮肤、黏膜有刺激作用，表现为头痛、头晕、三叉神经痛、食欲减退、恶心、呕吐、面部可出现疱疹	皮肤接触：立即去除污染衣物 皮肤接触：用肥皂水或清水冲洗；注意保暖 眼睛：溅入眼内时用流动清水或生理盐水充分冲洗，至少 20 min 吸入：立即离开现场至空气新鲜处，呼吸困难给氧，必要时进行人工呼吸；就医
DMS（二甲基硫酸酯）	DMS 有毒，是一种致癌剂	应在通风橱中操作。小心 DMS 能穿透橡胶和乙烯手套。带有 DMS 的吸头和吸管应用 5 mol/L NaOH 溶液冲洗后装入单独的废物容器。含有 DMS 的溶液应倒入装有 5 mol/L NaOH 溶液的废液瓶中
一氧化碳及煤气	通过呼吸道进入体内，与血液中血红蛋白和血液外其他含铁蛋白结合，使血红色素丧失输氧能力。轻度中毒时头晕、恶心、全身无力；中毒时合并发生意识障碍；重度中毒时立即陷入昏迷，呼吸停止而死亡	中毒：将患者移至新鲜空气处，注意保温；停止呼吸者立即进行人工呼吸，并给以含 5%～7%二氧化碳的氧气；发生呼吸衰竭者，立即就医

危险化学品	毒害作用	防护急救措施
磷化氢	暴露在低浓度的磷化氢中会造成刺激，接触其液体会造成冻伤	眼睛接触：翻开眼睑，用大量水全面冲洗 15 min 吸入：立即离开到空气清新处；保持呼吸道畅顺；如呼吸困难，给氧；如停止呼吸，进行人工呼吸；及时就医 皮肤接触：立刻脱掉被污染衣服，用大量温水冲洗
硫化氢	强烈的神经毒物，具有臭鸡蛋味，由于易产生嗅觉疲劳而失去警觉，从而造成急性中毒；轻度中毒时头晕、头痛、恶心、呕吐；重度中毒时呼吸短促，突然失去知觉，死亡	操作：室内通风要良好，感到不适时立即离开现场 眼睛接触：眼受刺激时用2%苏打水冲洗，温敷饱和硼酸液和橄榄油
二氧化硫	由呼吸道吸入，对黏膜有强烈的刺激作用，引起结膜炎、流泪、流涕、咽干、疼痛；重度中毒能产生喉哑、胸痛、吞咽困难、喉头水肿以致窒息死亡	中毒：立即离开现场，呼吸新鲜空气；如发生肺浮肿应输氧；服碳酸氢钠或乳酸钠治疗酸中毒 眼睛接触：眼受刺激时用2%苏打水冲洗
DEPC（焦碳酸二乙酯）	是一种致癌剂	操作时应戴手套和口罩
α-巯基乙醇	α-巯基乙醇如果被吞下去可能是致命的。如果被吸入或通过皮肤吸收，则有毒害作用。高浓度下对粘膜、上呼吸道、皮肤和眼睛有危害	有关操作应在通风处内进行，并必须戴好手套和安全镜
氮氧化合物	通过呼吸器官起损害作用，可能发生各种程度的支气管炎、肺炎和肺水肿，严重者可致肺坏疽。由于损害神经系统，吸入高浓度时迅速窒息	中毒：立刻离开现场，保持绝对安静，呼吸新鲜空气；及时就医
氨	可由呼吸道、消化道及皮肤黏膜进入人体。强烈刺激眼睛，流泪，咳嗽，声音嘶哑。0.4 g/m³ 接触 30 min 可危及生命	保持室内通风，操作氨或者浓氨水时应戴口罩 吸入：中毒者立即离开现场 误服：中毒者谨慎洗胃 皮肤接触：中毒者立即用水或稀醋酸充分洗涤

10.5　生物安全事故应急处置

10.5.1　微生物安全实验室生物安全事故应急处置

　　微生物安全实验室生物安全事故指病原微生物材料在微生物安全实验室操作、运送、储存等活动中，因实验人员违反操作规程或其他意外事故等造成人员感染或暴露，或造成病原微生物材料向生物实验室外扩散的事件。

　　发生这类事故，任何暴露人员必须立即撤离相关区域，立即通知实验室负责人和生物安全负责人；对被感染人员及暴露人员进行医学观察；立即关闭事发的生物实验室，对周围环境进行封闭、隔离，张贴"禁止进入"的标志；过了相应时间后，在生物安全负责人和专业人员的指导下，穿戴适当的防护服和呼吸保护装备进入清除污染；配合相关主管单位做好感染者救治和现场调查处置工作。

10.5.2　动物安全实验室生物安全事故应急处置

动物安全实验室生物安全事故指在动物实验过程中发生的刺伤或切割伤、抓咬伤、动物逃逸等安全事故。发生刺伤或切割伤、抓咬伤事故时，应立即终止实验，其他实验人员向受伤人员伤口处及全身喷洒 75%乙醇，脱去手套（生物安全柜内）；用手挤压局部使血液流出，大量清水冲洗伤口，对污染的皮肤和伤口用碘伏或适当消毒剂多次擦拭；对伤口进行适当包扎，戴干净手套后按规定路线撤离实验室；对受伤人员进行医学观察。发生动物逃逸事故时，应立即停止实验，进行捕杀，未抓获逃逸动物前原则上不得离开动物实验室；增加室内换气次数，对动物逃逸路线及动物喷溅出的血液、分泌物用消毒布覆盖消毒 30 min 后，高压灭菌并组织二次洗消。

10.6　人身意外事故应急处置

人身意外事故一般包括机械性损伤、灼伤、冻伤、烫伤、中毒、触电等。

10.6.1　机械性损伤

10.6.1.1　一般损伤

（1）立即用肥皂和温水将伤处和周围的皮肤洗净、拭干。

（2）取消毒敷料紧敷伤处，直至停止出血。

（3）用绷带轻轻包扎伤处，或用胶布固定住。

（4）必要时，更换敷料与绷带，使其保持洁净。

注意事项：

（1）避免对着伤处吹气，以防口里的病菌感染伤处；

（2）勿用手指、用过的手帕等触及伤处；

（3）骨折者应固定伤肢；

（4）在伤处不要使用抗菌药物；

（5）四肢大血管出血应上止血带，每隔半小时放松一次。

10.6.1.2　割伤

1．伤口浅时先取出伤口中异物，再采取以下步骤：

（1）用冷开水或生理盐水冲洗伤口，擦干；

（2）用碘酊或酒精消毒周围皮肤；

（3）用消毒敷料紧敷伤口，至出血停止；

（4）将伤口对拢，更换敷料，包扎伤口。

2．伤口深时，应按加压包扎法止血：

伤口覆盖无菌敷料后，再用纱布、棉花、毛巾、衣服等折叠成相应大小的垫，置于无菌敷料上面，然后再用绷带、三角巾等紧紧包扎，以停止出血为度。

10.6.1.3　刺伤

刺伤较浅时，先应取出异物，以防化脓，再按割伤处理；刺伤较深，可能会损及深部重要组织，并发感染或破伤风，应尽快就医治疗。

10.6.1.4　挫伤、裂伤

轻者按割伤处理，重者就医。同时可在伤肢周围放置冰袋或作冷敷，止血后改用热敷，以促进瘀血吸收。

10.6.1.5　撞伤、扭伤

轻者按一般损伤处理，若出现红肿、热痛与功能障碍等症状时，可按下法处理：

（1）用自来水淋洗伤处或将伤处浸入冷水中 5～10 min；或者用冷水浸透毛巾，放在伤处，每隔 2～3 min 换一次，冷敷半小时。

（2）取海绵或棉花放在伤处，用绷带稍加压力进行包扎约 24 h；

（3）进行其他对症治疗。

注意事项：

（1）在损伤初期（24～48 h 内），应及早冷敷，以使伤处血管收缩，减轻局部充血与疼痛，不宜热敷或按摩，以免加剧伤处小血管出血；

（2）冷敷时间应视气候冷热而定。夏天可在毛巾上放置冰块或用冰袋，必要时可局部喷洒氯乙烷，至伤处因冷而感麻木为止；

（3）应将伤处抬高，使之高于心脏水平，以减少伤处充血；

（4）若伤处停止出血，急性炎症逐渐消退，但仍有瘀血及肿胀，宜作热敷、按摩或理疗以活血化瘀。

10.6.2 灼伤

10.6.2.1 皮肤灼伤

1. 皮肤酸灼伤

酸灼伤是由于皮肤接触腐蚀性溶液引起，以硫酸、盐酸、硝酸最为多见，此外还有乙酸（冰醋酸）、氢氟酸、高氯酸和铬酸等。

急救方法：

（1）因衣物等倒撒上腐蚀性溶液引起皮肤酸灼伤，应先立即脱去或剪去污染衣物，对于稀释不会释放较多热量的腐蚀性溶液，迅速用大量的流动水冲洗创面，至少冲洗 20～30 min；对于稀释会释放较多热量的腐蚀性溶液，如浓硫酸，应先用干布吸去腐蚀性溶液，再用水冲洗，以免腐蚀性溶液水合时强烈放热而加重伤势；

（2）彻底冲洗后，再用 2%～5% 的弱碱溶液中和；

（3）清创，覆盖消毒纱布后送医院。

2. 皮肤碱灼伤

碱灼伤包括氨水、氢氧化钠、氢氧化钾、石灰灼伤等。

急救方法：

（1）立即脱去污染衣物；

（2）对氢氧化钾灼伤，用弱碱液冲洗到创面无肥皂样滑腻感，再用 2%～5% 弱酸液中和；对于生石灰灼伤，由于生石灰遇水放热会加重伤势，因而，要先清掉沾在皮肤上的生石灰，再用大量的清水冲洗；

（3）冲洗时间 20 min 或更久；

（4）经过清洗后的创面用简单包扎后送医治疗。

10.6.2.2 眼灼伤

1. 立即用大量流动清水冲洗，也可把面部浸入充满流动水的器皿中，转动头部、张大眼睛进行清洗，至少洗 15～20 min；

2. 清洗后送医治疗。

10.6.3 冻伤

冻伤可能伴随失温现象，急救时应先处理后者。若只有冻伤现象，首先，可轻轻脱下伤处的衣物及束缚物，如戒指、手表等。其次，抬高患处以减轻肿痛，并以纱布三角巾或软质衣物包裹或轻盖患部。采用皮肤对皮肤的传热方式，慢慢地温暖患处，或以温水将患处浸入其中，冻伤的耳鼻或脸可用温毛巾覆盖，水温以伤者能接受为宜，再慢慢升高，以防止深层组织继续遭到破坏。如果在 1 h 内患处已恢复血色及感觉，即可停止加温的急救动作。除非必要，尽可能注意不可磨擦或按摩患处，亦不可以辐射热使患处温暖。

10.6.4 烫伤

若是轻微的烧烫伤，首先，用冷水冲洗，再用冷敷或用冷水泡，然后，用碘酒消毒伤口，再用绷带包扎即可。切记不可弄破伤口的水泡，以避免细菌感染造成流脓及发炎。

若是严重的烧烫伤，按照"冲脱泡盖送"处理：

冲：在流动的冷水中冲洗至少 30 min；

脱：在冷水中慢慢将衣物脱去，记住勿将水泡弄破；

泡：在冷水中连续泡 30 min 以除去余热；

盖：用干净的纱布、毛巾覆盖伤口；

送：尽速送医治疗。

注意事项：

（1）尽快使伤员脱离现场，并立即去除致伤的因素，如尽快脱去着火或沸液浸渍的衣服，特别是化纤衣服。以免着火衣服和衣服上的热液继续作用，使创面加大加深。

（2）烧伤重的患者要尽可能地暴露烧伤创面，并立即用专门的药膏外涂并以纱布包扎。没有药膏可用纱布或干净的布包裹，不要挤压患处，尽快送医，为全身系统治疗争取时间。

（3）认真检查体外复合伤，并作好止血、包扎、固定等处理，对于骨折、气胸、闭合性腹腔脏器损伤、脑外伤等，需要严密观察和对症处理治疗。

（4）对于路程较远的危重伤员，原则上就近抢救；在休克期（48～72 h）过后，待病情平稳再转入医院治疗。

10.6.5 中毒

应急人员一般应配置过滤式防毒面罩、防毒服装、手套、靴等。

（1）吸入刺激性气体中毒者，应迅速将中毒者转移出中毒现场，向上方向转移至新鲜空气处，松开患者衣领和裤带，使其呼吸通畅，及时送医救治；

（2）误服毒物中毒者，须立即引吐、洗胃或导泻，患者清醒且合作时，宜饮大量清水引吐，对引吐效果不好或昏迷者，应立即送医；

（3）重金属中毒者，喝一杯含几克硫酸镁的水溶液，立即就医，不能催吐，以免引起危险或使病情复杂化；砷和汞化物中毒者，必须紧急就医。

10.6.6 触电

触电急救原则是在现场采取积极的措施抢救伤员。首先使触电者迅速脱离电源，在触电者脱离电源前，不要用手直接触及伤员。使触电者脱离电源的方法如下：

（1）切断电源开关。若无法切断电源开关，可用干燥的木棍、竹竿等挑开触电者身上的带电设备；或用绝缘体将手包住，或站在干燥的木坂上，拉触电者使其脱离电源。

（2）触电者脱离电源后，应判断其神志是否清醒，神志清醒的，使其就地躺平，不要站立或走动，严密观察，及时送医；神志不清醒的，应就地躺平，保持气道畅通，每隔 5 s 呼叫伤员或轻拍其肩膀，禁止摇动伤员头部呼叫伤员，必要时就地用人工肺复苏法正确抢救，及时送医。

10.7　常见急救措施

10.7.1　止血

10.7.1.1　指压止血法

指压止血法是一种简便、有效的紧急止血法，适用于大血管出血，如当较大的动脉出血时，几分钟可危及伤员生命，临时用手指或手掌压迫伤口近心端的动脉，将动脉压向深部的骨头上，以阻断血液的流通，达到临时止血的目的，见图 10-1。

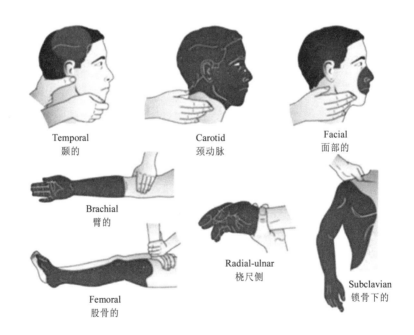

图 10-1　指压止血法示意

1. 颞动脉压迫止血法：用于头顶及颞部动脉出血。在耳前正对下颌关节处用拇指或食指用力压迫。

2．颌外动脉压迫止血法：用于肋部及面部的出血。在下颌角前约半寸外，用拇指或食指将动脉血管压于下颌骨上。

3．颈总动脉压迫止血法：在头、颈部大出血而采用其他止血方法无效时使用。在气管外侧，胸锁乳深肌前缘，将伤侧颈动脉向后压于第五颈椎上。但禁止双侧同时压迫。

4．锁骨下动脉压迫止血法：用于腋窝、肩部及上肢出血。用拇指在锁骨上凹摸到动脉跳动处，其余四指放在病人颈后，以拇指向下内方压向第一肋骨。

5．肱动脉压迫止血法：用于手、前臂及上臂下部的出血。在上臂的前面或后面，用拇指或四指压迫上臂内侧动脉血管。

10.7.1.2　屈肢加垫止血法

适用于无骨折的四肢出血（图 10-2）。首先在肘窝、腋窝、腘窝或腹股沟处加棉纱垫、屈肢，然后用绷带、三角巾或布带扎紧的方法止血。但此法伤员痛苦较大，不宜首选。

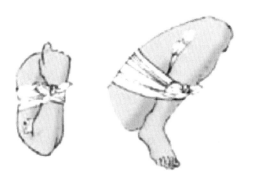

图 10-2　屈肢加垫止血法示意

10.7.1.3　止血带止血法

适用于四肢大动脉的出血（图 10-3）。由于止血带通过压瘪血管进行止血，能把远端肢体的全部血流阻断，造成组织缺血，时间过长会引起肢体坏死，因而，不到万不得已时不要轻易使用。

注意事项：

（1）止血带要绑在靠近心端的伤口上方，并尽量靠近伤口。但对于上臂和大腿，由于绑在中段易压迫致伤大的神经，引起肢体麻痹，因而，绑在上段。

（2）绑扎前要先加衬垫，如三角巾、毛巾、衣服等。

（3）绑扎松紧要适宜，以出血停止，远端不能摸到脉搏为好。过松易导致压住静脉而不能压住动脉，使动静脉血的血流回路受阻，反而加重出血，甚至引起肢体肿胀和坏死。

（4）使用时间越短越好，最长不宜超过 3 h。且在使用时间内，冷天应每隔 0.5 h 或 1 h
解开、放松一次。每次放松 2～3 min，放松时用指压法暂时止血。

（5）对止血带伤员设置明显标记，标记上注明上止血带的时间。上止血带的地方要
暴露。

（6）上止血带的伤员要尽快送医，一到医院，护送人员应立即向医生说明使用止血
带的情况。

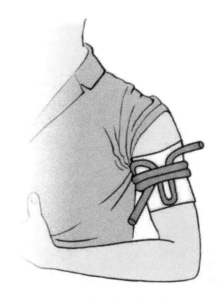

图 10-3　止血带止血法示意

10.7.2　包扎

10.7.2.1　头部包扎法

1. 三角巾包扎法

将三角巾底边折叠约二指宽，置于前额齐眉边，顶角向后覆盖头部，两底角经两耳
上缘向后拉，在枕部压住顶角，然后将顶角折入底边内，两底角左右交叉绕到前额打结
（图 10-4）。

2. 毛巾包扎法

将毛巾横放头部，其前边包住前额，把两个前角拉向耳上缘至枕后打结，然后再把毛
巾的两个后角反折压住前角扎结之上，左右交叉返至前额打结，如不够长度可加扎一小带。

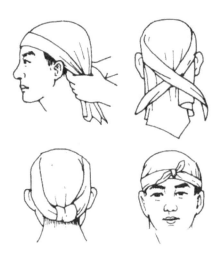

图 10-4　头部三角巾包扎法示意

10.7.2.2　面部包扎法

1．单侧面部包扎法

将三角巾折成鱼尾状，一尾角放于伤侧面部，鱼尾底边沿耳上绕头至对侧打结，然后将前面尾角向外翻折拉紧后，绕下颌与覆盖头后之尾角打结（图 10-5）。

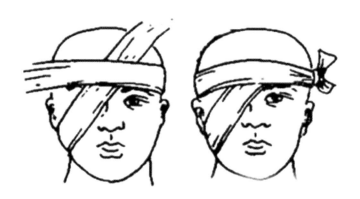

图 10-5　单侧面部包扎法示意

2．全面部包扎法

以三角巾顶角打结套于下颌，底边置于头后，两底角斜向头后拉直，左右交叉压底边，经两耳上缘绕到前额打结，包扎后，可在眼、鼻、口等处提起布块各剪一洞，露出两眼和口、鼻（图 10-6）。

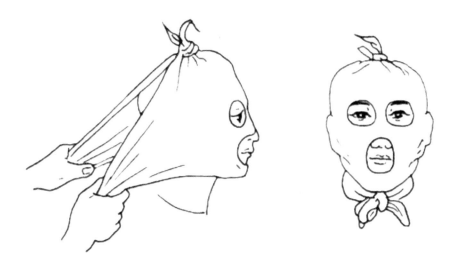

图 10-6　全面部包扎法示意

3．下颌、颞部包扎法

将三角巾折成一条宽 2～3 寸横带状，在颞部开始绕下颌经对侧耳前与另一端交叉，两端依相反方向绕头部帽缘一圈，到对侧耳部打结（图 10-7）。

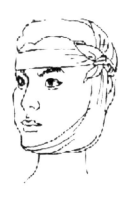

图 10-7　下颌、颞部包扎法示意

10.7.2.3　手、足包扎法

手心或脚底向下放于三角巾上，手指（趾）向三角巾顶角，并将顶角折盖手背或足背，两底角拉向手背（足、背），左右交叉压住顶角绕手腕或踝上而打结（图 10-8）。

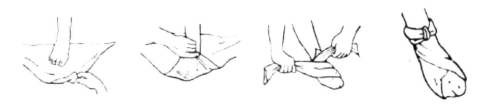

图 10-8　手、足包扎法

10.7.3　心肺复苏

10.7.3.1　呼吸骤停的抢救（口对口人工呼吸）

1. 保持伤员呼吸道畅通。让伤员仰卧，解开上衣颈部纽扣，通过在肩部垫衣物使头部充分后仰或悬空，使呼吸道尽量伸直，并注意不让舌根后缩堵住咽喉。同时检查口腔、咽喉部有无痰、凝血、呕吐物等异物，如有应尽快清除，清除方法如下：

分开伤员嘴唇牙床，伸进手指清理口腔。如伤员牙关紧闭，则用食指沿腔颊与牙齿的空隙进入牙床的后侧伸入口腔。如果伤员咽喉部有异物，使双手重叠，以掌根置于伤员胸骨下半部，连续向下按压 4～5 次，或双手置于肚脐上 2 指处，向下按压的同时向上方推挤，连续推挤 4～5 次，将异物从咽喉部推出，或让患者侧卧，击拍其背部使异物落入口腔。

2. 施行口对口人工呼吸。抢救者须位于伤员头侧，若伤员位置较低，抢救者还须跪下抢救。在施行人工呼吸时，一手按下前额，一手牵开下颌，将伤员口张开。若伤员无自主呼吸，抢救者深吸气后，张开大口，用口封住伤员口部，用力进行吹气，同时，按住伤员鼻子，以防吹入的气从鼻孔跑掉，促成伤员被动吸气。吹气要深而快，每次吹气量800～1 200 mL，应能见到伤员胸部明显抬起，确保空气吹入伤员肺部（图 10-9）。开始应连续两次吹气，最初的 6～7 次吹气，频率较快，力度较大，以后每隔 5～6 s 吹 1 次气，吹气过程保持平稳、有效。一次吹气毕，松开口鼻，让伤员呼气至胸部下降复原，或用手轻压胸部，以助气体排出，然后再进行下一次口对口人工呼吸。

口对口人工呼吸应进行到伤员被送到医院医护人员手中，或能自主呼吸为止。抢救过程中需观察伤员的呼吸情况及脸部皮肤颜色有无改变。

如果伤员口部有伤，或其他原因不能进行口对口吹气，改用口对鼻人工呼吸，效果与口对口吹气一样。这时，需将伤员口部封住，以防空气从口部跑掉。若伤员不能仰卧，则可将其头侧过，露出口鼻。

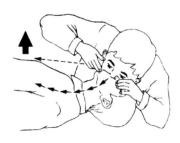

图 10-9   口对口人工呼吸示意

10.7.3.2   心跳骤停的抢救（胸外心脏按压）

为保证抢救的挤压效果，应将伤员平卧于平地或硬板上，抢救者位于伤员一侧，双手重叠以掌根放于胸骨下 1/3 处（两乳头正中间），手臂伸直，依靠上身的重量用力向下挤压，使胸骨下陷 4~5 cm。用力过程中，手指不能用力，更不要压在肋骨上。然后放松，双手仍放在胸骨上，随伤员胸骨上升而上升。下压时间与放松时间应保持相等，在完成一次按压放松后，再进行下一次心脏的按压放松动作。

胸外心脏按压的速率每分钟至少 100 次。

胸外心脏按压的力度应视伤员的情况而定，对于年少或瘦弱的，可适度减轻按压力量，但由于要使胸骨下陷数厘米，总体力度一般较大。按压过程中，用力要均匀，要有节奏，避免采用可能使胸骨压迫肝脏受损、肋骨骨折、软骨断离等气胸肺挫伤的粗暴、过猛按压方式。

在胸外心脏按压的下压阶段，心脏血液排入动脉，在放松阶段，静脉血返回心脏，完成一次心脏搏动，达到恢复血液循环的目的。有效的心脏按压，在伤员颈动脉或股动脉处，应能够触及搏动，如果瞳孔略有缩小，嘴唇略转红润，则按压效果明显，如果伤员心脏恢复主动跳动，表明心跳骤停抢救成功。

胸外心脏按压，应进行到伤员被送到医院医护人员手中，或恢复主动心跳为止。

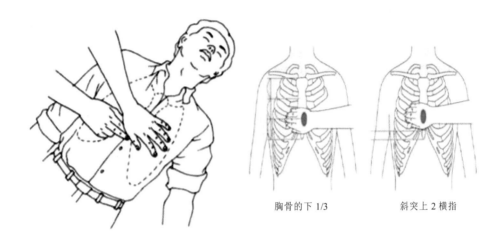

胸骨的下 1/3   斜突上 2 横指

图 10-10 胸外心脏按压示意

10.7.3.3 呼吸、心跳均骤停的抢救

采用口对口人工呼吸以及胸外心脏按压同时进行的抢救方式。

如抢救者有两人,则进行分工,一人做人工呼吸,另一人做胸外心脏按压。在抢救过程中,由于人工呼吸与心脏按压频率不同,因而,在每次做人工呼吸吹气动作时,适当放慢心脏按压速度,在吹气时,使心脏处于放松状态,在排气时,进行心脏按压,从而达到协调配合。如果抢救者只有一人,则轮流执行口对口人工呼吸以及胸外心脏按压。每次人工呼吸的时间是 1 s,胸外心脏按压与人工呼吸比率为 30∶2。

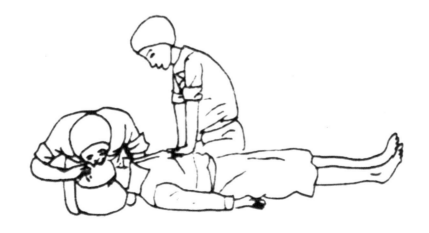

图 10-11 口对口人工呼吸以及胸外心脏按压同时进行

参考文献:

[1]　中华人民共和国突发事件应对法[M]. 北京:法律出版社,2007.

[2]　北京市实施《中华人民共和国突发事件应对法》办法[M]. 北京市人民政府公报,2008(14):9-21.

[3]　国务院. 国家安全生产事故灾难应急预案. 2006.

[4]　北京市突发事件总体应急预案(京政发〔2016〕14号). 2016.

[5]　北京市危险化学品事故应急预案(京应急委发〔2016〕8号). 2016.

[6]　生产经营单位安全生产事故应急预案编制导则:GB/T 29639—2013[S]. 2013.

[7]　化工园区安全风险排查治理导则(试行)(应急〔2019〕78号). 2019.

[8]　危险化学品企业安全风险隐患排查治理导则(应急〔2019〕78号). 2019.

第十一章　常用安全标志

11.1　安全标志及其设计要求

11.1.1　安全标志的组成和分类

安全标志指用以表达特定安全信息的标志，由图形符号、安全色、几何形状（边框）或文字构成，是警示工作场所或周围环境的危险状况，指导人们采取合理行为的标志，也可称为安全标识。

图形符号是指在安全标志的几何形状之内，以图形为主要特征，用以传递某种信息的视觉符号。图形符号的颜色包括白色和黑色。

颜色常被作为传递安全信息含义的标志，称为安全色，安全色的作用是使影响安全与健康的对象或环境能够迅速引起人们的注意，并使特定信息获得快速理解。安全色要求醒目，容易识别。国际标准化组织建议采用红色、黄色和绿色三种颜色作为安全色，并用蓝色作为辅助色。我国规定红、蓝、黄、绿四种颜色为安全色。其中红色传递禁止、停止、危险或提示消防设备、设施的信息；蓝色传递必须遵守规定的指令性信息；黄色传递注意、警告的信息；绿色传递安全的提示性信息。除了安全色之外，还设定了两种颜色作为对比色，是使安全色更加醒目的反衬色，包括黑、白两种颜色。

此外，可以使用文字和（或）图形符号形式的辅助安全信息来描述、补充或阐明安全标志的含义，辅助安全信息应位于单独的辅助标志内或作为组成部分包含在组合标志或复式标志中。

安全标志分为禁止标志、警告标志、指令标志和提示标志 4 大类型。

11.1.2　安全标志设计要求

11.1.2.1　禁止标志设计要求

禁止标志是不准许或制止某种行动的标志，如禁止吸烟、禁止饮用、禁止触摸等。

禁止标志的几何形状是带斜杠的圆边框，斜杠的中线应穿过禁止标志的中心并覆盖图形符号。标志的安全色为红色，对比色为白色，圆形条带和斜杠为红色，图形符号为黑色。

基本型式（图 11-1）和参数如下：

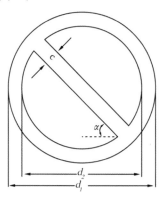

图 11-1　禁止标志基本型式

外径 d_1=0.025L；

内径 d_2=0.800d_1；

斜杠宽 c=0.080d_1；

斜杠与水平线的夹角α=45°；

L 为观察距离。

11.1.2.2　警告标志设计要求

警告标志起到对某种影响安全与健康的潜在危险的警告作用，几何形状为带有弧形转角的等边三角形，标志的安全色应为黄色，对比色为黑色，图形符号为黑色，安全色黄色应至少覆盖标志总面积的 50%。如当心烫伤、当心腐蚀、当心触电等。基本型式（图 11-2）和参数如下：

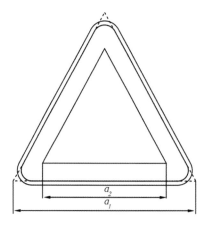

图 11-2　警告标志基本型式

外边 a_1=0.034L；

内边 a_2=0.700a_1；

边框外角圆弧半径 r=0.080a_2；

L 为观察距离。

11.1.2.3　指令标志设计要求

指令标志是必须遵守的某种指令，几何形状为圆形，标志的安全色为蓝色，对比色为白色，图形符号为白色，安全色蓝色应至少覆盖标志总面积的 50%。如必须戴防护眼镜、必须穿防护衣、必须洗手等。基本型式（图 11-3）和参数如下：

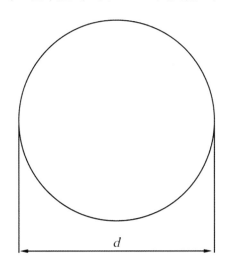

图 11-3　指令标志基本型式

直径 d=0.025L；

L 为观察距离。

11.1.2.4　提示标志设计要求

提示标志用来示意目标的方向，几何形状为正方形，安全色为绿色或红色，对比色为白色。提示安全状况的的标志安全色应为绿色，对比色为白色，图形符号为白色，安全色绿色应至少覆盖标志总面积的 50%，用于急救点、紧急出口、避险处等。提示消防设施的标志安全色应为红色，对比色为白色，图形符号为白色，安全色红色应至少覆盖标志总面积的 50%；用于火警电话、地上消火栓、消防水带、灭火器等。其基本型式（图 11-4）和参数如下：

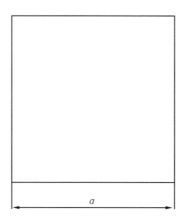

图 11-4　提示标志基本型式

边长 $a=0.025L$；

L 为观察距离。

11.1.2.5　辅助标志设计要求

辅助标志基本型式是矩形边框，可位于安全标志的上、下、左、右侧。标志的背景色为白色或安全标志的安全色。基本型式和位置排布见图 11-5、图 11-6。

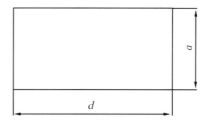

图 11-5　辅助标志基本型式

a. 辅助标志位于安全标志下方　　　　　　　b. 辅助标志位于安全标志右侧

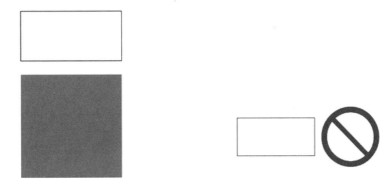

c. 辅助标志位于安全标志上方　　　　　　　　　d. 辅助标志位于安全标志左侧

图 11-6　辅助标志位置排布示例

11.1.2.6　组合标志设计要求

　　组合标志是由安全标志和辅助标志共同组合而成的标志，包括横向和竖向两种方式。标志载体的颜色为安全标志的安全色或白色。设计示例见图 11-7。

图 11-7　组合标志设计示例

11.1.2.7　复式标志设计要求

　　复式标志是传递复杂安全信息的手段，可包括数个不同类型的安全标志。复式标志中各安全标志和相应的辅助标志的顺序应按照安全信息确定的优先顺序来排列，包括横向和竖向两种方式。设计示例见图 11-8。

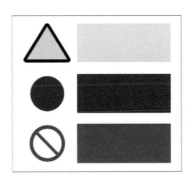

图 11-8　复式标志设计示例

11.1.2.8 安全标志牌尺寸要求

安全标志牌的尺寸与观察距离有关，具体见表 11-1。

表 11-1 安全标志牌的尺寸 单位：m

型号	观察距离 L	圆形标志的外径	三角形标志的外边长	正方形标志的边长
1	$0 < L \leqslant 2.5$	0.070	0.088	0.063
2	$2.5 < L \leqslant .4.0$	0.110	0.142	0.100
3	$4.0 < L \leqslant 6.3$	0.175	0.220	0.160
4	$6.3 < L \leqslant 10.0$	0.280	0.350	0.250
5	$11.0 < L \leqslant 16.0$	0.450	0.560	0.400
6	$16.0 < L \leqslant 25.0$	0.700	0.880	0.630
7	$25.0 < L \leqslant 40.0$	1.110	1.400	1.000

注：允许有 3%的误差。

11.1.3 安全标志的作用

安全标志能够提醒工作人员预防危险，避免事故发生；当危险发生时，能够指示人们尽快逃离；或者发生危险时，指示人们采取正确、有效、得力的措施，最大限度减少或减轻危害。安全标志不仅类型要与所警示的内容相吻合，而且设置的安全色和位置要正确合理。正确使用安全标志，可以使人们迅速发现或分辨安全标志，对威胁安全和健康的物体和环境做出尽快的反应，防止事故、危害发生。

在实验室管理工作中，通常把实验室安全标志细分为消防、危险化学品、危险废物、用电、辐射、实验过程等标志。实验室常见的安全标志大都是由《安全标志及其使用导则》（GB 2894—2008）中的禁止标志、警告标志、指令标志、提示标示四种主标志及辅助标志衍生而来；此外，《化学品分类和危险性公示通则》（GB 13690—2009）中对危险化学品的标志符号及颜色进行了规定。本书选取常用的实验室安全标志进行介绍。

11.2 消防安全标志

11.2.1 消防安全标志的类别和组成

消防安全标志由几何形状、安全色、表示特定消防安全信息的图形符号构成。根据功能具体分为火灾报警装置标志、紧急疏散逃生标志、灭火设备标志、禁止和警告标志、方向辅助标志和文字辅助标志 6 类：

消防安全标志的类别及几何形状、安全色及对比色、图形符号色的含义见表 11-2。

表 11-2　消防标志的类别及几何形状、安全色及对比色、图形符号色的含义

功能	类型	几何形状	安全色	安全色的对比色	图形符号色	含义
火灾报警装置标志	提示标志	正方形	红色	白色	白色	标示消防设施，共4个图形标志
紧急疏散逃生标志	提示标志	正方形	绿色	白色	白色	提示安全状况，共6个图形标志
灭火设备标志	提示标志	正方形	红色	白色	白色	标示消防设施，共8个图形标志
禁止和警告标志	禁止标志	带斜杠的圆形	红色	白色	黑色	表示禁止，共7个图形标志
	警告标志	等边三角形	黄色	黑色	黑色	表示警告，共3个图形标志
方向辅助标志	提示标志	正方形	红色或绿色	白色	白色	提示安全状况，共2个图形标志
文字辅助标志	辅助标志	矩形	背景色：白色或安全标志的安全色 文字颜色：白色或黑色			消防安全标志的文字辅助说明，通常与消防安全标志组合使用

11.2.2　常用的消防安全标志

11.2.2.1　火灾报警装置标志

消防按钮　　　　　　　　发声报警器

火警电话　　　　　　　　消防电话

图 11-9　火灾报警装置标志

11.2.2.2 紧急疏散逃生标志

安全出口　　　　　　　　滑动开门

推开　　　　　　　　　　拉开

击碎板面　　　　　　　　逃生梯

图 11-10　紧急疏散逃生标志

11.2.2.3 灭火设备标志

图 11-11 灭火设备标志

11.2.2.4　禁止和警告标志

禁止吸烟　　　　　　　　　　禁止烟火

禁止放易燃物　　　　　　　　禁止燃放鞭炮

禁止用水灭火　　　　　　　　禁止阻塞

禁止锁闭　　　　　　　　　　当心易燃物

当心氧化物　　　　　　　　　当心爆炸物

图 11-12　禁止和警告标志

11.2.2.5　方向辅助标志

疏散方向　　　　　　火灾报警装置或灭火设备的方位

图 11-13　方向辅助标志

11.2.2.6　文字辅助标志

（1）组合使用示例——安全出口

（2）组合使用示例——消防按钮

图 11-14　文字辅助标志

11.3　危险化学品标志

　　根据常用危险化学品的危险特性和类别，设主标志 16 种和副标志 11 种。主标志是由表示危险特性的图案、文字说明、底色和危险品类别号四个部分组成的菱形标志。副标志图形中没有危险品类别号。

11.3.1　主标志

　　包括爆炸品、易燃气体、不燃气体、有毒气体、易燃液体、易燃固体、自燃物品、遇湿易燃物品、氧化剂、有机过氧化物、有毒品、剧毒品、一级放射性物品、二级放射性物品、三级放射性物品和腐蚀品等 16 种。

标志 1　爆炸品标志　　　　　　　　　　标志 2　易燃气体标志

标志 3　不燃气体标志

标志 4　有毒气体标志

标志 5　易燃液体标志

标志 6　易燃固体标志

标志 7　自燃物品标志

标志 8　遇湿易燃物品标志

标志 9　氧化剂标志

标志 10　有机过氧化物标志

标志 11   有毒品标志

标志 12   剧毒品标志

标志 13   一级放射性物品标志

标志 14   二级放射性物品标志

标志 15   三级放射性物品标志

标志 16   腐蚀品标志

图 11-15   危险化学品主标志

11.3.2   副标志

包括爆炸品、易燃气体、不燃气体、有毒气体、易燃液体、易燃固体、自燃物品、遇湿易燃物品、氧化剂、有毒品和腐蚀品等 11 种。

标志 17　爆炸品标志

标志 18　易燃气体标志

标志 19　不燃气体标志

标志 20　有毒气体标志

标志 21　易燃液体标志

标志 22　易燃固体标志

标志 23　自燃物品标志

标志 24　遇湿易燃物品标志

标志 25　氧化剂标志

标志 26　有毒品标志

标志 27　腐蚀品标志

图 11-16　危险化学品副标志

11.4　危险废物标志

危险废物存放间标志牌

危险废物外包装标志

图 11-17　实验室危险废物标志

11.5　实验室其他常见安全标志

11.5.1　实验室常见禁止标志

禁止转动　　　　　　　禁止穿化纤服装

禁止靠近　　　　　　　禁止饮用

禁止启动 禁止触摸

图 11-18 实验室常见禁止标志

11.5.2 实验室常见警告标志

当心触电 当心电缆

当心电离辐射 当心感染

当心腐蚀 当心中毒

图 11-19　实验室常见警告标志

11.5.3   实验室常见指令标志

必须戴防护眼镜   必须戴防尘口罩

必须戴防毒面具   必须拔出插头

必须洗手   必须穿防护鞋

必须戴防护手套   必须穿防护服

必须戴安全帽　　　　必须戴防护帽

必须接地　　　　必须加锁

图 11-20　实验室常见指令标志

11.5.4　实验室常见提示标志

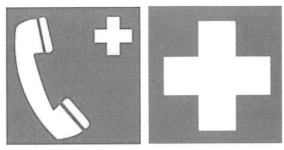

应急电话　　　　急救点

紧急喷淋+洗眼器组合标志

图 11-21　实验室常见提示标志

11.5.5 其他组合标志

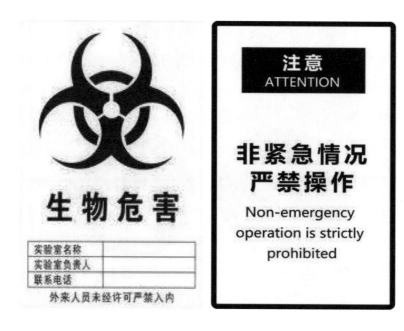

图 11-22 实验室其他常用组合标志

参考文献

[1] 安全标志及其使用导则：GB 2894—2008[S]. 北京：中国标准出版社，2008.

[2] 消防安全标志第 1 部分：标志：GB 13495.1—2015[S]. 北京：中国标准出版社，2015.

[3] 化学品分类和危险性公示通则：GB 13690—2009[S]. 北京：中国标准出版社，2009.

[4] 危险货物包装标志：GB 190—2009[S]. 北京：中国标准出版社，2009.

[5] 图形符号安全色和安全标志第 1 部分：安全标志和安全标记的设计原则：GB/T 2893.1—2013[S]. 北京：中国标准出版社，2013.

[6] 图形符号安全色和安全标志第 2 部分：产品安全标签的设计原则：GB/T 2893.2—2020[S]. 北京：中国标准出版社，2020.

[7] 图形符号安全色和安全标志第 3 部分：安全标志用图形符号设计原则：GB/T 2893.3—2010[S]. 北京：中国标准出版社，2010.

[8] 图形符号安全色和安全标志第 4 部分：安全标志材料的色度属性和光度属性：GB/T 2893.4—2013[S]. 北京：中国标准出版社，2013.

[9] 图形符号安全色和安全标志第 5 部分：安全标志使用原则与要求：GB/T 2893.5—2020[S]. 北京：中国标准出版社，2020.

[10] 宋志军，王天舒，等. 图说高校实验室安全[M]. 浙江：浙江工商大学出版社，2017.

附件　实验室废液相容表

颜色说明

反应颜色	混合后结果
	产生热
	起火
	产生无毒性和不易燃性气体
	产生有毒气体
	产生易燃气体
	爆炸
	剧烈聚合作用
	或许有危害但不确定

图例：产生热及有毒气体并起火

注一：易爆物包括溶剂、废弃爆炸物，石油废弃物等。

注二：强氧化剂包括铬酸、氯酸、双氧水、硝酸、高锰酸。

反应类编号	废液主要成分
1	酸、矿物（非氧化性）
2	酸、矿物（氧化性）
3	有机酸
4	醇类、二元醇类和酸类
5	农药、石棉等有毒物质
6	硫胺类
7	胺、脂肪族、芳香族
8	偶氮化合物、重氮化合物和联胺
9	水
10	碱
11	氧化物、硫化物及氟化物
12	二磺氨基碳酸盐
13	酯类、醚类、酮类
14	易爆物（注二）
15	强氧化剂（注二）
16	烃类、芳香族、不饱和烃
17	卤化有机物
18	一般金属
19	铝、钾、锂、镁、钙、钠等易燃金属

附　录

附录 1　实验室安全相关法律法规

附录 1.1　生态环境保护

1. 《中华人民共和国环境保护法》
2. 《中华人民共和国水污染防治法》
3. 《中华人民共和国大气污染防治法》
4. 《中华人民共和国海洋环境保护法》
5. 《中华人民共和国土壤污染防治法》
6. 《中华人民共和国固体废物污染环境防治法》
7. 《中华人民共和国环境噪声污染防治法》
8. 《中华人民共和国环境影响评价法》
9. 《中华人民共和国清洁生产促进法》
10. 《中华人民共和国循环经济促进法》
11. 《中华人民共和国水法》
12. 《中华人民共和国长江保护法》
13. 《环境行政处罚办法》
14. 《医疗废物管理行政处罚办法》
15. 《近岸海域环境功能区管理办法》
16. 《废弃电器电子产品回收处理管理条例》
17. 《中华人民共和国防治海岸工程建设项目污染损害海洋环境管理条例》
18. 《防治船舶污染海洋环境管理条例》
19. 《中华人民共和国防治陆源污染物污染损害海洋环境管理条例》
20. 《中华人民共和国海洋倾废管理条例》
21. 《中华人民共和国防止拆船污染环境管理条例》

22. 《中华人民共和国海洋石油勘探开发环境保护管理条例》

23. 《畜禽规模养殖污染防治条例》

24. 《城镇排水与污水处理条例》

25. 《排污许可管理办法（试行）》

26. 《医疗废物管理条例》

27. 《污染源自动监控设施现场监督检查办法》

28. 《污染源自动监控管理办法》

29. 《消耗臭氧层物质管理条例》

30. 《突发环境事件应急管理办法》

31. 《突发环境事件调查处理办法》

32. 《突发环境事件信息报告办法》

33. 《废弃电器电子产品处理资格许可管理办法》

34. 《建设项目环境影响评价分类管理名录（2021 年版）》

35. 《建设项目环境影响后评价管理办法（试行）》

36. 《建设项目环境影响评价资质管理办法》

37. 《固定污染源排污许可分类管理名录（2019 年版）》

38. 《污染地块土壤环境管理办法（试行）》

39. 《工矿用地土壤环境管理办法（试行）》

40. 《农用地土壤环境管理办法（试行）》

41. 《防止含多氯联苯电力装置及其废物污染环境的规定》

42. 《生活垃圾焚烧发电厂自动监测数据应用管理规定》

43. 《防治尾矿污染环境管理规定》

44. 《太湖流域管理条例》

45. 《淮河流域水污染防治暂行条例》

46. 《饮用水水源保护区污染防治管理规定》

47. 《建设项目环境保护管理条例》

48. 其他相关法律法规

附录 1.2　消防安全

1. 《中华人民共和国安全生产法》

2. 《中华人民共和国消防法》

3. 《机关、团体、企业、事业单位消防安全管理规定》

4. 其他相关法律法规

附录 1.3　化学安全

1.《危险化学品安全管理条例》

2.《危险化学品登记管理办法》

3.《危险化学品重大危险源监督管理暂行规定》

4.《危险化学品建设项目安全设施目录（试行）》

5.《危险化学品目录（2015 版）》

6.《危险化学品安全使用许可证实施办法》

7.《危险废物经营许可证管理办法》

8.《化学品物理危险性鉴定与分类管理办法》

9.《危险废物转移联单管理办法》

10.《危险化学品建设项目安全监督管理办法》

11.《使用有毒物品作业场所劳动保护条例》

12.《剧毒化学品购买和公路运输许可证管理办法》

13.《化学品首次进口及有毒化学品进出口环境管理规定》

14.《中国严格限制的有毒化学品名录》（2018 年）

15.《国家危险废物名录（2021 年版）》

16.《民用爆炸物品安全管理条例》

17.《易制毒化学品管理条例》

18.《易制爆危险化学品名录》（2017 年版）

19.《新化学物质环境管理登记办法》

20.《农药管理条例》

21.《易制爆危险化学品治安管理办法》

22.《剧毒化学品购买和公路运输许可证件管理办法》

23．其他相关法律法规

附录 1.4　生物安全

1.《中华人民共和国国境卫生检疫法》

2.《病原微生物实验室生物安全管理条例》

3.《实验动物管理条例》

4.《进出口环保用微生物菌剂环境安全管理办法》

5.《人间传染的病原微生物名录》

6.《消毒管理办法》

7.《可感染人类的高致病性病原微生物菌（毒）种或样本运输管理规定》

8.《人间传染的高致病性病原微生物实验室和实验活动生物安全审批管理办法》

9. 其他相关法律法规

附录 1.5 特种设备安全

1.《中华人民共和国特种设备安全法》

2.《特种设备安全监察条例》

3.《特种作业人员安全技术培训考核管理规定》

4.《特种设备作业人员监督管理办法》

5.《气瓶安全监察规定》

6.《溶解乙炔气瓶安全监察规程》

7. 其他相关法律法规

附录 1.6 辐射安全

1.《中华人民共和国放射性污染防治法》

2.《放射性同位素与射线装置安全和防护条例》

3.《放射性物品运输安全管理条例》

4.《放射性废物安全管理条例》

5.《放射性同位素与射线装置安全和防护管理办法》

6.《放射性物品运输安全许可管理办法》

7.《放射性同位素与射线装置安全许可管理办法》

8.《放射工作人员职业健康管理办法》

9.《放射源分类办法》

10.《放射性物品运输安全管理条例》

11.《中华人民共和国核材料管理条例》

12.《民用核设施安全监督管理条例》

13.《核电厂核事故应急管理条例》

14.《放射性物品运输安全许可管理办法》

15.《放射性物品运输安全监督管理办法》

16.《放射性固体废物贮存和处置许可管理办法》

17.《放射性废物安全监督管理规定》

18.《放射性同位素与射线装置安全许可管理办法》

19.《放射性同位素与射线装置安全和防护管理办法》

20.《进口民用核安全设备监督管理规定（HAF604）》

21.《民用核安全设备设计制造安装和无损检验监督管理规定（HAF601）》

22．其他相关法律法规

附录 1.7　职业防护

1．《中华人民共和国职业病防治法》

2．《职业病诊断与鉴定管理办法》

3．《国家职业卫生标准管理办法》

4．《中华人民共和国尘肺病防治条例》

5．《工作场所职业卫生监督管理规定》

6．《建设项目职业病防护设施"三同时"监督管理办法》

7．《作业场所职业健康监督管理暂行规定》

8．其他相关法律法规

附录 1.8　其他

1．《中华人民共和国突发事件应对法》

2．《中华人民共和国标准化法》

3．《中华人民共和国计量法》

4．《生产安全事故应急条例》

5．《学生伤害事故处理办法》

6．《生产安全事故报告和调查处理条例》

7．《安全生产许可证条例》

8．《国务院关于特大安全事故行政责任追究的规定》

9．《生产安全事故应急预案管理办法》

10．《建设项目安全设施"三同时"监督管理暂行办法》

11．《生产安全事故信息报告和处置办法》

12．《检验检测机构监督管理办法》

13．《检验检测机构资质认定管理办法》

14．《国家标准管理办法》

15．《强制性国家标准管理办法》

16．《中华人民共和国认证认可条例》

17．《中华人民共和国计量法实施细则》

18．《中华人民共和国法定计量单位》

19．《中华人民共和国强制检定的工作计量器具检定管理办法》

20．其他相关法律法规

附录2 环境检测及实验室安全相关标准

附录2.1 生态环境保护

（一）水和废水（包括大气降水）

1. 《地表水环境质量标准》（GB 3838—2002）
2. 《农田灌溉水质标准》（GB 5084—2021）
3. 《海水水质标准》（GB 3097—1997）
4. 《渔业水质标准》（GB 11607—89）
5. 《污水综合排放标准》（GB 8978—1996）
6. 《医疗机构水污染物排放标准》（GB 18466—2005）
7. 《流域水污染物排放标准制订技术导则》（HJ 945.3—2020）
8. 《集中式饮用水水源地环境保护状况评估技术规范》（HJ 774—2015）
9. 《集中式饮用水水源地规范化建设环境保护技术要求》（HJ 773—2015）
10. 《环境监测分析方法标准制订技术导则》（HJ 168—2020）
11. 《水和废水监测分析方法》（第四版）国家环境保护总局（2002 年）
12. 《地下水质量标准》（GB/T 14848—2017）
13. 《生活饮用水标准检验方法 总则》（GB/T 5750.1—2006）
14. 《水污染物排放总量监测技术规范》（HJ/T 92—2002）
15. 《河流流量测验规范》（GB 50179—2015）
16. 《地表水和污水监测技术规范（试行）》（HJ 915—2017）
17. 《污水监测技术规范》（HJ 91.1—2019）
18. 《地下水环境监测技术规范》（HJ 164—2020）
19. 《水质 湖泊和水库采样技术指导》（GB/T 14581—1993）
20. 《水质采样样品的保存和管理技术规定》（HJ 493—2009）
21. 《水质 采样技术指导》（HJ 494—2009）
22. 《水质 采样方案设计技术规定》（HJ 495—2009）
23. 《水质 河流采样技术指导》（HJ/T 52—1999）
24. 《大气降水样品的采集与保存》（GB/T 13580.2—1992）
25. 《酸沉降监测技术规范》（HJ/T 165—2004）
26. 《地块土壤和地下水中挥发性有机物采样技术导则》（HJ 1019—2019）
27. 《饮用天然矿泉水检验方法》（GB/T 8538—2008）

28.《大气降水电导率的测定方法》（GB 13580.3—92）

29.《水质　色度的测定》（GB 11903—89）

30.《水质　浊度的测定》（GB 13200—91）

31.《水质　浊度的测定　浊度计法》（HJ 1075—2019）

32.《水质　色度的测定　稀释倍数法》（HJ 1182—2021）

33.《水质　溶解氧的测定　电化学探头法》（HJ 506—2009）

34.《水质　溶解氧的测定　碘量法》（GB 7489—87）

35.《水质　pH 值的测定　电极法》（HJ 1147—2020）

36.《大气降水　pH 值的测定电极法》（GB 13580.4—92）

37.《水质　硫酸盐的测定　重量法》（GB 11899—89）

38.《水质　硫酸盐的测定　铬酸钡分光光度法（试行）》（HJ/T 342—2007）

39.《大气降水中硫酸盐测定》（GB/T 13580.6-92）

40.《水质　悬浮物的测定　重量法》（GB 11901—89）

41.《水质　全盐量的测定　重量法》（HJ/T 51—1999）

42.《水质　氟化物的测定　氟试剂分光光度法》（HJ 488—2009）

43.《水质　氟化物的测定　茜素磺酸锆目视比色法》（HJ 487—2009）

44.《水质　氟化物的测定　离子选择电极法》（GB/T 7484—87）

45.《大气降水中氟化物的测定　新氟试剂光度法》（GB 13580.10—92）

46.《水质　氨氮的测定　气相分子吸收光谱法》（HJ/T 195—2015）

47.《水质　氨氮的测定　纳氏试剂分光光度法》（HJ 535—2009）

48.《水质　氨氮的测定　水杨酸分光光度法》（HJ 536—2009）

49.《水质　氨氮的测定　蒸馏—中和滴定法》（HJ 537—2009）

50.《水质　氨氮的测定　连续流动—水杨酸分光光度法》（HJ 665—2013）

51.《水质　氨氮的测定　流动注射—水杨酸分光光度法》（HJ 666—2013）

52.《水质　凯氏氮的测定》（GB 11891—89）

53.《水质　凯氏氮的测定　气相分子吸收光谱法》（HJ/T 196—2015）

54.《水质　总氮的测定　碱性过硫酸钾消解紫外分光光度法》（HJ 636—2012）

55.《水质　总氮的测定　气相分子吸收光谱法》（HJ/T 196—2005）

56.《水质　总氮的测定　连续流动—盐酸萘乙二胺分光光度法》（HJ 667—2013）

57.《水质　总氮的测定　流动注射—盐酸萘乙二胺分光光度法》（HJ 668—2013）

58.《水质　亚硝酸盐氮的测定　分光光度法》（GB/T 7493—87）

59.《水质　亚硝酸盐氮的测定　气相分子吸收光谱法》（HJ/T 197—2005）

60.《大气降水中亚硝酸盐测定　N-（1-萘基)-乙二胺光度法》（GB 13580.7—92）

61.《水质　硝酸盐氮的测定　酚二磺酸分光光度法》（GB/T 7480—87）

62.《水质 硝酸盐氮的测定 紫外分光光度法（试行）》（HJ/T 346—2007）

63.《水质 硝酸盐氮的测定 气相分子吸收光谱法》（HJ/T 198—2005）

64.《大气降水中硝酸盐测定》（GB/T 13580.8—92）

65.《水质 化学需氧量的测定 重铬酸盐法》（HJ 828—2017）

66.《水质 化学需氧量的测定 快速消解分光光度法》（HJ/T 399—2007）

67.《高氯废水化学需氧量的测定 氯气校正法》（HJ/T 70—2001）

68.《高氯废水化学需氧量的测定 碘化钾碱性高锰酸钾法》（HJ/T 132—2003）

69.《水质 氯化物的测定 硝酸银滴定法》（GB 11896—89）

70.《大气降水中氯化物的测定 硫氰酸汞高铁光度法》（GB 13580.9—92）

71.《水质 氯化物的测定 硝酸汞滴定法（试行）》（HJ/T 343—2007）

72.《水质 游离氯和总氯的测定 N,N—二乙基—1,4—苯二胺滴定法》（HJ 585—2010）

73.《水质 游离氯和总氯的测定 N,N—二乙基—1,4—苯二胺分光光度法》（HJ 586—2010）

74.《水质 高锰酸盐指数的测定》（GB 11892—89）

75.《水质 钙和镁总量的测定 EDTA 滴定法》（GB/T 7477—1987）

76.《水质 挥发酚的测定 4—氨基安替比林分光光度法（方法 2 直接分光光度法)》（HJ 503—2009）

77.《水质 挥发酚的测定 流动注射—4—氨基安替比林分光光度法》（HJ 825—2017）

78.《水质 五日生化需氧量（BOD_5）的测定 稀释与接种法》（HJ 505—2009）

79.《水质 生化需氧量（BOD_5）的测定 微生物传感器快速测定法》（HJ/T 86—2002）

80.《水质 硫化物的测定 亚甲基蓝分光光度法》（GB/T 16489—1996）

81.《水质 硫化物的测定 气相分子吸收光谱法》（HJ/T 200—2005）

82.《水质 硫化物的测定 碘量法》（HJ/T 60—2000）

83.《水质 硫化物的测定 流动注射—亚甲基蓝分光光度法》（HJ 824—2017）

84.《水质 氰化物的测定 容量法和分光光度法》（HJ 484—2009）

85.《水质组胺等五种生物胺的测定 高效液相色谱法》（GB/T 21970—2008）

86.《水中除草剂残留测定 液相色谱/质谱法》（GB/T 21925—2008）

87.《水中氚的分析方法》（HJ 1126—2020）

88.《水质 氰化物等的测定 真空检测管—电子比色法》（HJ 659—2013）

89.《水质 氰化物的测定 流动注射—分光光度法》（HJ 823—2017）

90.《水质 黄磷的测定 气相色谱法》（HJ 701—2014）

91.《水质 单质磷的测定 磷钼蓝分光光度法（暂行）》（HJ 593—2010）

92.《水质 总磷的测定 钼酸铵分光光度法》（GB 11893—89）

93．《水质　磷酸盐的测定　离子色谱法》（HJ 669—2013）

94．《水质　磷酸盐和总磷的测定　连续流动—钼酸铵分光光度法》（HJ 670—2013）

95．《水质　总磷的测定　流动注射—钼酸铵分光光度法》（HJ 671—2013）

96．《水质　二硫化碳的测定　二乙胺乙酸铜分光光度法》（GB/T 15504—1995）

97．《水质　碘化物的测定　离子色谱法》（HJ 778—2015）

98．《水质　无机阴离子（F^-、Cl^-、NO_2^-、Br^-、NO_3^-、PO_4^{3-}、SO_3^{2-}、SO_4^{2-}）的测定　离子色谱法》（HJ 84—2016）

99．《水质　无机阴离子的测定　离子色谱法》（HJ/T 84—2001）

100．《大气降水中氟、氯、亚硝酸盐、硝酸盐、硫酸盐的测定　离子色谱法》（GB 13580.5—92）

101．《水质　氯酸盐、亚氯酸盐、溴酸盐、二氯乙酸和三氯乙酸的测定　离子色谱法》（HJ 1050—2019）

102．《水质　硼的测定　姜黄素分光光度法》（HJ/T 49—1999）

103．《水质　汞、砷、硒、铋和锑的测定　原子荧光法》（HJ 694—2014）

104．《水质　总砷的测定　二乙基二硫代氨基甲酸银分光光度法》（GB/T 7485—87）

105．《水质　痕量砷的测定　硼氢化钾—硝酸银分光光度法》（GB/T 11900—1989）

106．《水质　硒的测定　2,3—二氨基萘荧光法》（GB/T 11902—89）

107．《水质　硒的测定　石墨炉原子吸收分光光度法》（GB/T 15505—1995）

108．《水质　总硒的测定　3,3′—二氨基联苯胺分光光度法》（HJ 811—2016）

109．《水质　铁的测定　邻菲啰啉分光光度法（试行）》（HJ/T 345—2007）

110．《水质　锰的测定　高碘酸钾分光光度法》（GB/T 11906—89）

111．《水质　锰的测定　甲醛肟分光光度法（试行）》（HJ/T 344—2007）

112．《水质　总铬的测定》（GB/T 7466—87）

113．《水质　铬的测定　火焰原子吸收分光光度法》（HJ 757—2015）

114．《水质　六价铬的测定　二苯碳酰二肼分光光度法》（GB/T 7467—87）

115．《水质　六价铬的测定　流动注射—二苯碳酰二肼光度法》（HJ 908—2017）

116．《水质　银的测定　火焰原子吸收分光光度法》（GB/T 11907—89）

117．《水质　银的测定　3,5—Br2—PADAP 分光光度法》（HJ 489—2009）

118．《水质　银的测定　镉试剂 2B 分光光度法》（HJ 490—2009）

119．《水质　镍的测定　丁二酮肟分光光度法》（GB/T 11910—1989）

120．《水质　镍的测定　火焰原子吸收分光光度法》（GB/T 11912—1989）

121．《水质　锑的测定　火焰原子吸收分光光度法》（HJ 1046—2019）

122．《水质　锑的测定　石墨炉原子吸收分光光度法)》（HJ 1047—2019）

123．《水质　铍的测定　铬箐 R 分光光度法》（HJ/T 58—2000）

124．《水质　铍的测定　石墨炉原子吸收分光光度法》（HJ/T 59—2000）

125．《大气降水中铵盐的测定》（GB 13580.11—92）

126．《水质　钾和钠的测定　火焰原子吸收分光光度法》（GB/T 11904—89）

127．《大气降水中钠、钾的测定　原子吸收分光光度法》（GB 13580.12—92）

128．《水质　钙和镁的测定　原子吸收分光光度法》（GB/T 11905—89）

129．《大气降水中钙、镁的测定　原子吸收分光光度法》（GB 13580.13—92）

130．《环境空气降水中有机酸（乙酸、甲酸和草酸）的测定　离子色谱法》（HJ 1004—2018）

131．《环境空气降水中阳离子（Na^+、NH_4^+、K^+、Mg^{2+}、Ca^{2+}）的测定　离子色谱法》（HJ 1005—2018）

132．《水质　可溶性阳离子（Li^+、Na^+、NH_4^+、$K+$、Ca^{2+}、Mg^{2+}）的测定　离子色谱法》（HJ 812—2016）

133．《水质　钙的测定　EDTA 滴定法》（GB/T 7476—87）

134．《工业循环冷却水中钠、铵、钾、镁和钙离子的测定　离子色谱法》（GB/T 15454—2009）

135．《水质　铜、锌、铅、镉的测定　原子吸收分光光度法》（GB/T 7475—87）

136．《水质　铜的测定　二乙基二硫代氨基甲酸钠分光光度法》（HJ 485—2009）

137．《水质　铜的测定　2,9—二甲基—1,10 菲萝啉分光光度法》（HJ 486—2009）

138．《水质　铅的测定　双硫腙分光光度法》（GB/T 7470—87）

139．《水质　铅的测定　示波极谱法》（GB/T 13896—92）

140．《水质　锌的测定　双硫腙分光光度法》（GB/T 7472—87）

141．《水质　镉的测定　双硫腙分光光度法》（GB/T 7471—87）

142．《水质　钡的测定　石墨炉原子吸收分光光度法》（HJ 602—2011）

143．《水质　钡的测定　火焰原子吸收分光光度法》（HJ 603—2011）

144．《水质　钡的测定　电位滴定法》（GB/T 14671）—93）

145．《水质　钴的测定　石墨炉原子吸收分光光度法》（HJ 958—2018）

146．《水质　钴的测定　火焰原子吸收分光光度法》（HJ 957—2018）

147．《水质　钒的测定　钽试剂（bpha）萃取分光光度法》（GB/T 15503—1995）

148．《水质　钒的测定　石墨炉原子吸收分光光度法》（HJ 673—2013）

149．《水质　铊的测定　石墨炉原子吸收分光光度法》（HJ 748—2015）

150．《水质　总汞的测定　冷原子吸收分光光度法》（HJ 597—2011）

151．《水质　汞的测定　冷原子荧光法（试行）》（HJ/T 341—2007）

152．《水质　总汞的测定　高锰酸钾—过硫酸钾消解法　双硫腙分光光度法》（GB/T 7469—87）

153.《水质　钼和钛的测定　石墨炉原子吸收分光光度法》（HJ 807—2016）

154.《水质　铁、锰的测定　火焰原子吸收分光光度法》（GB/T 11911—89）

155.《水质　32 种元素的测定　电感耦合等离子体发射光谱法》（HJ 776—2015）

156.《水质　65 种元素的测定　电感耦合等离子体质谱法》（HJ 700—2014）

157.《水质　多环芳烃的测定　液液萃取和固相萃取高效液相色谱法》（HJ 478—2009）

158.《水质　二噁英类的测定　同位素稀释高分辨气相色谱—高分辨质谱法》（HJ 77.1—2008）

159.《水质　苯并（a）芘的测定　乙酰化滤纸层析荧光分光光度法》（GB 11895—89）

160.《水质　二硝基甲苯的测定　示波极谱法》（GB/T 13901—92）

161.《水质　梯恩梯、黑索今、地恩梯的测定　气相色谱法》（HJ 600—2011）

162.《水质　梯恩梯的测定　N—氯代十六烷基吡啶亚硫酸钠分光光度法》（HJ 599—2011）

163.《水质　梯恩梯的测定　亚硫酸钠分光光度法》（HJ 598—2011）

164.《水质　黑索今的测定　分光光度法》（GB/T 13900—92）

165.《水质　苯胺类化合物的测定　N—（1—萘基）乙二胺偶氮分光光度法》（GB 11889—89）

166.《水质　苯胺类化合物的测定　气相色谱—质谱法》（HJ 822—2017）

167.《水质　17 种苯胺类化合物的测定　液相色谱—三重四极杆质谱法》（HJ 1048—2019）

168.《水质　联苯胺的测定　高效液相色谱法》（HJ 1017—2019）

169.《水质　亚硝胺类化合物的测定　气相色谱法》（HJ 809—2016）

170.《水质　丙烯酰胺的测定　气相色谱法》（HJ 697—2014）

171.《水质　阴离子表面活性剂的测定　亚甲蓝分光光度法》（GB/T 7494—87）

172.《水质　阴离子洗涤剂的测定　电位滴定法》（GB/T 13199—91）

173.《水质　阴离子表面活性剂的测定　流动注射—亚甲基蓝分光光度法》（HJ 826—2017）

174.《水质　甲醛的测定　乙酰丙酮分光光度法》（HJ 601—2011）

175.《水质　三乙胺的测定　溴酚蓝分光光度法》（GB/T 14377—93）

176.《水质　肼和甲基肼的测定　对二甲氨基苯甲醛分光光度法》（HJ 674—2013）

177.《水质　肼和甲基肼的测定　对二甲氨基苯甲醛分光光度法》（HJ 674—2013）

178.《水质　可吸附有机卤素（AOX）的测定　离子色谱法》（HJ/T 83—2001）

179.《水质　可吸附有机卤素（AOX）的测定　微库仑法》（GB/T 15959—1995）

180.《水质　苯系物的测定　顶空/气相色谱法》（HJ 1067—2019）

181.《水质　有机氯农药和氯苯类化合物的测定　气相色谱—质谱法》（HJ 699—2014）

182.《水质　六六六、滴滴涕的测定　气相色谱法》（GB/T 7492—87）

183.《水质　百菌清及拟除虫菊酯类农药的测定　气相色谱—质谱法》（HJ 753—2015）

184.《水质　百菌清和溴氰菊酯的测定　气相色谱法》（HJ 698—2014）

185.《水质　苯氧羧酸类除草剂的测定　液相色谱/串联质谱法》（HJ 770—2015）

186.《水质　15 种氯代除草剂的测定　气相色谱法》（HJ 1070—2019）

187.《水质　草甘膦的测定　高效液相色谱法》（HJ 1071—2019）

188.《水质　酚类化合物的测定　液液萃取/气相色谱法》（HJ 676—2013）

189.《水质　酚类化合物的测定　气相色谱—质谱法》（HJ 744—2015）

190.《水质　萘酚的测定　高效液相色谱法》（HJ 1073—2019）

191.《水质　4 种硝基酚类化合物的测定　液相色谱—三重四极杆质谱法》（HJ 1049—2019）

192.《水质　硝基酚类化合物的测定　气相色谱—质谱法》（HJ 1150—2020）

193.《水质　五氯酚的测定　藏红 T 分光光度法》（GB 980—88）

194.《水质　五氯酚的测定　气相色谱法》（HJ 591—2010）

195.《水质　有机磷农药的测定　气相色谱法》（GB/T 13192—1991）

196.《水、土中有机磷农药测定的气相色谱法》（GB/T 14552—2003）

197.《水质　阿特拉津的测定　高效液相色谱法》（HJ 587—2010）

198.《水质　阿特拉津的测定　气相色谱法》（HJ 754—2015）

199.《水质　挥发性卤代烃的测定　顶空气相色谱法》（HJ 620—2011）

200.《水质　氯苯类化合物的测定　气相色谱法》（HJ 621—2011）

201.《水质　氯苯的测定　气相色谱法》（HJ/T 74—2001）

202.《水质　吡啶的测定　顶空/气相色谱法》（HJ 1072—2019）

203.《水质　丙烯腈和丙烯醛的测定　吹扫捕集/气相色谱法》（HJ 806—2016）

204.《水质　丙烯腈的测定　气相色谱法》（HJ/T 73—2001）

205.《水质　乙腈的测定　吹扫捕集/气相色谱法》（HJ 788—2016）

206.《水质　乙腈的测定　直接进样/气相色谱法》（HJ 789—2016）

207.《水质　烷基汞的测定　吹扫捕集/气相色谱—冷原子荧光光谱法》（HJ 977—2018）

208.《水质　烷基汞的测定　气相色谱法》（GB/T 14204—93）

209.《环境甲基汞的测定　气相色谱法》（GB/T 17132—1997）

210.《水质　挥发性有机物的测定　吹扫捕集/气相色谱法》（HJ 686—2014）

211.《水质　挥发性有机物的测定　吹扫捕集/气相色谱—质谱法》（HJ 639—2012）

212.《水质　挥发性有机物的测定　顶空/气相色谱—质谱法》（HJ 810—2016）

213.《水质　邻苯二甲酸二甲（二丁、二辛）酯的测定　液相色谱法》（HJ/T 72—2001）

214.《水质　多氯联苯的测定　气相色谱—质谱法》（HJ 715—2014）

215.《水质　石油类和动植物油类的测定　红外分光光度法》（HJ 637—2018）

216.《水质　石油类的测定　紫外分光光度法（试行）》（HJ 970—2018）

217.《水质　挥发性石油烃（C6—C9）的测定　吹扫捕集/气相色谱法》（HJ 893—2017）

218.《水质　可萃取性石油烃（C10—C40）的测定　气相色谱法》（HJ 894—2017）

219.《水质　丁基黄原酸的测定　液相色谱—三重四极杆串联质谱法》（HJ 1002—2018）

220.《水质　丁基黄原酸的测定　紫外分光光度法》（HJ 756—2015）

221.《水质　丁基黄原酸的测定　吹扫捕集/气相色谱—质谱法》（HJ 896—2017）

222.《水质　硝化甘油的测定　示波极谱法》（GB/T 13902—92）

223.《水质　四乙基铅的测定　顶空/气相色谱—质谱法》（HJ 959—2018）

224.《水质　松节油的测定　气相色谱法》（HJ 696—2014）

225.《水质　松节油的测定　吹扫捕集/气相色谱—质谱法》（HJ 866—2017）

226.《水质　氨基甲酸酯类农药的测定　超高效液相色谱—三重四极杆质谱法》（HJ 827—2017）

227.《水质　硝磺草酮的测定　液相色谱法》（HJ 850—2017）

228.《水质　甲醇和丙酮的测定　顶空/气相色谱法》（HJ 895—2017）

229.《水质　乙撑硫脲的测定　液相色谱法》（HJ 849—2017）

230.《水质　灭多威和灭多威肟的测定　液相色谱法》（HJ 851—2017）

231.《水质　百草枯和杀草快的测定　固相萃取—高效液相色谱法》（HJ 914—2017）

232.《水质　卤代乙酸类化合物的测定　气相色谱法》（HJ 758—2015）

233.《水质　磺酰脲类农药的测定　高效液相色谱法》（HJ 1018—2019）

234.《水质　多溴二苯醚的测定　气相色谱—质谱法》（HJ 909—2017）

235.《水质　三丁基锡等4种有机锡化合物的测定　液相色谱—电感耦合等离子体质谱法》（HJ 1074—2019）

236.《水质　彩色显影剂总量的测定　169 成色剂分光光度法（暂行）》（HJ 595—2010）

237.《水质　金属总量的消解微波消解法》（HJ 678—2013）

238.《水质　金属总量的消解硝酸消解法》（HJ 677—2013）

239.《六价铬水质自动在线监测仪技水质技术要求》（HJ 609—2011）

240.《紫外（UV）吸收水质自动在线监测仪技术要求》（HJ/T 191—2005）

241.《总氮水质自动分析仪技术要求》（HJ/T 102—2003）

242.《溶解氧（DO）水质自动分析仪技术要求》（HJ/T 99—2003）

243.《总磷水质自动分析仪技术要求》（HJ/T 103—2003）

244.《电导率水质自动分析仪技术要求》（HJ/T 97—2003）

245.《高锰酸盐指数水质自动分析仪技术要求》（HJ/T 100—2003）

246.《总有机碳（TOC）水质自动分析仪技术要求》（HJ/T 104—2003）

247.《浊度水质自动分析仪技术要求》（HJ/T 98—2003）

248.《氨氮水质自动分析仪技术要求》（HJ/T 101—2003）

249.《pH 水质自动分析仪技术要求》（HJ/T 96—2003）

250.《工业循环冷却水中浊度的测定　散射光法》（GB/T 15893—2014）

251.《生活饮用水臭味物质土臭素和 2—甲基异莰醇检验方法》（GB/T 32470—2016）

252.《城市污水再生利用农田灌溉用水水质》（GB 20922—2007）

253.《再生水水质总砷的测定　原子荧光光谱法》（GB/T 39306—2020）

254.《再生水水质氟、氯、亚硝酸根、硝酸根、硫酸根的测定　离子色谱法》（GB/T 39305—2020）

255.《再生水水质苯系物的测定　气相色谱法》（GB/T 39298—2020）

256.《难降解有机废水深度处理技术规范》（GB/T 39308—2020）

257.《农村生活污水处理导则》（GB/T 37071—2018）

258.《含氨（铵）废液处理处置方法》（GB/T 36496—2018）

259.《煤矿水水质分析的一般规定》（GB/T 33686—2017）

260.《城镇污水处理厂污染物排放标准》（GB 18918—2002）

261.《锅炉用水和冷却水分析方法化学耗氧量的测定　重铬酸钾快速法》（GB/T 14420—2014）

262.《锅炉用水和冷却水分析方法氯化物的测定　硫氰化铵滴定法》（GB/T 29340—2012）

263.《锅炉用水和冷却水分析方法氨的测定　苯酚法》（GB/T 12146—2005）

264.《锅炉用水和冷却水分析方法浊度的测定（福马肼浊度）》（GB/T 12151—2005）

265.《锅炉用水和冷却水分析方法通则》（GB/T 6903—2005）

266.《锅炉用水和冷却水分析方法水样的采集方法》（GB/T 6907—2005）

267.其他相关标准

（二）大气和废气

1.《环境空气质量标准》（GB 3095—2012）

2.《乘用车内空气质量评价指南》（GB/T 27630—2011）

3.《大气污染物综合排放标准》（GB 16297—1996）

4．《恶臭污染物排放标准》（GB 14554—93）

5．《锅炉大气污染物排放标准》（GB 13271—2014）

6．《工业炉窑大气污染物排放标准》（GB 9078—1996）

7．《油品运输大气污染物排放标准》（GB 20951—2020）

8．《车用汽油有害物质控制标准（第四、五阶段）》（GWKB 1.1—2011）

9．《车用柴油有害物质控制标准（第四、五阶段）》（GWKB 1.2—2011）

10．《加油站大气污染物排放标准》（GB 20952—2020）

11．《储油库大气污染物排放标准》（GB 20950—2020）

12．《油品运输大气污染物排放标准》（GB 20951—2020）

13．《空气和废气监测分析方法》（第三版）国家环境保护局（1990 年）

14．《空气和废气监测分析方法》（第四版）国家环境保护总局（2003 年）

15．《环境空气质量手工监测技术规范》（HJ 194—2017）

16．《固定污染源排气中颗粒物测定与气态污染物采样方法》（GB/T 16157—1996）及修改单

17．《大气无组织排放监测技术导则》（HJ/T 55—2000）

18．《环境空气半挥发性有机物采样技术导则》（HJ 691—2014）

19．《锅炉烟尘测试方法》（GB 5468—91）

20．《固定源废气监测技术规范》（HJ/T 397—2007）

21．《固定污染源废气挥发性有机物的采样气袋法》（HJ 732—2014）

22．《环境空气二氧化硫的测定　甲醛吸收-副玫瑰苯胺分光光度法》（HJ 482—2009）及修改单

23．《环境空气二氧化硫的测定　四氯汞盐吸收-副玫瑰苯胺分光光度法》（HJ 483—2009）及修改单

24．《环境空气二氧化硫的自动测定　紫外荧光法》（HJ 1044—2019）

25．《固定污染源排气中二氧化硫的测定　碘量法》（HJ/T 56—2000）

26．《固定污染源废气二氧化硫的测定　定电位电解法》（HJ 57—2017）

27．《固定污染源废气二氧化硫的测定　非分散红外吸收法》（HJ 629—2011）

28．《固定污染源废气二氧化硫的测定　便携式紫外吸收法》（HJ 1131—2020）

29．《固定污染源废气氮氧化物的测定　非分散红外吸收法》（HJ 692—2014）

30．《固定污染源废气氮氧化物的测定　定电位电解法》（HJ 693—2014）

31．《固定污染源废气氮氧化物的测定　便携式紫外吸收法》（HJ 1132—2020）

32．《环境空气氮氧化物（一氧化氮和二氧化氮）的测定　盐酸萘乙二胺分光光度法》（HJ 479—2009）及修改单

33．《固定污染源排气中氮氧化物的测定　紫外分光光度法》（HJ/T 42—1999）

34.《固定污染源排气中氮氧化物的测定　盐酸萘乙二胺分光光度法》（HJ/T 43—1999）

35.《固定污染源排气氮氧化物的测定　酸碱滴定法》（HJ 675—2013）

36.《环境空气氮氧化物的自动测定　化学发光法》（HJ 1043—2019）

37.《环境空气二氧化氮的测定　Saltzman 法》（GB/T 15435—1995）

38.《环境空气臭氧的测定　靛蓝二磺酸钠分光光度法》（HJ 504—2009）及修改单

39.《环境空气臭氧的测定　紫外光度法》（HJ 590—2010）及修改单

40.《环境空气一氧化碳的自动测定　非分散红外法》（HJ 965—2018）

41.《空气质量一氧化碳的测定　非分散红外法》（GB 9801—88）

42.《固定污染源排气中一氧化碳的测定　非色散红外吸收法》（HJ/T 44—1999）

43.《固定污染源废气一氧化碳的测定　定电位电解法》（HJ 973—2018）

44.《固定污染源排气中氰化氢的测定　异烟酸-吡唑啉酮分光光度法》（HJ/T 28—1999）

45.《固定污染源排气中氯化氢的测定　硫氰酸汞分光光度法》（HJ/T 27—1999）

46.《固定污染源废气氯化氢的测定　硝酸银容量法》（HJ 548—2016）

47.《环境空气和废气氯化氢的测定　离子色谱法》（HJ 549—2016）

48.《固定污染源废气溴化氢的测定　离子色谱法》（HJ 1040—2019）

49.《固定污染源排气中氯气的测定　甲基橙分光光度法》（HJ/T 30—1999）

50.《固定污染源废气氯气的测定　碘量法》（HJ 547—2017）

51.《空气质量氨的测定　离子选择电极法》（GB/T 14669—93）

52.《环境空气和废气氨的测定　纳氏试剂分光光度法》（HJ 533—2009）

53.《环境空气氨的测定　次氯酸钠—水杨酸分光光度法》（HJ 534—2009）

54.《环境空气氨、甲胺、二甲胺和三甲胺的测定　离子色谱法》（HJ 1076—2019）

55.《固定污染源排气中光气的测定　苯胺紫外分光光度法》（HJ/T 31—1999）

56.《固定污染源废气气态总磷的测定　喹钼柠酮容量法》（HJ 545—2017）

57.《环境空气氟化物的测定　石灰滤纸采样氟离子选择电极法》（HJ 481—2009）

58.《环境空气氟化物的测定　滤膜采样/氟离子选择电极法》（HJ 955—2018）

59.《固定污染源废气氟化氢的测定　离子色谱法》（HJ 688—2019）

60.《大气固定污染源氟化物的测定　离子选择电极法》（HJ/T 67—2001）

61.《固定污染源废气二氧化碳的测定　非分散红外吸收法》（HJ 870—2017）

62.《空气质量二硫化碳的测定　二乙胺分光光度法》（GB/T 14680—93）

63.《硫酸浓缩尾气硫酸雾的测定　铬酸钡比色法》（GB 4920—85）

64.《固定污染源排气中铬酸雾的测定　二苯基碳酰二肼分光光度法》（HJ/T 29—1999）

65.《固定污染源废气硫酸雾的测定　离子色谱法》（HJ 544—2016）

66.《工作场所空气中无机含磷化合物的测定方法》（GBZ/T 160.30—2004）

67.《环境空气五氧化二磷的测定　钼蓝分光光度法》（HJ 546—2015）

68.《环境空气总悬浮颗粒物的测定　重量法》（GB/T 15432—1995）及修改单

69.《环境空气　PM_{10} 和 $PM_{2.5}$ 的测定　重量法》（HJ 618—2011）及修改单

70.《固定污染源废气低浓度颗粒物的测定　重量法》（HJ 836—2017）

71.《环境空气降尘的测定　重量法》（GB/T 15265—94）

72. 固定污染源废气低浓度颗粒物的测定　重量法（HJ 836—2017）

73.《固定污染源排气中颗粒物测定与气态污染物采样方法》（GB/T 16157—1996）及修改单

74.《空气质量氮氧化物的测定》（GB/T 13906—1992）

75.《空气质量恶臭的测定　三点比较式臭袋法》（GB/T 14675—93）

76.《环境空气气态汞的测定　金膜富集/冷原子吸收分光光度法》（HJ 910—2017）及修改单

77.《固定污染源废气气态汞的测定　活性炭吸附/热裂解原子吸收分光光度法》（HJ 917—2017）

78.《环境空气汞的测定　巯基棉富集-冷原子荧光分光光度法（暂行）》（HJ 542—2009）及修改单

79.《固定污染源废气汞的测定　冷原子吸收分光光度法（暂行）》（HJ 543—2009）

80.《大气固定污染源镉的测定　对-偶氮苯重氮氨基偶氮苯磺酸分光光度法》（HJ/T 64.3—2001）

81.《大气固定污染源镉的测定　石墨炉原子吸收分光光度法》（HJ/T 64.2—2001）

82.《大气固定污染源镉的测定　火焰原子吸收分光光度法》（HJ/T 64.1—2001）

83.《大气固定污染源镍的测定　火焰原子吸收分光光度法》（HJ/T 63.1—2001）

84.《大气固定污染源镍的测定　石墨炉原子吸收分光光度法》（HJ/T 63.2—2001）

85.《大气固定污染镍的测定　丁二酮肟-正丁醇萃取分光光度法》（HJ/T 63.3—2001）

86.《固定污染源废气铍的测定　石墨炉原子吸收分光光度法》（HJ 684—2014）

87.《环境空气铅的测定　火焰原子吸收分光光度法》（GB/T 15264—94）及修改单

88.《固定污染源废气铅的测定　火焰原子吸收分光光度法（暂行）》（HJ 538—2009）

89.《环境空气铅的测定　石墨炉原子吸收分光光度法》（HJ 539—2015）及修改单

90.《固定污染源废气铅的测定　火焰原子吸收分光光度法》（HJ 685—2014）

91.《大气固定污染源锡的测定　石墨炉原子吸收分光光度法》（HJ/T 65—2001）

92.《固定污染源废气砷的测定　二乙基二硫代氨基甲酸银分光光度法》（HJ 540—2016）

93.《黄磷生产废气气态砷的测定　二乙基二硫代氨基甲酸银分光光度法（暂行）》（HJ 541—2009）

94．《环境空气六价铬的测定　柱后衍生离子色谱法》（HJ 779—2015）及修改单

95．《空气和废气颗粒物中铅等金属元素的测定　电感耦合等离子体质谱法》（HJ 657—2013）及修改单

96．《环境空气颗粒物中水溶性阳离子（Li^+、Na^+、NH^{4+}、K^+、Ca^{2+}、Mg^{2+}）的测定　离子色谱法》（HJ 800—2016）

97．《环境空气颗粒物中水溶性阴离子（F^-、Cl^-、Br^-、NO^{2-}、NO^{3-}、PO_4^{3-}、SO_3^{2-}、SO_4^{2-}）的测定　离子色谱法》（HJ 799—2016）

98．《空气和废气颗粒物中金属元素的测定　电感耦合等离子体发射光谱法》（HJ 777—2015）

99．《环境空气颗粒物中无机元素的测定　能量色散 X 射线荧光光谱法》（HJ 829—2017）

100．《环境空气颗粒物中无机元素的测定　波长色散 X 射线荧光光谱法》（HJ 830—2017）

101．《固定污染源废气碱雾的测定　电感耦合等离子体发射光谱法》（HJ 1007—2018）

102．《固定污染源废气总烃、甲烷和非甲烷总烃的测定　气相色谱法》（HJ 38—2017）

103．《环境空气总烃、甲烷和非甲烷总烃的测定　直接进样—气相色谱法》（HJ 604—2017）

104．《固定污染源排气中甲醇的测定　气相色谱法》（HJ/T 33—1999）

105．《固定污染源排气中乙醛的测定　气相色谱法》（HJ/T 35—1999）

106．《固定污染源排气中丙烯醛的测定　气相色谱法》（HJ/T 36—1999）

107．《空气质量三甲胺的测定　气相色谱法》（GB/T 14676—93）

108．《固定污染源废气三甲胺的测定　抑制型离子色谱法》（HJ 1041—2019）

109．《环境空气和废气三甲胺的测定　溶液吸收—顶空/气相色谱法》（HJ 1042—2019）

110．《空气质量甲醛的测定　乙酰丙酮分光光度法》（GB/T 15516—1995）

111．《空气质量硫化氢、甲硫醇、甲硫醚和二甲二硫的测定　气相色谱法》（GB/T 14678—93）

112．《固定污染源废气苯可溶物的测定　索氏提取—重量法》（HJ 690—2014）

113．《固定污染源排气中丙烯腈的测定　气相色谱法》（HJ/T 37—1999）

114．《固定污染源排气中氯乙烯的测定　气相色谱法》（HJ/T 34—1999）

115．《环境空气苯系物的测定　固体吸附/热脱附—气相色谱法》（HJ 583—2010）

116．《环境空气苯系物的测定　活性炭吸附/二硫化碳解吸—气相色谱法》（HJ 584—2010）

117．《环境空气和废气二噁英类的测定　同位素稀释高分辨气相色谱—高分辨质谱法物）的测定》（HJ 77.2—2008）

118．《环境空气和废气气相和颗粒物中多环芳烃的测定　高效液相色谱法》（HJ 647—2013）

119．《环境空气和废气气相和颗粒物中多环芳烃的测定　气相色谱—质谱法》（HJ 646—2013）

120．《环境空气和废气颗粒物中砷、硒、铋、锑的测定　原子荧光法》（HJ 1133—2020）

121．《固定污染源排气中苯并（a）芘的测定　高效液相色谱法》（HJ/T 40—1999）

122．《环境空气苯并（a）芘的测定　高效液相色谱法》（HJ 956—2018）

123．《空气质量飘尘中苯并（a）芘的测定　乙酰化滤纸层析荧光分光光度法》（GB 8971—88）

124．《空气质量硝基苯类（一硝基和二硝基化合物）的测定　锌还原—盐酸萘乙二胺分光光度法》（GB/T 15501—1995）

125．《环境空气硝基苯类化合物的测定　气相色谱法》（HJ 738—2015）

126．《环境空气硝基苯类化合物的测定　气相色谱—质谱法》（HJ 739—2015）

127．《环境空气醛、酮类化合物的测定　高效液相色谱法》（HJ 683—2014）

128．《环境空气醛、酮类化合物的测定　溶液吸收—高效液相色谱法》（HJ 1154—2020）

129．《固定污染源废气醛、酮类化合物的测定　溶液吸收—高效液相色谱法》（HJ 1153—2020）

130．《固定污染源排气中酚类化合物的测定　4—氨基安替比林分光光度法》（HJ/T 32—1999）

131．《环境空气　酚类化合物的测定　高效液相色谱法》（HJ 638—2012）

132．《空气质量苯胺类的测定　盐酸萘乙二胺分光光度法》（GB/T 15502—1995）

133．《大气固定污染源苯胺类的测定　气相色谱法》（HJ/T 68—2001）

134．《环境空气和废气酰胺类化合物的测定　液相色谱法》（HJ 801—2016）

135．《固定污染源废气氯苯类化合物的测定　气相色谱法》（HJ 1079—2019）

136．《环境空气挥发性有机物的测定　吸附管采样—热脱附/气相色谱—质谱法》（HJ 644—2013）

137．《固定污染源废气挥发性有机物的测定　固相吸附—热脱附/气相色谱—质谱法》（HJ 734—2014）

138．《环境空气挥发性有机物的测定　便携式傅里叶红外仪法》（HJ 919—2017）

139．《环境空气挥发性有机物的测定　罐采样/气相色谱—质谱法》（HJ 759—2015）

140．《环境空气挥发性卤代烃的测定　活性炭吸附—二硫化碳解吸/气相色谱法》（HJ 645—2013）

141．《固定污染源废气挥发性卤代烃的测定　气袋采样—气相色谱法》（HJ 1006—2018）

142.《环境空气酞酸酯类的测定　气相色谱—质谱法》（HJ 867—2017）

143.《环境空气酞酸酯类的测定　高效液相色谱法》（HJ 868—2017）

144.《固定污染源废气酞酸酯类的测定　气相色谱法》（HJ 869—2017）

145.《环境空气多氯联苯的测定　气相色谱—质谱法》（HJ 902—2017）

146.《环境空气多氯联苯的测定　气相色谱法》（HJ 903—2017）

147.《环境空气多氯联苯混合物的测定　气相色谱法》（HJ 904—2017）

148.《环境空气有机氯农药的测定　气相色谱—质谱法》（HJ 900—2017）

149.《环境空气有机氯农药的测定　气相色谱法》（HJ 901—2017）

150.《环境空气指示性毒杀芬的测定　气相色谱法》（HJ 852—2017）

151.《固定污染源废气甲硫醇等 8 种含硫有机化合物的测定　气袋采样—预浓缩/气相色谱—质谱法》（HJ 1078—2019）

152.《环境空气氯气等有毒有害气体的应急监测电化学传感器法》（HJ 872—2017）

153.《环境空气氯气等有毒有害气体的应急监测比长式检测管法》（HJ 871—2017）

154.《环境空气无机有害气体的应急监测便携式傅里叶红外仪法》（HJ 920—2017）

155.《非道路柴油移动机械污染物排放控制技术要求》（HJ 1014—2020）

156.《非道路柴油移动机械排气烟度限值及测量方法》（GB 36886—2018）

157.《甲醇燃料汽车非常规污染物排放测量方法》（HJ 1137—2020）

158.《汽油车污染物排放限值及测量方法（双怠速法及简易工况法）》（GB 18285—2018）

159.《柴油车污染物排放限值及测量方法（自由加速法及加载减速法）》（GB 3847—2018）

160.《重型柴油车污染物排放限值及测量方法（中国第六阶段）》（GB 17691—2018）

161.《轻型汽车污染物排放限值及测量方法（中国第六阶段）》（GB 18352.6—2016）

162.《轻便摩托车污染物排放限值及测量方法（中国第四阶段）》（GB 18176—2016）

163.《摩托车污染物排放限值及测量方法（中国第四阶段）》（GB 14622—2016）

164.《非道路移动机械用柴油机排气污染物排放限值及测量方法（中国第三、四阶段）》（GB 20891—2014）

165.《重型车用汽油发动机与汽车排气污染物排放限值及测量方法（中国Ⅲ、Ⅳ阶段）》（GB 14762—2008）

166.《船舶发动机排气污染物排放限值及测量方法（中国第一、二阶段）》（GB 15097—2016）

167.《非道路移动机械用小型点燃式发动机排气污染物排放限值与测量方法（中国第一、二阶段）》（GB 26133—2010）

168.《轻型混合动力电动汽车污染物排放控制要求及测量方法》（GB 19755—2016）

169.《城市车辆用柴油发动机排气污染物排放限值及测量方法（WHTC 工况法）》（HJ 689—2014）

170.《重型柴油车、气体燃料车排气污染物车载测量方法及技术要求》（HJ 857—2017）

171.《在用柴油车排气污染物测量方法及技术要求（遥感检测法）》（HJ 845—2017）

172.《装用点燃式发动机重型汽车曲轴箱污染物排放限值及测量方法》（GB 11340—2005）

173.《摩托车和轻便摩托车排气烟度排放限值及测量方法》（GB 19758—2005）

174.《装用点燃式发动机重型汽车燃油蒸发污染物排放限值及测量方法（收集法）》（GB 14763—2005）

175.《农用运输车自由加速烟度排放限值及测量方法》（GB 18322—2002）

176.《点燃式发动机汽车瞬态工况法排气污染物测量设备技术要求》（HJ/T 396—2007）

177.《压燃式发动机汽车自由加速法排气烟度测量设备技术要求》（HJ/T 395—2007）

178.《车用压燃式、气体燃料点燃式发动机与汽车车载诊断（OBD）系统技术要求》（HJ 437—2008）

179.《车用压燃式、气体燃料点燃式发动机与汽车排放控制系统耐久性技术要求》（HJ 438—2008）

180.《车用压燃式、气体燃料点燃式发动机与汽车在用符合性技术要求》（HJ 439—2008）

181.《轻型汽车车载诊断（OBD）系统管理技术规范》（HJ 500—2009）

182.《重型汽车排气污染物排放控制系统耐久性要求及试验方法》（GB 20890—2007）

183.《柴油车加载减速工况法排气烟度测量设备技术要求》（HJ/T 292—2006）

184.《汽油车稳态工况法排气污染物测量设备技术要求》（HJ/T 291—2006）

185.《汽油车简易瞬态工况法排气污染物测量设备技术要求》（HJ/T 2901—2006）

186.《汽油车双怠速法排气污染物测量设备技术要求》（HJ/T 289—2006）

187.《车用陶瓷催化转化器中铂、钯、铑的测定　电感耦合等离子体发射光谱法和电感耦合等离子体质谱法》（HJ 509—2009）

188.《非道路移动柴油机械排气烟度限值及测量方法》（GB 36886—2018）

189.《轻型汽车污染物排放限值及测量方法（中国第五阶段）》（GB 18352.5—2013）

190.《非道路移动机械用小型点燃式发动机排气污染物排放限值与测量方法（中国第一、二阶段）》（GB 26133—2010）

200.《空气中碘—131 的取样与测定》（GB/T 14584—93）

201.其他相关标准

（三）室内空气和室内装修装饰材料中有害物质

1.《室内空气质量标准》（GB/T 18883—2002）

2.《室内空气中可吸入颗粒物卫生标准》（GB/T 17095—1997）

3.《公共场所卫生检验方法》（GB/T 18204.1—2013）

4.《室内环境空气质量监测技术规范》（HJ/T 167—2004）

5.《人造板及饰面人造板理化性能试验方法》（GB/T 17657—2013）

6.《环境空气　二氧化硫的测定　甲醛吸收-副玫瑰苯胺分光光度法》（HJ 482—2009）

7.《车间空气中丁酮的溶剂解吸气相色谱测定方法》（GB/T 17091—1997）

8.《居住区大气中汞卫生标准检验方法金汞齐富集—原子吸收法》（GB/T 8914—1988）

9.《环境空气中氡的标准测量方法》（GB/T 14582—93）

10.《环境标志产品技术要求　人造板及其制品》（HJ 571—2010）

11.《环境标志产品技术要求　室内装饰装修用溶剂型木器涂料》（HJ/T 414—2007）

12.《环境标志产品技术要求　建筑装饰装修工程》（HJ 440—2008）

13.《建筑材料放射性核素限量》（GB 6566—2010）

14.《聚氯乙烯残留氯乙烯单体的测定　气相色谱法》（GB/T 4615—2013）

15.《混凝土外加剂中释放氨的限量混凝土外加剂中释放氨的测定》（GB 18588—2001）

16.《室内空气中臭氧卫生标准》（GB/T 18202—2000）

17.《居室空气中甲醛的卫生标准》（GB/T 16127—1995）

18.《居住区大气中正己烷卫生检验标准方法气相色谱法》（GB/T 16131—1995）

19.《居住区大气中苯胺卫生检验标准方法气相色谱法》（GB/T 16130—1995）

20.《居住区大气中甲醛卫生检验标准方法分光光度法》（GB/T 16129—1995）

21.《居住区大气中二氧化硫卫生检验标准方法甲醛溶液吸收—盐酸副玫瑰苯胺分光光度法》（GB/T 16128—1995）

22.《居住区大气中二氧化氮检验标准方法改进的 Saltzman 法》（GB/T 12372—1990）

23.《居住区大气中气态污染物液体吸收法的标准采样装置》（GB/T 12373—1990）

24.《居住区大气中硝基苯卫生检验标准方法气相色谱法》（GB/T 11731—1989）

25.《居住区大气中硝酸盐检验标准方法镉柱还原—盐酸萘乙二胺分光光度法》（GB/T 12374—1990）

26.《居住区大气中吡啶卫生检验标准方法氯化氰—巴比妥酸分光光度法》（GB/T 11732—1989）

27.《居住区大气中硫酸盐卫生检验标准方法离子色谱法》（GB/T 11733—1989）

28.《居住区大气中甲基—1605卫生检验标准方法气相色谱法》（GB/T 11734—1989）

29.《居住区大气中铍卫生检验标准方法桑色素荧光分光光度法》（GB/T 11735—1989）

30.《居住区大气中氯卫生检验标准方法甲基橙分光光度法》（GB/T 11736—1989）

31.《居住区大气中甲醇、丙酮卫生检验标准方法气相色谱法》（GB/T 11738—1989）

32.《居住区大气中铅卫生检验标准方法原子吸收分光光度法》）（GB/T 11739—1989）

33.《居住区大气中镉卫生检验标准方法原子吸收分光光度法》（GB/T 11740—1989）

34.《居住区大气中二硫化碳卫生检验标准方法气相色谱法》（GB/T 11741—1989）

35.《居住区大气中硫化氢卫生检验标准方法亚甲蓝分光光度法》（GB/T 11742—1989）

36.《居住区大气中一氧化碳卫生标准检验方法汞置换法》（GB/T 8911—1988）

37.《居住区大气中砷化物卫生标准检验方法二乙氨基二硫代甲酸银分光光度法》（GB/T 8912—1988）

38.《居住区大气中二氧化硫卫生标准检验方法四氯汞盐盐酸副玫瑰苯胺分光光度法》（GB/T 8913—1988）

39．其他相关标准

（四）固体废物、土壤和水系沉积物

1.《医疗废物处理处置污染控制标准》（GB 39707—2020）

2.《医疗废物集中处置技术规范（试行）》（环发〔2003〕206 号）

3.《医疗废物焚烧炉技术要求（试行）》（GB 19218—2003）

4.《医疗废物转运车技术要求（试行）》（GB 19217—2003）

5.《危险废物焚烧污染控制标准》（GB 18484—2020）

6.《一般工业固体废物贮存和填埋污染控制标准》（GB 18599—2020）

7.《低、中水平放射性固体废物近地表处置安全规定》（GB 9132—2018）

8.《含多氯联苯废物污染控制标准》（GB 13015—2017）

9.《生活垃圾焚烧污染控制标准》（GB 18485—2014）

10.《生活垃圾填埋场污染控制标准》（GB 16889—2008）

11.《水泥窑协同处置固体废物污染控制标准》（GB 30485—2013）

12.《危险废物贮存污染控制标准》（GB 18597—2001）（2013 年修订）

13.《一般工业固体废物贮存、处置场污染控制标准》（GB 18599—2001）（2013 年修订）

14.《工业固体废物采样制样技术规范》（HJ/T 20—1998）

15.《土壤环境监测技术规范》（HJ/T 166—2004）

16.《土壤检测》（NY/T 1121.2—2006）

17.国家环境保护总局.全国土壤污染状况调查样品分析测试技术规定[M].北京：中国环境科学出版社，2006.（2006 年）

18.刘凤枝.农业环境监测实用手册[M].北京：中国标准出版社，2001.

19.《温室蔬菜产地环境质量评价标准》（HJ/T 333—2006）

20.《食用农产品产地环境质量评价标准》（HJ/T 332—2006）

21.《森林土壤样品的采集与制备》（LY/T 1210—1999）

22.《地块土壤和地下水中挥发性有机物采样采样技术导则》（HJ 1019—2019）

23.《生活垃圾采样和分析方法》（CJ/T 313—2009）

24.《污染地块地下水修复和风险管控技术导则》（HJ 25.6—2019）

25.《场地环境调查技术导则》（HJ 25.1—2014）

26.《场地环境监测技术导则》（HJ 25.2—2014）

27.《污染场地风险评估技术导则》（HJ 25.3—2014）

28.《污染场地土壤修复技术导则》（HJ 25.4—2014）

29.《生活垃圾化学特性通用检测方法》（CJ/T 96—2013）

30.《生活垃圾化学特性通用检测方法》（CJ/T 96—2013）

31.《工业固体废物采样制样技术规范》（HJ/T 20—1998）

32.《固体废物鉴别标准—通则》（GB 34330—2017）

33.《固体废物腐蚀性测定玻璃电极法》（GB/T 15555.12—1995）

34.《固体废物热灼减率的测定重量法》（HJ 1024—2019）

35.《固体废物氟化物的测定离子选择性电极法》（GB/T 15555.11—1995）

36.《农用污泥污染物控制标准》（GB 4284—2018）

37.《固体废物氟的测定碱熔—离子选择电极法》（HJ 999—2018）

38.《进口可用作原料的固体废物环境保护控制标准骨废料》（GB 16487.1—2005）

39.《进口可用作原料的固体废物环境保护控制标准废纤维》（GB 16487.4—2017）

40.《危险废物鉴别标准》（GB 5085—2007）

41.《固体废物总磷的测定偏钼酸铵分光光度法》（HJ 712—2014）

42.《固体废物砷的测定二乙基二硫代氨基甲酸银分光光度法》（GB/T 15555.3—1995）

43.《固体废物镍的测定丁二酮肟分光光度法》（GB/T 15555.10—1995）

44.《固体废物钡的测定石墨炉原子吸收分光光度法》（HJ 767—2015）

45.《固体废物总铬的测定火焰原子吸收分光光度法》（HJ 749—2015）

46.《固体废物总铬的测定石墨炉原子吸收分光光度法》（HJ 750—2015）

47.《固体废物总铬的测定二苯碳酰二肼分光光度法》（GB/T 15555.5—1995）

48.《固体废物总铬的测定硫酸亚铁铵滴定法》（GB/T 15555.8—1995）

49.《固体废物六价铬的测定二苯碳酰二肼分光光度法》（GB/T 15555.4—1995）

50.《固体废物六价铬的测定硫酸亚铁铵滴定法》（GB/T 15555.7—1995）

51.《固体废物六价铬的测定碱消解/火焰原子吸收分光光度法》（HJ 687—2014）

52.《固体废物总汞的测定冷原子吸收分光光度法》（GB/T 15555.1—1995）

53.《固体废物汞、砷、硒、铋、锑的测定微波消解/原子荧光法》（HJ 702—2014）

54.《固体废物 镍和铜的测定火焰原子吸收分光光度法》（HJ 751—2015）

55.《固体废物铍镍铜和钼的测定石墨炉原子吸收分光光度法》（HJ 752—2015）

56.《固体废物铅、锌和镉的测定火焰原子吸收分光光度法》（HJ 786—2016）

57.《固体废物铅和镉的测定石墨炉原子吸收分光光度法》（HJ 787—2016）

58.《固体废物 22 种金属元素的测定电感耦合等离子体发射光谱法》（HJ 781—2016）

59.《固体废物金属元素的测定电感耦合等离子体质谱法》（HJ 766—2015）

60.《固体废物有机质的测定灼烧减量法》（HJ 761—2015）

61.《固体废物酚类化合物的测定气相色谱法》（HJ 711—2014）

62.《城市污水处理厂污泥检验方法》（CJ/T 221—2005）

63.《固体废物有机氯农药的测定气相色谱—质谱法》（HJ 912—2017）

64.《固体废物有机磷农药的测定气相色谱法》（HJ 768—2015）

65.《固体废物苯系物的测定顶空—气相色谱法》（HJ 975—2018）

66.《固体废物苯系物的测定顶空/气相色谱—质谱法》（HJ 976—2018）

67.《固体废物多环芳烃的测定气相色谱—质谱法》（HJ 950—2018）

68.《固体废物多环芳烃的测定高效液相色谱法》（HJ 892—2017）

69.《固体废物多氯联苯的测定气相色谱—质谱法》（HJ 891—2017）

70.《固体废物挥发性卤代烃的测定顶空/气相色谱—质谱法》（HJ 714—2014）

71.《固体废物挥发性卤代烃的测定吹扫捕集/气相色谱—质谱法》（HJ 713—2014）

72.《固体废物挥发性有机物的测定顶空/气相色谱—质谱法（HJ 643—2013）》

73.《固体废物挥发性有机物的测定顶空—气相色谱法（HJ 760—2015）》

74.《固体废物半挥发性有机物的测定气相色谱—质谱法》（HJ 951—2018）

75.《固体废物氨基甲酸酯类农药的测定柱后衍生—高效液相色谱法（HJ 1025—2019）》

76.《固体废物氨基甲酸酯类农药的测定高效液相色谱—三重四极杆质谱法》（HJ 1026—2019）

77.《固体废物二噁英类的测定》（HJ 77—2008）

78.《固体废物有机物的提取微波萃取法》（HJ 765—2015）

79.《固体废物有机物的提取加压流体萃取法》（HJ 782—2016）

80.《固体废物浸出毒性浸出方法翻转法》（GB 5086.1—1997）

81.《固体废物浸出毒性浸出方法硫酸硝酸法》（HJ/T 299—2007）

82.《固体废物浸出毒性浸出方法醋酸缓冲溶液法》（HJ/T 300—2007）

83.《固体废物浸出毒性浸出方法水平振荡法》（HJ 557—2010）

84.《土壤 pH 值的测定》（NY/T 1377—2007）

85.《土壤 pH 值的测定电位法》（HJ 962—2018）

86.《森林土壤 pH 的测定》（LY/T 1239—1999）

87.《土壤电导率的测定电极法》（HJ 802—2016）

88.《土壤水分测定法》（NY/T 52—1987）

89.《土壤干物质和水分的测定重量法》（HJ 613—2011）

90.《森林土壤含水量的测定》（LY/T 1213—1999）

91.《森林土壤水分—物理性质的测定》（LY/T 1215—1999）

92.《森林土壤土粒密度的测定》（LY/T 1224—1999）

93.《土壤有机质测定法》（NY/T 85—1988）

94.《森林土壤有机质的测定及碳氮比的计算》（LY/T 1237—1999）

95.《森林土壤矿质全量素（铁、铝、钛、锰、钙、镁、磷）烧失量的测定》（LY/T 1253—1999）

96.《森林土壤全钾、全钠的测定》（LY/T 1254—1999）

97.《土壤和沉积物硫化物的测定亚甲基蓝分光光度法》（HJ 833—2017）

98.《土壤氨氮、亚硝酸盐氮、硝酸盐氮的测定氯化钾溶液提取—分光光度法》（HJ 634—2012）

99.《土壤和沉积物挥发酚的测定 4—氨基安替比林分光光度法》（HJ 998—2018）

100.《森林土壤阳离子交换量的测定》（LY/T 1243—1999）

101.《中性土壤阳离子交换量和交换性盐基的测定》（NY/T 295—1995）

102.《土壤阳离子交换量的测定三氯化六氨合钴浸提—分光光度法》（HJ 889—2017）

103.《石灰性土壤交换性盐基及盐基总量的测定》（NY/T 1615—2008）

104.《森林土壤水溶性盐分分析》（LY/T 1251—1999）

105.《土壤 水溶性和酸溶性硫酸盐的测定 重量法》（HJ 635—2012）

106.《碱化土壤交换性钠的测定》（LY/T 1248—1999）

107.《土壤可交换酸度的测定氯化钡提取—滴定法》（HJ 631—2011）

108.《土壤可交换酸度的测定氯化钾提取—滴定法》（HJ 649—2013）

109.《土壤速效钾和缓效钾含量的测定》（NY/T 889—2004）

110.《森林土壤速效钾的测定》（LY/T 1236—1999）

111.《森林土壤交换性钾和钠的测定》（LY/T 1246—1999）

112.《土壤全氮测定法（半微量开氏法）》（NY/T 53—1987）

113.《森林土壤氮的测定》（LY/T 1228—2015）

114.《土壤全氮的测定凯氏法》HJ 717—2014

115.《土壤全磷测定法（碱熔—钼锑抗比色法）》（NY/T 88—1988）

116.《森林土壤磷的测定》（LY/T 1232—2015）

117.《土壤　总磷的测定　碱熔—钼锑抗分光光度法》（HJ 632—2011）

118.《森林土壤有效磷的测定》（LY/T 1233—1999）

119.《土壤有效磷的测定碳酸氢钠浸提—钼锑抗分光光度法》（HJ 704—2014）

120.《土壤总磷的测定碱熔—钼梯抗分光光度法》（HJ 632—2011）

121.《土壤有效硼测定方法》（NY/T 149—1990）

122.《森林土壤有效硼的测定》（LY/T 1258—1999）

123.《土壤氰化物和总氰化物的测定分光光度法》（HJ 745—2015）

124.《土壤氧化还原电位的测定电位法》（HJ 746—2015）

125.《土壤质量氟化物的测定离子选择电极法》（GB/T 22104—2008）

126.《土壤水溶性氟化物和总氟化物的测定离子选择电极法》（HJ 873—2017）

127.《土壤全钾测定法》（NY/T 87—1988）

128.《森林土壤钾的测定》（LY/T1234—2015）

129.《森林土壤颗粒组成（机械组成）的测定》（LY/T 1225—1999）

130.《土壤粒度的测定吸液管法和比重计法》（HJ 1068—2019）

131.《土壤和沉积物 12 种金属元素的测定王水提取—电感耦合等离子体质谱法》（HJ 803—2016）

132.《土壤 8 种有效态元素的测定二乙烯三胺五乙酸浸提—电感耦合等离子体发射光谱法》（HJ 804—2016）

133.《土壤质量总汞、总砷、总铅的测定原子荧光法第 2 部分：土壤中总砷的测定》（GB/T 22105.2—2008）

134.《土壤质量总砷的测定二乙基二硫代氨基甲酸银分光光度法》（GB/T 17134—1997）

135.《土壤和沉积物汞、砷、硒、铋、锑的测定微波消解/原子荧光法》（HJ 680—2013）

136.《土壤质量总砷的测定硼氢化钾—硝酸银分光光度法》（GB/T 17135—1997）

137.《土壤和沉积物铍的测定石墨炉原子吸收分光光度法》（HJ 737—2013）

138.《森林土壤有效铜的测定（3 DDTC 比色法）》（LY/T 1260—1999）

139.《森林土壤有效铜的测定（4 原子吸收分光光度法）》（LY/T 1260—1999）

140.《森林土壤有效锌的测定（3 双硫腙比色法）》（LY/T 1261—1999）

141.《森林土壤有效锌的测定（4 原子吸收分光光度法）》（LY/T 1261—1999）

142.《土壤质量重金属测定王水回流消解原子吸收法》（NY/T 1613—2008）

143.《土壤有效态锌、锰、铁、铜含量的测定二乙三胺五乙酸（DTPA）浸提法》（NY/T 890—2004）

144.《土壤质量铅、镉的测定石墨炉原子吸收分光光度法》（GB/T 17141—1997）

145.《土壤质量铅、镉的测定 KI－MIBK 萃取火焰原子吸收分光光度法》

（GB/T 17140—1997）

146．《土壤质量总汞、总砷、总铅的测定原子荧光法第 3 部分土壤中总铅的测定》（GB/T 22105.3—2008）

147．《土壤和沉积物铜、锌、铅、镍、铬的测定火焰原子吸收分光光度法》（HJ 491—2019）

148．《土壤质量总汞的测定冷原子吸收分光光度法》（GB/T 17136—1997）

149．《土壤质量总汞、总砷、总铅的测定原子荧光法第 1 部分：土壤中总汞的测定》（GB/T 22105.1—2008）

150．《土壤和沉积物总汞的测定催化热解—冷原子吸收分光光度法》（HJ 923—2017）

151．《森林土壤有效钼的测定》（LY/T 1259—1999）

152．《森林土壤有效铁的测定》（LY/T 1262—1999）

153．《森林土壤浸提性铁、铝、锰、硅、碳的测定》（LY/T 1257—1999）

154．《硅酸盐岩石化学分析方法》（GB/T 14506.10—2010）

155．《土壤全量钙、镁、钠的测定》（NY/T 296—1995）

156．《森林土壤交换性钙和镁的测定》（LY/T 1245—1999）

157．《土壤和沉积物钴的测定火焰原子吸收分光光度法》（HJ 1081—2019）

158．《土壤中全硒的测定原子荧光法》（NY/T 1104—2006）

159．《土壤和沉积物铊的测定石墨炉原子吸收分光光度法》（HJ 1080—2019）

160．《土壤和沉积物六价铬的测定碱溶液提取—火焰原子吸收分光光度法》（HJ 1082—2019）

161．《土壤和沉积物铍的测定石墨炉原子吸收分光光度法》（HJ 737—2015）

162．《土壤和沉积物无机元素的测定波长色散 X 射线荧光光谱法》（HJ 780—2015）

163．《土壤和沉积物 11 种元素的测定碱熔—电感耦合等离子体发射光谱法》（HJ 974—2018）

164．《土壤有机碳的测定重铬酸钾氧化—分光光度法》（HJ 615—2011）

165．《土壤有机碳的测定燃烧氧化—滴定法》（HJ 658—2013）

166．《土壤有机碳的测定燃烧氧化—非分散红外法》（HJ 695—2014）

167．《环境甲基汞的测定气相色谱法》（GB/T 17132—1997）

168．《土壤石油类的测定红外分光光度法》（HJ 1051—2019）

169．《土壤和沉积物石油烃（C_6—C_9）的测定吹扫捕集/气相色谱法》（HJ 1020—2019）

170．《土壤和沉积物石油烃（C_{10}—C_{40}）的测定气相色谱法》（HJ 1021—2019）

171．《水、土中有机磷农药测定的气相色谱法》（GB/T 14552—2003）

172．《土壤和沉积物有机氯农药的测定气相色谱—质谱法》（HJ 835—2017）

173．《土壤和沉积物有机氯农药的测定气相色谱法》（HJ 921—2017）

174．《土壤和沉积物丙烯醛、丙烯腈、乙腈的测定顶空—气相色谱法》（HJ 679—2013）

175．《土壤和沉积物醛、酮类化合物的测定高效液相色谱法》（HJ 997—2018）

176．《土壤和沉积物多环芳烃的测定气相色谱—质谱法》（HJ 805—2016）

177．《土壤和沉积物多环芳烃的测定高效液相色谱法》（HJ 784—2016）

178．《土壤中 9 种磺酰脲类除草剂残留量的测定液相色谱—质谱法》（NY/T 1616—2008）

179．《土壤和沉积物半挥发性有机物的测定气相色谱—质谱法》（HJ 834—2017）

180．《土壤和沉积物挥发性有机物的测定顶空/气相色谱—质谱法》（HJ 642—2013）

181．《土壤和沉积物挥发性有机物的测定吹扫捕集/气相色谱—质谱法》（HJ 605—2013）

182．《土壤和沉积物挥发性有机物的测定顶空/气相色谱法》（HJ 741—2015）

183．《土壤和沉积物挥发性芳香烃的测定顶空/气相色谱法》（HJ 742—2015）

184．《土壤和沉积物挥发性卤代烃的测定吹扫捕集/气相色谱—质谱法》（HJ 735—2015）

185．《土壤和沉积物挥发性卤代烃的测定顶空/气相色谱—质谱法》（HJ 736—2015）

186．《土壤和沉积物多氯联苯的测定气相色谱—质谱法》（HJ 743—2015）

187．《土壤和沉积物多氯联苯的测定气相色谱法》（HJ 922—2017）

188．《土壤和沉积物苯氧羧酸类农药的测定高效液相色谱法》（HJ 1022—2019）

189．《土壤和沉积物有机磷类和拟除虫菊酯类等 47 种农药的测定气相色谱—质谱法》（HJ 1023—2019）

190．《土壤和沉积物酚类化合物的测定气相色谱法》（HJ 703—2014）

191．《土壤、沉积物二噁英类的测定同位素稀释/高分辨气相色谱—低分辨质谱法》（HJ 650—2013）

192．《土壤和沉积物二噁英类的测定同位素稀释高分辨气相色谱—高分辨质谱法》（HJ 77.4—2008）

193．《土壤毒鼠强的测定气相色谱法》（HJ 614—2011）

194．《土壤和沉积物多溴二苯醚的测定气相色谱—质谱法》（HJ 952—2018）

195．《土壤和沉积物多氯联苯混合物的测定气相色谱法》（HJ 890—2017）

196．《土壤和沉积物氨基甲酸酯类农药的测定高效液相色谱—三重四极杆质谱法》（HJ 961—2018）

197．《土壤和沉积物氨基甲酸酯类农药的测定柱后衍生—高效液相色谱法》（HJ 960—2018）

198．《土壤和沉积物 11 种三嗪类农药的测定高效液相色谱法》（HJ 1052—2019）

199．《土壤和沉积物 8 种酰胺类农药的测定气相色谱—质谱法》（HJ 1053—2019）

200．《土壤和沉积物二硫代氨基甲酸酯（盐）类农药总量的测定顶空/气相色谱法》（HJ 1054—2019）

201．《土壤和沉积物草甘膦的测定高效液相色谱法》（HJ 1055—2019）

202．《土壤和沉积物有机物的提取超声波萃取法》（HJ 911—2017）

203．《土壤和沉积物有机物的提取加压流体萃取法》（HJ 783—2016）

204．《土壤和沉积物金属元素总量的消解微波消解法》（HJ 832—2017）

205．《土壤环境质量农用地土壤污染风险管控标准（试行）》（GB 15618—2018）

206．《土壤环境质量建设用地土壤污染风险管控标准（试行）》（GB 36600—2018）

209．《危险废物填埋污染控制标准》（GB 18598—2001）

210．《一般工业固体废物贮存、处置场污染控制标准》（GB 18599—2001）

211．《土壤中邻苯二甲酸酯测定气相色谱—质谱法》（GB/T 39234—2020）

212．《硫酸镁生产滤泥的处理处置方法》（GB/T 39284—2020）

213．《电镀污泥减量化处置方法》（GB/T 39301—2020）

214．《液晶面板制造稀释废液回收再利用方法》（GB/T 39299—2020）

215．《土壤微生物生物量的测定熏蒸提取法》（GB/T 39228—2020）

216．《工业废液处理污泥中铜、镍、铅、锌、镉、铬等 26 种元素含量测定方法》（GB/T 36690—2018）

217．《土壤质量自然、近自然及耕作土壤调查程序指南》（GB/T 36393—2018）

218．《土壤质量土壤采样技术指南》（GB/T 36197—2018）

219．《土壤质量土壤气体采样指南》（GB/T 36198—2018）

220．《土壤质量土壤采样程序设计指南》（GB/T 36199—2018）

221．《土壤质量城市及工业场地土壤污染调查方法指南》（GB/T 36200—2018）

222．《土壤质量土壤样品长期和短期保存指南》（GB/T 32722—2016）

223．《土壤硝态氮的测定紫外分光光度法》（GB/T 32737—2016）

224．《废弃固体化学品分类规范》（GB/T 31857—2015）

225．《移动实验室有害废物管理规范》（GB/T 29478—2012）

226．《生活垃圾综合处理与资源利用技术要求》（GB/T 25180—2010）

227．《医疗废物焚烧环境卫生标准》（GB/T 18773—2008）

228．《土壤中六六六和滴滴涕测定的气相色谱法》（GB/T 14550—2003）

229．《水、土中有机磷农药测定的气相色谱法》（GB/T 14552—2003）

230．《土壤质量总砷的测定二乙基二硫代氨基甲酸银分光光度法》（GB/T 17134—1997）

231．《土壤质量总砷的测定硼氢化钾—硝酸银分光光度法》（GB/T 17135—1997）

232．《土壤质量总汞的测定冷原子吸收分光光度法》（GB/T 17136—1997）

233．《土壤质量总铬的测定火焰原子吸收分光光度法》（GB/T 17137—1997）

234．《土壤质量铜、锌的测定火焰原子吸收分光光度法》（GB/T 17138—1997）

235．《土壤质量镍的测定火焰原子吸收分光光度法》（GB/T 17139—1997）

236．《土壤质量铅、镉的测定　KI—MIBK 萃取火焰原子吸收分光光度法》（GB/T 17140—1997）

237．《土壤质量铅、镉的测定石墨炉原子吸收分光光度法》（GB/T 17141—1997）

238．《土壤中六六六和滴滴涕测定的气相色谱法》（GB/T 14550—2003）

239．《固体废物》（GB/T 15555—1995）

240．《土壤和沉积物 6 种邻苯二甲酸酯类化合物的测定 气相色谱—质谱法》（HJ 1184—2021）

241．其他相关标准

（五）噪声与振动

1．《声环境质量标准》（GB 3096—2008）

2．《声环境功能区划分技术规范》（GB/T 15190—2014）

3．《机场周围飞机噪声环境标准》（GB 9660—88）

4．《城市区域环境振动标准》（GB 10070—88）

5．《社会生活环境噪声排放标准》（GB 22337—2008）

6．《建筑施工场界环境噪声排放标准》（GB 12523—2011）

7．《工业企业厂界环境噪声排放标准》（GB 12348—2008）

8．《摩托车和轻便摩托车定置噪声排放限值及测量方法》（GB 4569—2005）

9．《摩托车和轻便摩托车加速行驶噪声限值及测量方法》（GB 16169—2005）

10．《三轮汽车和低速货车加速行驶车外噪声限值及测量方法（中国Ⅰ、Ⅱ阶段）》（GB 19757—2005）

11．《汽车加速行驶车外噪声限值及测量方法》（GB 1495—2002）

12．《铁路边界噪声限值及其测量方法》（GB 12525—1990）及修改单

13．《汽车定置噪声限值》（GB 16170—1996）

14．《环境噪声监测技术规范城市声环境常规监测》（HJ 640—2012）

15．《环境噪声监测技术规范结构传播固定设备室内噪声》（HJ 707—2014）

16．《铁路沿线环境噪声测量技术规定》（TB/T 3050—2002）

17．《机场周围飞机噪声测量方法》（GB 9661—1988）

18．《城市轨道交通车站站台声学要求和测量方法》（GB 14227—2006）

19．《城市轨道交通（地下段）结构噪声监测方法》（HJ 793—2016）

20．《城市轨道交通引起建筑物振动与二次辐射噪声限值及其测量方法标准》

（JGJ/T 170—2009）

21．《城市轨道交通列车噪声限值和测量方法》（GB 14892—2006）

22．《民用建筑隔声设计规范》（GB 50118—2010）

23．《环境噪声监测技术规范噪声测量值修正》（HJ 706—2014）

24．《城市区域环境振动测量方法》（GB/T 10071—88）

25．《住宅建筑室内振动限值及其测量方法标准》（GB/T 50355—2018）

26．《铁路环境振动测量》（TB/T 3152—2007）

27．《内河船舶噪声级规定》（GB 5980—2009）

28．《船用柴油机辐射的空气噪声限值》（GB 11871—2009）

29．《内河船舶噪声级规定》（GB 5980—2009）

30．《声屏障声学设计和测量规范》（HJ/T 90—2004）

31．其他相关标准

（六）放射性与辐射

1．《放射性废物管理规定》（GB 14500—93）

2．《反应堆退役环境管理技术规定》（GB 14588—93）

3．《电离辐射监测质量保证通用要求》（GB 8999—2021）

4．《辐射环境监测技术规范》（HJ 61—2021）

5．《环境核辐射监测规定》（GB 12379—1990）

6．《电磁环境控制限值》（GB 8702—2014）

7．《建筑材料用工业废渣放射性物质限制标准》（GB 6763—86）

8．《核燃料循环放射性流出物归一化排放量管理限值》（GB 13695—92）

9．《核设施流出物和环境放射性监测质量保证计划的一般要求》（GB 11216—89）

10．《核热电厂辐射防护规定》（GB 14317—1993）

11．《核设施水质监测采样规定》（HJ/T 21—1998）

12．《核设施流出物监测的一般规定》（GB 11217—89）

13．《铀矿冶设施退役环境管理技术规定》（GB 14586—1993）

14．《铀、钍矿冶放射性废物安全管理技术规定》（GB 14585—1993）

15．《铀矿地质辐射防护和环境保护规定》（GB 15848—1995）

16．《气载放射性物质取样一般规定》（HJ/T 22—1998）

17．《伴生放射性物料贮存及固体废物填埋辐射环境保护技术规范（试行）》（HJ 1114—2020）

18．《铀加工及核燃料制造设施流出物的放射性活度监测规定》（GB/T 15444—95）

19．《放射性废物固化体长期浸出试验》（GB 7023—86）

20. 《交流输变电工程电磁环境监测方法》（HJ 681—2013）

21. 《直流输电工程合成电场限值及其监测方法》（GB 39220—2020）

22. 《电子直线加速器工业 CT 辐射安全技术规范》（HJ 785—2016）

23. 《移动通信基站电磁辐射环境监测方法》（HJ 972—2018）

24. 《辐射环境空气自动监测站运行技术规范》（HJ 1009—2019）

25. 《5G 移动通信基站电磁辐射环境监测方法（试行）》（HJ 1151—2020）

26. 《辐射环境保护管理导则电磁辐射监测仪器和方法》（HJ/T 10.2—1996）

27. 《电子加速器辐照装置辐射安全和防护》（HJ 979— 2018）

28. 《辐射事故应急监测技术规范》（HJ 1155—2020）

29. 《环境 γ 辐射剂量率测量技术规范》（HJ 1157—2021）

30. 《环境空气气溶胶中 γ 放射性核素的测定滤膜压片/射能谱法》（HJ 1149—2020）

31. 《中波广播发射台电磁辐射环境监测方法》（HJ 1136—2020）

32. 《生物样品灰中锶-90 的放射化学分析方法离子交换法》（GB 11222.2—89）

33. 《水中镭的 α 放射性核素的测定》（GB 11218—89）

34. 《水中镭-226 的分析测定》（GB 11214—89）

35. 《水中钍的分析测定》（GB 11224—89）

36. 《水中钾-40 的分析方法》（GB 11338—89）

37. 《水中钋-210 的分析方法》（HJ 813—2016）

38. 《水和土壤样品中钚的放射化学分析方法》（HJ 814—2016）

39. 《水和生物样品灰中锶-90 的放射化学分析方法》（HJ 815—2016）

40. 《水和生物样品灰中铯-137 的放射化学分析方法》（HJ 816—2016）

40. 《环境样品中微量铀的分析方法》（HJ 840—2017）

42. 《水、牛奶、植物、动物甲状腺中碘-131 的分析方法》（HJ 841—2017）

43. 《核动力厂液态流出物中 14C 分析方法－湿法氧化法》（HJ 1056—2019）

44. 《环境空气中氚的标准测量方法》（GB/T 14582—93）

45. 《工频电场测量》（GB/T 12720—1991）

46. 《高压交流架空送电线路、变电站工频电场和磁场测量方法》（DL/T988—2005）

47. 《直流输电工程合成电场限值及其监测方法》（GB 39220—2020）

48. 《表面污染测定》（GB/T 14056—2008）

49. 《生活饮用水标准检验方法放射性指标》（GB/T 5750.13—2006）

50. 《水质 总 α 放射性浓度的测定 厚源法》（HJ 898—2017）

51. 《饮用天然矿泉水检验方法》（GB/T 8538—2008）

52. 《水中总 β 放射性测定厚源法》（HJ 899—2017）

53. 《水中总 β 放射性测定蒸发法》（EJ/T 900—94）

54.《工业 X 射线探伤放射防护要求》（GBZ 117—2015）

55.《拟开放场址土壤中剩余放射性可接受水平规定（暂行）》（HJ 53—2000）

56.《铀矿冶辐射防护和辐射环境保护规定》（GB 23727—2020）

57.《γ 辐照装置的辐射防护与安全规范》（GB 10252—2009）

58.《对空情报雷达站电磁环境防护要求》（GB 13618—1992）

59.《低中水平放射性固体废物的岩洞处置规定》（GB 13600—1992）

60.《低中水平放射性固体废物的浅地层处置规定》（GB 9132—1988）

61.《低、中水平放射性固体废物暂时贮存规定》（GB 11928—1989）

62.《核辐射环境质量评价一般规定》（GB 11215—89）

63.《核设施流出物和环境放射性监测质量保证计划的一般要求》（GB 11216—1989）

64.《核设施流出物监测的一般规定》（GB 11217—1989）

65.《粒子加速器辐射防护规定》（GB 5172—1985）

66.《放射性物质安全运输规程》（GB 11806—2019）

67.《操作非密封源的辐射防护规定》（GB 11930—2010）

68.《密封放射源一般要求和分级》（GB 4075—2009）

69.《电离辐射防护与辐射源安全基本标准》（GB 18871—2002）

70.《放射性废物管理规定》（GB 14500—2002）

71.《使用密封放射源的放射卫生防护要求》（GB 16354—1996）

72.《放射性废物分类》（中华人民共和国环境保护部公告 2017 年第 65 号）

73.《剧毒化学品、放射源存放场所治安防范要求》（GA1002—2012）

74.《放射工作人员健康要求及监护规范》（GBZ 98—2020）

75.《核和辐射事故医学应急演练导则》（WS/T 636—2018）

76.《电离辐射防护与辐射源安全基本标准》（GB 18871—2002）

77.《医学与生物学实验室使用非密封放射性物质的放射卫生防护基本要求》（WS 457—2014）

78.《磁选设备磁感应强度检测方法》（GB/T 38947—2020）

79.《生物样品中放射性核素的 γ 能谱分析方法》（GB/T 16145—2020）

80.《生物样品中 14C 的分析方法氧弹燃烧法》（GB/T 37865—2019）

81.《水中锶同位素丰度比的测定》（GB/T 37848—2019）

82.《水中放射性核素的 γ 能谱分析方法》（GB/T 16140—2018）

83.《海洋沉积物中碘—131 的测定 β 计数法》（GB/T 35188—2017）

84.《海洋生物体中碘—131 的测定》（GB/T 35189—2017）

85.《海水中碘—131 的测定 β 计数法》（GB/T 35190—2017）

86.《高纯锗 γ 能谱分析通用方法》（GB/T 11713—2015）

87.《海洋沉积物中放射性核素的测定γ能谱法》（GB/T 30738—2014）

88.《土壤中放射性核素的γ能谱分析方法》（GB/T 11743—2013）

89.《极低水平放射性废物的填埋处置》（GB/T 28178—2011）

90.《低、中水平放射性废物固化体标准浸出试验方法》（GB/T 7023—2011）

91.《放射性物质与特殊核材料监测系统》（GB/T 24246—2009）

92.《放射性碘污染事故时碘化钾的使用导则》（GB/T 16138—1995）

93.《放射性核素的α能谱分析方法》（GB/T 16141—1995）

94.《空气中氡浓度的闪烁瓶测量方法》（GB/T 16147—1995）

95.《水中钋-210的分析方法电镀制样法》（GB/T 12376—1990）

96.《土壤中钚的测定》（GB/T 11219—1989）

97.《水中钚的分析方法》（GB/T 11225—1989）

98.《生物样品灰中铯—137的放射化学分析方法》（GB/T 11221—1989）

99.《土壤中铀的测定》（GB/T 11220—1989）

100．其他相关标准

（七）其它

1.《近岸海域环境监测技术规范》（HJ 442—2020）

2.《海洋调查规范》（GB/T 12763—2007）

3.《海洋监测规范》（GB 17378—2007）

4.《海洋监测技术规程》（HY/T 147—2013）

5.《海水中16种多环芳烃的测定气相色谱—质谱法》（GB/T 26411—2010）

5.《煤中全水分的测定方法》（GB/T 211—2017）

6.《煤的工业分析方法》（GB/T 212法》（17）

7.《煤中全硫的测定红外光谱法》（GB/T 25214—2010）

8.《煤中全硫的测定方法》（GB/T 214—83》

9.《煤中全硫的测定艾士卡—离子色谱法》（HJ 769—2015）

10.《煤的工业分析方法》（GB/T 212—2008》

11.《煤的发热量测定方法》（GB/T 213—2008）

12.《煤中碳和氢的测定方法》（GB/T 476—2008》

13.《商品煤样人工采取方法》（GB 475—2008）

14.《煤样的制备方法》（GB 474—83》

15.《水质细菌总数的测定平皿计数法》（HJ 1000—2018）

16.《水质总大肠菌群和粪大肠菌群的测定纸片快速法》（HJ 755—2015）

17.《水质粪大肠菌群的测定》（HJ 347—2018）

18.《水质微型生物群落监测 PFU 法》（GB/T 12990—1991）

19.《水质叶绿素 a 的测定分光光度法》（HJ 897—2017）

20.《水质急性毒性的测定发光细菌法》（GB/T 15441—1995）

21.《水质物质对淡水鱼（斑马鱼）急性毒性测定方法》（GB/T 13267—1991）

22.《水质急性毒性的测定斑马鱼卵法》（HJ 1069—2019）

23.《水质物质对蚤类（大型蚤）急性毒性测定方法》（GB/T 13266—1991）

24.《水质致突变性的鉴别蚕豆根尖微核试验法》（HJ 1016—2019）

25.《水中微囊藻毒素的测定高效液相色谱法》（GB/T 20466—2006）

26.《水质蛔虫卵的测定沉淀集卵法》（HJ 775—2015）

27.《食品安全国家标准》（GB 5009—2017）

28.《动、植物中六六六和滴滴涕的测定气相色谱法》（GB/T 14551—2003）

29.《粮食、水果和蔬菜中有机磷农药的测定气相色谱法》（GB/T 14553—2003）

30.《生物 尿中 1-羟基芘的测定 高效液相色谱法》（GB/T 16156—1996）

31.《动物源性食品中氯霉素类药物残留量测定高效液相色谱串联质谱》（GB/T 22338—2008）

32.《蜂蜜中氯霉素残留量的测定方法液相色谱—质谱法》（GB/T 18932.19—2003）

33.《动物源性食品中磺胺类药物残留量的测定液相色谱—质谱/质谱法》（GB/T 21316—2007）

34.《蜂蜜中 16 种磺胺残留量的测定方法液相色谱—质谱联用法》（GB/T 18932.17—2003）

35.《水产品中腹泻性贝类毒素残留量的测定液相色谱串联质谱法》（DB/T 33743—2009）

36.《工作场所有害因素职业接触限值》（GBZ 2.1—2019）

37.《生态环境损害鉴定评估技术指南基础方法》（GB/T 39793—2020）

38.《暴露参数调查技术规范》（HJ 877—2017）

39.《儿童土壤摄入量调查技术规范示踪元素法》（HJ 876—2017）

40.《环境污染物人群暴露评估技术指南》（HJ 875—2017）

41.《污染物在线监控（监测）系统数据传输标准》（HJ 212—2017）

42.《矿山生态环境保护与恢复治理技术规范（试行）》（HJ 651—2013）

43.《环境监测质量管理技术导则》（HJ 630—2011）

44.《突发环境事件应急监测技术规范》（HJ 589—2010）

45.《环境监测　分析方法标准制修订技术导则》（HJ 168—2010）

46.《环境保护标准编制出版技术指南》（HJ 565—2010）

47.《污染源在线自动监控（监测）数据采集传输仪技术要求》（HJ 477—2009）

48.《制定地方大气污染物排放标准的技术方法》（GB/T 3840—91）

49.《环境保护设备分类与命名》（HJ/T 11—1996）

50.《环境保护仪器分类与命名》（HJ/T 12—1996）

51.《组合聚醚中 HCFC—22、CFC—11 和 HCFC—141b 等消耗臭氧层物质的测定顶空/气相色谱—质谱法》（HJ 1057—2019）

52.《硬质聚氨酯泡沫和组合聚醚中 CFC—12、HCFC—22 CFC—11 和 HCFC—141b 等消耗臭氧层物质的测定便携式顶空/气相色谱—质谱法》（HJ 1058—2019）

53.《挥发性有机物无组织排放控制标准》（GB 37822—2019）

54.《海洋倾倒物质评价规范惰性无机地质材料》（GB 30979—2014）

55.《海洋倾倒物质评价规范疏浚物》（GB 30980—2014）

56.《染料产品中重金属元素的限量及测定》（GB 20814—2014）

57.《锡、锑、汞工业污染物排放标准》（GB 30770—2014）

58.《海洋沉积物质量》（GB 18668—2002）

59.《污水海洋处置工程污染控制标准》）（GB 18486—2001）

60.《船舶污染物排放标准》（GB 3552—1983）

61.《脱氮生物滤池通用技术规范》（GB/T 37528—2019）

62.《海洋生态损害评估技术导则》（GB/T 34546—2017）

63.《海水冷却水质要求及分析检测方法》（GB/T 33584—2017）

64.《水处理剂　砷和汞含量的测定　原子荧光光谱法》（GB/T 33086—2016）

65.《土壤微生物呼吸的实验室测定方法》（GB/T 32720—2016）

66.《污染物对菌根真菌的影响孢子萌发试验》（GB/T 32721—2016）

67.《土壤微生物生物量的测定底物诱导呼吸法》（GB/T 32723—2016）

68.《实验室测定微生物过程、生物量与多样性用土壤的好氧采集、处理及贮存指南》（GB/T 32725—2016）

69.《海洋沉积物中正构烷烃的测定气相色谱—质谱法》（GB/T 30739—2014）

70.《海洋沉积物中总有机碳的测定非色散红外吸收法》（GB/T 30740—2014）

71.《海洋大气干沉降物中总碳的测定非色散红外吸收法》（GB/T 30742—2014）

72.《大型溞急性毒性实验方法》（GB/T 16125—2012）

73.《水中微囊藻毒素的测定》（GB/T 20466—2006）

74.《游泳池水微生物检验方法》（GB/T 18204—2000）

75.《环境甲基汞的测定气相色谱法》（GB/T 17132—1997）

76.《生物监测质量保证规范》（GB/T 16126—1995）

77.《环境中有机污染物遗传毒性检测的样品前处理规范》（GB/T 15440—1995）

78.其他相关标准

附录 2.2 建筑与消防安全

1.《消防应急照明和疏散指示系统》（GB 17945—2010）

2.《火灾自动报警系统施工及验收规范》（GB 50166—2019）

3.《特种火灾探测器》（GB 15631—2008）

4.《建设设计防火规范》（GB 50016—2014）

5.《自动喷水灭火系统施工及验收规范》（GB 50261—2017）

6.《建筑灭火器配置设计规范》（GB 50140—2005）

7.《自动喷水灭火系统设计规范》（GB 50084—2017）

8.《火灾声和/或光警报器标准》（GB 26851—2011）

10.《化工采暖通风与空气调节设计规范》（HG/T 20698—2009）

11.《火灾分类》（GB/T 4968—2008）

12.《爆炸性环境》（GB 3836—2013）

13.《粉尘爆炸危险场所用除尘系统安全技术规范》（AQ 4073—2016）

14.《可燃性粉尘环境用电气设备》（GB 12476—2013）

15.《通风除尘系统运行监测与评估技术规范》（AQ/T 4271—2015）

16.《建筑设计防火规范》（GB 50016—2014）

17.《建筑物防雷设计规范》（GB 50057—2010）

18.《自动喷水灭火系统》（GB 5135—2019）

19.《粉尘防爆安全规程》（GB 15577—2018）

20.《室内消火栓》（3445—2018）

21.《室外消火栓》（GB 4452—2011）

22.《重大火灾隐患判定方法》（GB 35181—2017）

23.《氢氟烃类灭火剂》（GB 35373—2017）

24.《干粉灭火剂》（GB 4066—2017）

25.《A 类泡沫灭火剂》（GB 27897—2011）

26.《六氟丙烷（HFC236fa）灭火剂》（GB 25971—2010）

27.《水系灭火剂》（GB 17835—2008）

28.《泡沫灭火剂》（GB 15308—2006）

29.《惰性气体灭火剂》（GB 20128—2006）

30.《二氧化碳灭火剂》（GB 4396—2005）

31.《三氟一溴甲烷灭火剂（1301 灭火剂）》（GB 6051—1985）

32.《二氟一氯一溴甲烷灭火剂》（GB 4065—1983）

33.《消防安全标志》（GB 13495—2015）

34.《电气火灾监控系统》(GB 14287—2014)

35.《防火门》(GB 12955—2008)

36.《防火门监控器》(GB 29364—2012)

37.《防火窗》(GB 16809—2008)

38.《建筑火灾逃生避难器材》(GB 21976—2012)

39.《消防用开门器》(GB 28735—2012)

40.《固定消防给水设备》(GB 27898—2011)

41.《消防水带》(GB 6246—2011)

42.《火灾显示盘》(GB 17429—2011)

43.《火灾声和/或光警报器》(GB 26851—2011)

44.《消防移动式照明装置》(GB 26755—2011)

45.《消防救生照明线》(GB 26783—2011)

46.《消防控制室通用技术要求》(GB 25506—2010)

47.《自动灭火系统用玻璃球》(GB 18428—2010)

48.《气体灭火系统及部件》(GB 25972—2010)

49.《干粉灭火系统及部件通用技术条件》(GB 16668—2010)

50.《二氧化碳灭火系统及部件通用技术条件》(GB 16669—2010)

51.《干粉枪》(GB 25200—2010)

52.《泡沫枪》(GB 25202—2010)

53.《手提式灭火器》(GB/T 4351—2005)

54.《自动跟踪定位射流灭火系统》(GB 25204—2010)

55.《消防应急照明和疏散指示系统》(GB 17945—2010)

56.《特种火灾探测器》(GB 15631—2008)

57.《柜式气体灭火装置》(GB 16670—2006)

58.《消防接口》(GB 12514—2006)

59.《泡沫灭火系统及部件通用技术条件》(GB 20031—2005)

60.《消防吸水胶管》(GB 6969—2005)

61.《消防水枪》(GB 8181—2005)

62.《火灾报警控制器》(GB 4717—2005)

63.《防火卷帘》(GB 14102—2005)

64.《消防软管卷盘》(GB 15090—2005)

65.《手提式灭火器》(GB 4351—2005)

66.《推车式灭火器》(GB 8109—2005)

67.《消防安全标志设置要求》(GB 15630—1995)

68.《消火栓箱》（GB/T 14561—2019）

69.《重点场所防爆炸安全检查》（GB/T 37521—2019）

70.《实验室废弃化学品收集技术规范》（GB/T 31190—2014）

71.《消防词汇》（GB/T 5907—2014）

72.《消防应急救援技术训练指南》（GB/T 29175—2012）

73.《空气中可燃气体爆炸极限测定方法》（GB/T 12474—2008）

74.其他相关标准

附录2.3 化学安全

1.《危险化学品重大危险源辨识》（GB 18218—2018）

2.《化学品安全标签编写规定》（GB 15258—2009）

3.《化学品分类和危险性公示通则》（GB 13690—2009）

4.《化学品安全技术说明书内容和项目顺序》（GB/T 16483—2008）

5.《危险化学品从业单位安全标准化通用规范》（AQ 3013—2008）

6.《化学品分类和标签规范》（GB 30000—2013）

7.《危险货物港口企业储罐安全风险辨识评估管控指南》（交办水函〔2021〕1551号）

8.《危险化学品事故应急救援指挥导则》（AQ/T 3052—2015）

9.《常用化学危险品贮存通则》（GB 15603—1995）

10.《易制爆危险化学品储存场所治安防范要求》（GA 1511—2018）

11.《剧毒化学品、放射源存放场所治安防范要求》（GA 1002—2012）

12.《易制爆危险化学品存放场所安全防范要求》（DB11T 1427—2017）

13.《剧毒化学品库安全防范技术要求》（DB 11529—2008）

14.《职业性接触毒物危害程度分级》（GBZ 230—2010）

15.《危险化学品生产装置和储存设施风险基准》（GB 36894—2018）

16.《危险化学品单位应急救援物资配备要求》（GB 30077—2013）

17.《易燃易爆性商品储存养护技术条件》（GB 17914—2013）

18.《腐蚀性商品储存养护技术条件》（GB 17915—2013）

19.《毒害性商品储存养护技术条件》（GB 17916—2013）

20.《杂项危险物质和物品危险特性检验安全规范》（GB 29919—2013）

21.《有机过氧化物分类及品名表》（GB 28644.3—2012）

22.《危险化学品有机过氧化物包装规范》（GB 27833—2011）

23.《危险品检验安全规范》（GB 28645—2012）

24.《危险货物品名表》（GB 12268—2012）

25.《危险货物分类和品名编号》（GB 6944—2012）

26.《危险货物分类定级基本程序》（GB 21175—2007）

27.《危险化学品自反应物质包装规范》（GB 27834—2011）

28.《危险品绝热储存试验方法》（GB/T 39090—2020）

29.《危险品热积累储存试验方法》（GB/T 39093—2020）

30.《船舶散装运输液体化学品危害性评价规范》（GB/T 16310—2019）

31.《爆炸物安全检查与处置通用术语》（GB/T 37522—2019）

32.《爆炸物现场处置规范》（GB/T 37524—2019）

33.《化学品　水生环境危害分类指导》（GB/T 36700—2018）

34.《废弃液体化学品分类规范》（GB/T 36381—2018）

35.《化学品　线蚓繁殖试验》（GB/T 35514—2017）

36.《化学品　鱼类雌激素、雄激素和芳香酶抑制活性试验方法》（GB/T 35515—2017）

37.《化学品　鱼类生殖毒性短期试验方法》（GB/T 35517—2017）

38.《化学品　土壤中的固有生物降解性试验》（GB/T 35518—2017）

39.《化学品　稳定转染人雌激素受体转录活性试验雌激素激动活性法》（GB/T 35519—2017）

40.《化学品　胚胎毒性胚胎干细胞试验》（GB/T 35520—2017）

41.《化学品　胚胎毒性植入后大鼠全胚胎培养法》（GB/T 35521—2017）

42.《化学品　土壤弹尾目昆虫生殖试验》（GB/T 35522—2017）

43.《化学品　地表水中好氧矿化生物降解模拟试验》（GB/T 35523—2017）

44.《化学品　浮萍生长抑制试验》（GB/T 35524—2017）

45.《化学品　扩展的一代繁殖毒性试验》（GB/T 35525—2017）

46.《化学品（抗）雄性性征短期筛选试验大鼠 Hershberger 生物检测法》（GB/T 35526—2017）

47.《化学品　沉积物中底栖寡毛纲环节动物生物蓄积试验》（GB/T 35527—2017）

48.《化学品　体外毒性试验替代方法的验证程序和原则》（GB/T 34713—2017）

49.《化学品　GHS 标签和安全技术说明书的可理解性测试方法》（GB/T 34714—2017）

50.《化学品　两栖动物变态试验》（GB/T 30664—2014）

51.《化学品　海水中的生物降解性密闭瓶法》（GB/T 30665—2014）

52.《化学品　降解筛选试验化学需氧量》（GB/T 27849—2011）

53.《化学品　快速生物降解性通则》（GB/T 27850—2011）

54.《化学品　陆生植物生长活力试验》（GB/T 27851—2011）

55.《化学品　生物降解筛选试验生化需氧量》（GB/T 27852—2011）

56.《化学品　水—沉积物系统中好氧厌氧转化试验》（GB/T 27853—2011）

57.《化学品　土壤微生物氮转化试验》（GB/T 27854—2011）

58.《化学品 土壤微生物碳转化试验》（GB/T 27855—2011）

59.《化学品 土壤中好氧厌氧转化试验》（GB/T 27856—2011）

60.《化学品 有机物在消化污泥中的厌氧生物降解性气体产量测定法》（GB/T 27857—2011）

61.《化学品 高效液相色谱法估算土壤和污泥的吸附系数》（GB/T 27860—2011）

62.《化学品 鱼类急性毒性试验》（GB/T 27861—2011）

63.《化学品 模拟试验污水好氧处理生物膜法》（GB/T 21795—2008）

64.《化学品 活性污泥呼吸抑制试验》（GB/T 21796—2008）

65.《化学品 生物富集流水式鱼类试验》（GB/T 21800—2008）

66.《化学品 快速生物降解性呼吸计量法试验》（GB/T 21801—2008）

67.《化学品 快速生物降解性改进的 MITI 试验（I）》（GB/T 21802—2008）

68.《化学品 固有生物降解性改进的 MITI 试验（II）》（GB/T 21818—2008）

69.《化学品 快速生物降解性 DOC 消减试验》（GB/T 21803—2008）

70.《化学品 藻类生长抑制试验》（GB/T 21805—2008）

71.《化学品 鱼类幼体生长试验》（GB/T 21806—2008）

72.《化学品 鱼类胚胎和卵黄囊仔鱼阶段的短期毒性试验》（GB/T 21807—2008）

73.《化学品 鱼类延长毒性 14 天试验》（GB/T 21808—2008）

74.《化学品 蚯蚓急性毒性试验》（GB/T 21809—2008）

75.《化学品 鸟类日粮毒性试验》（GB/T 21810—2008）

76.《化学品 鸟类繁殖试验》（GB/T 21811—2008）

77.《化学品 蜜蜂急性经口毒性试验》（GB/T 21812—2008）

78.《化学品 蜜蜂急性接触性毒性试验》（GB/T 21813—2008）

79.《工业废水的试验方法鱼类急性毒性试验》（GB/T 21814—2008）

80.《化学品 海水中的生物降解性摇瓶法试验》（GB/T 21815.1—2008　采）

81.《化学品 固有生物降解性赞恩—惠伦斯试验》（GB/T 21816—2008）

82.《化学品 固有生物降解性改进的半连续活性污泥试验》（GB/T 21817—2008）

83.《化学品 大型溞繁殖试验》（GB/T 21828—2008）

84.《化学品 污水好氧处理模拟试验活性污泥单元法》（GB/T 21829—2008）

85.《化学品 溞类急性活动抑制试验》（GB/T 21830—2008）

86.《化学品 快速生物降解性密闭瓶法试验》（GB/T 21831—2008）

87.《鱼类早期生活阶段毒性试验》（GB/T 21854—2008）

88.《化学品 快速生物降解性二氧化碳产生试验》（GB/T 21856—2008）

89.《化学品 快速生物降解性改进的 OECD 筛选试验 》（GB/T 21857—2008）

90.《化学品 生物富集半静态式鱼类试验》（GB/T 21858—2008）

91.《化学品风险评估通则》（GB/T 34708—2017）

92.《化学不稳定性气体分类试验方法》（GB/T 34711—2017）

93.《废弃化学品取样方法》（GB/T 33057—2016）

94.《四氢化邻苯二甲酸酐危险特性分类方法》（GB/T 31514—2015）

95.《邻苯二甲酸酐危险特性分类方法》（GB/T 31516—2015）

96.《废弃化学品术语》（GB/T 29329—2012）

97. 其他相关标准

附录 2.4　生物安全

1.《生物安全实验室建筑技术规范》（GB 50346—2011）

2.《实验室生物安全通用要求》（GB 19489—2008）

3.《医学实验室—安全要求》（GB 19781—2005）

4.《微生物和生物医学实验室生物安全通用准则》（WS233—2002）

5.《大气污染人群健康风险评估技术规范》（WS/T 666—2019）

6.《空气消毒机通用卫生要求》（WS/T 648—2019）

7.《普通高等学校传染病预防控制指南》（WST 642—2019）

8.《游泳池水微生物检验方法》（GB/T 18204—2000）

9.《生物监测质量保证规范》（GB/T 16126—1995）

10.《消毒试验用微生物要求》（WS/T 683—2020）

11.《小型压力蒸汽灭菌器灭菌效果监测方法和评价要求》（GB/T 30690—2014）

12.《紫外线空气消毒器安全与卫生标准》（GB 28235—2011）

13.《消毒与灭菌效果的评价方法与标准》（GB 15981—1995）

14.《紫外线消毒器卫生要求》（GB 28235—2020）

15.《实验动物微生物学等级及监测》（GB 14922.2—2011）

16.《实验动物哺乳类实验动物的遗传质量控制》（GB 14923—2010）

17.《实验动物配合饲料营养成分》（GB 14924.3—2010）

18.《实验动物环境及设施》（GB 14925—2010）

19.《实验动物寄生虫学等级及监测》（GB 14922.1—2001）

20.《海洋生物质量》（GB 18421—2001）

21. 其他相关标准

附录 2.5　特种设备

1.《液化气体气瓶充装规定》（GB 14193—2009）

2.《固定式压力容器安全技术监察规程》（TSG 21—2016）

3.《高压无缝钢瓶定期检验与评定》(GJB6542—2008)

4.《永久气体气瓶充装规定》(GB 14194—2006)

5.《气瓶颜色标志》(GB/T 7144—2016)

6.《气瓶警示标签》(GB 16804—2011)

7.《瓶装气体分类》(GB/T 16163—2012)

8.《溶解乙炔气瓶》(GB 11638—2011)

9.《特种设备事故应急预案编制导则》(GB/T 33942—2017)

10.其他相关标准

附录2.6　其他

1.《防止静电事故通用导则》(GB 12158—2006)

2.《噪声职业病危害风险管理指南》(AQ/T 4276—2016)

3.《生产安全事故应急演练评估规范》(AQ/T 9009—2015)

4.《生产安全事故应急演练指南》(AQ/T 9007—2011)

5.《生产经营单位生产安全事故应急预案编制导则》(GB/T 29639—2020)

6.《公共安全应急管理突发事件响应要求》(GB/T 37228—2018)

7.《公共安全应急管理预警颜色指南》(GB/T 37230—2018)

8.《作业场所环境气体检测报警仪通用技术要求》(GB 12358—2006)

9.《安全鞋、防护鞋和职业鞋的选择、使用和维护》(AQ/T 6108—2008)

10.《化学防护服选择、使用和维护》(AQ/T 6107—2008)

11.《入侵和紧急报警系统控制指示设备》(GB 12663—2019)

12.《个体防护装备配备规范》(GB 39800—2020)

13.《个体防护装备配备基本要求》(GB/T 29510—2013)

14.《坠落防护水平生命线装置》(GB 38454—2019)

15.《坠落防护挂点装置》(GB 30862—2014)

16.《坠落防护带刚性导轨的自锁器》(GB 24542—2009)

17.《坠落防护带刚性导轨的自锁器》(GB 24542—2009)

18.《坠落防护安全绳》(GB 24543—2009)

19.《坠落防护速差自控器》(GB 24544—2009)

20.《坠落防护安全带系统性能测试方法》(GB/T 6096—2020)

21.《坠落防护缓降装置》(GB/T 38230—2019)

22.《坠落防护缓冲器》(GB/T 24538—2009)

23.《坠落防护带柔性导轨的自锁器》(GB/T 24537—2009)

24.《坠落防护连接器》(GB/T 23469—2009)

25.《坠落防护装备安全使用规范　现行》（GB/T 23468—2009）

26.《职业眼面部防护焊接防护》（GB/T 3609—2009）

27.《个体防护装备眼面部防护职业眼面部防护具》（GB 32166—2016）

28.《个体防护装备护听器的通用技术条件》（GB/T 31422—2015）

29.《个体防护装备选用规范》（GB/T 11651—2008）

30.《防护服一般要求》（GB/T 20097—2006）

31.《防护服装》（GB 8965—2020）

32.《防护服装防静电服》（GB 12014—2019）

33.《防护服装隔热服》（GB 38453—2019）

34.《防护服装 X 射线防护服》（GB 16757—2016）

35.《防护服装化学防护服通用技术要求》（GB 24539—2009）

36.《防护服装酸碱类化学品防护服》（GB 24540—2009）

37.《防护服装阻燃防护》（GB 8965—2009）

38.《防护服装冷环境防护服》（GB/T 38300—2019）

39.《防护服装热防护性能测试方法》（GB/T 38302—2019）

40.《防护服装抗油易去污防静电防护服》（GB/T 28895—2012）

41.《防护服装化学防护服的选择、使用和维护》（GB/T 24536—2009）

42.《防护服装微波辐射防护服》（GB/T 23463—2009）

43.《浸水服》（GB/T 20898—2007）

44.《带电作业用屏蔽服装》（GB/T 6568—2008）

45.《医用一次性防护服技术要求》（GB 19082—2009）

46.《足部防护安全鞋》（GB 21148—2020）

47.《足部防护防化学品鞋》（GB 20265—2019）

48.《足部防护电绝缘鞋》（GB 12011—2009）

49.《个体防护装备职业鞋》（GB 21146—2007）

50.《个体防护装备防护鞋》（GB 21147—2007）

51.《个体防护装备安全鞋》（GB 21148—2007）

52.《头部防护安全帽》（GB 2811—2019）

53.《头部防护安全帽选用规范》（GB/T 30041—2013）

54.《头部防护救援头盔》（GB/T 38305—2019）

55.《防静电工作帽》（GB/T 31421—2015）

56.《护听器的选择指南》（GB/T 23466—2009）

57.《眼面部防护强光源（非激光）防护镜》（GB/T 38696—2020）

58.《眼面部防护应急喷淋和洗眼设备》（GB/T 38144—2019）

59.《呼吸防护自吸过滤式防颗粒物呼吸器》（GB 2626—2019）

60.《呼吸防护自给开路式压缩空气逃生呼吸器》（GB 38451—2019）

61.《呼吸防护动力送风过滤式呼吸器》（GB 30864—2014）

62.《呼吸防护自吸过滤式防毒面具》（GB 2890—2009）

63.《呼吸防护长管呼吸器》（GB 6220—2009）

64.《呼吸防护自给闭路式氧气逃生呼吸器》（GB/T 38228—2019）

65.《呼吸防护用品实用性能评价》（GB/T 23465—2009）

66.《自给闭路式压缩氧气呼吸器》（GB 23394—2009）

67.《医用防护口罩技术要求》（GB 19083—2010）

68.《手部防护电离辐射及放射性污染物防护手套》（GB 38452—2019）

69.《手部防护化学品及微生物防护手套》（GB 28881—2012）

70.《手部防护机械危害防护手套》（GB 24541—2009）

71.《手部防护通用测试方法》（GB/T 12624—2020）

72.《手部防护防寒手套》（GB/T 38304—2019）

73.《手部防护防热伤害手套》（GB/T 38306—2019）

74.《手部防护手持刀具割伤和刺伤的防护手套》（GB/T 30865—2014）

75.《织物浸渍胶乳防护手套》（GB/T 32103—2015）

76.《个体防护装备眼面部防护名词术语》（GB/T 30042—2013）

77.《个体防护装备眼面部防护激光防护镜》（GB 30863—2014）

78.《实验室家具通用技术条件》（GB 24820—2009）

79.《安全色》（GB 2893—2008）

80.《安全标志及其使用导则》（GB 2894—2008）

81.《实验室玻璃仪器玻璃烧器的安全要求》（GB 21549—2008）

82.《环境保护图形标志》（GB 15562—1995）

83.《公共安全应急管理公共预警指南》（GB/T 40054—2021）

84.《资源综合利用企业评价规范》（GB/T 39780—2021）

85.《环境管理环境绩效评价指南》（GB/T 24031—2021）

86.《辐射防护仪器临界事故报警设备》（GB/T 12787—2020）

87.《检测实验室安全》（GB/T 27476—2020）

88.《行业循环经济实践技术指南编制通则》（GB/T 39161—2020）

89.《海水冷却水排放要求》（GB/T 39361—2020）

90.《社会单位灭火和应急疏散预案编制及实施导则》（GB/T 38315—2019）

91.《移动实验室安全、环境和职业健康技术要求》（GB/T 38080—2019）

92.《大气环境监测移动实验室通用技术规范》（GB/T 37940—2019）

93. 《洁净室及相关受控环境》（GB/T 36306—2018）

94. 《工业锅炉水处理设施运行效果与监测》（GB/T 16811—2018）

95. 《重大毒气泄漏事故应急计划区划分方法》（GB/T 35622—2017）

96. 其他相关标准